JN101435

平成の日本犬

卯木照邦

目次

はじめに

日本犬と最初に出会ったのは昭和三十二年（一九五七）中学二年生の時でした。剣道でケガをして通った接骨院にいた紀州犬に魅せられ生まれた白毛の雌の子犬由起姫号を母にねだって買ってもらったのが日本犬探究の旅の始まりでした。高校三年生の時日本犬保存会に入会し今に続いています。大学生になり上京してからは四国犬を飼い柴犬を飼いました。日本犬の飼い方については先輩や本から教えられ学びましたが諸説様々でした。参考にはなりましたが試行錯誤の繰り返しで絶対はないということを知りました。たくさんの日本犬と行き交う中で日本犬保存会（略称　日保）の組織とも深く係わるようになりました。東京支部の事務所を引き受けたりするうちに展覧会の審査員としての活動も始めました。そうこうしている昭和六十二年（一九八七）四十四歳の時本部事務局長にという話が持ち上がり家業は妻に任せて本部で仕事をすることを決めました。入所してまず創会以来の六十年余りになる機関紙「日本犬」に目を通しました。読んで行くうちに巻末に書かれた時々のあとがきが当時の様子を知る上で貴重なものであるということに気付きました。会員サイドからでない事務局サイドからの視点が書かれていたのです。事務所入りして直ぐの号から私も書き始めました。平成三十年（二〇一八）七十五歳で退任するまでの三十一年間に渡る二百三十回、よく書けた時、筆が進まない時といろいろありましたが日本犬保存会の九十有余年の歴史の後部分の約三分の一に渡って書き続けました。私自身今読み返すとその時折の流れを鮮明に思い起こします。

日本犬は昭和の終わり頃から平成の初頭にかけて登録数は最盛期を迎えました。その後徐々にその数を減らしています。洋犬種も同じ様な道をたどっていますが現代の犬社会は大きい犬種が人気薄で小型犬種全盛といえる情況です。日本犬六犬種の中では柴犬が絶対的な多数を占めていて中型犬、大型犬が減少していきます。特に四国犬、紀州犬、甲斐犬、北海道犬は絶滅危惧種に近づいているのです。何等かの方策を講じなければ絶滅に向かうのは必然でしょう。日本犬が保存され始めた頃中心的な存在であった中型犬種が今は将来が危ぶまれているのです。日本犬六犬種は国の天然記念物に指定されているとはいえ、犬は人が飼うということが前提にあります。如何にそのよさを唱えても社会一般が興味を示さなくなれば先細りとなり前途は明るいとはいえません。その昔、自然保護意識がまだまだの時代、後に日本犬と称されるようになった地の犬の雑種化の危機に直面した先人達の保存に携わる先見と意気は軒昂でした。そして今、世界に認められたこの貴重な日本特有の犬種をつないでいくことが現代に生きる者の使命であるということを強く思うのです。

この度、私が日本犬保存会の機関紙「日本犬」に記した一部を一冊にまとめました。主には昭和六十二年七月～平成三十年二月までの三十年余の時々の世情を交えて書いた毎号の「あとがき」と、外国へ出張したときの記録「日本犬事情」等々です。昭和の終わり頃から平成時代の日本犬の立ち位置と動向を理解していただけるものと思います。サムライの国の犬、東洋の神秘の犬などと形容される日本犬、人の世を豊かにしてくれるこの愛すべき者達に感謝しつつこの本が犬達の未来を明るく幸せな犬生の一助になることを心から願っています。

令和五年　八十歳の新春に記す。

以日本犬美其身――「日本犬」（日本犬保存会誌）あとがき

（昭和62年から平成30年まで毎号の二三〇回）

1　昭和62年（１９８７）7号　（注．会誌は年間10回）

展覧会シーズンを迎え、ご愛犬の出陳を予定している諸兄にとっては、落ち着かない季節到来である。来年は六十周年を迎える伝統ある日保であるが、昨秋の全国展の不祥事件により、目下の処全国展開催の予定はない。従って出陳出来るのは所属する支部と連合展の二回のみ、全国展覧会をめざす会員にとってはさみしい限りである。あまり展覧会に関心のない会員にとっては、この騒ぎは何で！　と疑問を抱くことだろう。生き物の好きな人に悪い人はいないという昔からの定説を覆すような今回の行動が理解出来ないのは当り前の事である。近頃、小型犬がブームになり一部のプロによるあまりにも高価な取引が大きな要因であるらしい事は否めない事実であり、いきおい展覧会場でエキサイトする結果となる。

昔日の日保会員には考えられぬ時代になったものである。もう一度原点に帰り考えなければならぬ時であり、日保創立時の崇高な心に帰る時ではないだろうか。世の中すべてがお金で解決するような昨今、日本犬を通して生活に潤いをもつべく飼育している会員が大勢いる事を忘れてはならない。今秋季展に出陳する諸兄、出陳するからには厳しい管理が必要であるが、会場では紳士淑女たるべく楽しい健全な健闘を祈る次第である。

以日本犬美其身といきたいものである。

(昭和62年9月25日　発行)

2　昭和62年（1987）8号

今年の夏は殊のほか残暑厳しく、御愛犬共々閉口したことと思う。迷走台風十三号も本土を掠めて北上、朝晩やっと涼しくなり秋の気配がそこここに感じられるようになった。暑さ寒さも彼岸までとはよくいったものである。

事務局に居ても、各支部秋季展の出陳頭数の話を聞く季節になり、どこの支部でも秋季展の方が春季展より出陳頭数が少ないように見受けられるので、過去五年間にわたって登録状況を調べてみた。一応二カ月以内の一胎子犬登録を基本に月別のパーセントを出してみた。別表のとおりである。

別表

月	比率
1月	10.9%
2月	6.7%
3月	7.1%
4月	6.4%
5月	6.5%
6月	5.9%
7月	6.5%
8月	7.7%
9月	11.0%
10月	12.6%
11月	10.8%
12月	7.9%

過去平均５年間の出産数月別パーセント比率（昭和57〜61・4）

一般的には何となく春先が多いように思える出産が、意外なことに秋口から冬にかけてが多いのである。ゆえに幼稚・幼犬の出陳が春季に多く秋季が少ないということになり、総出陳頭数に違いが生じるわけである。

過去五年の間では、大雪の年だった五十九年は上半期の登録が極端に少なく、その分下半期に集中している。自然というものはうまくできているものである。

植物等は気候によって出来不出来が大きく左右されるが、日本犬においても換毛の時期や出産の時期等にかなりの影響があると思うが、皆さんは如何お考えでしょう。研究の余地が充分にあり、思いついたことなど投稿頂ければ幸いです。

最近一部の会員が、全国展がすぐにでも再開できるような怪情報を流し、一般の善良な会員をとまどわせるという苦情が本部に届く。会員の皆さん、最新の情報は会誌です。流言にまどわされることなく、不審に思うことは本部まで問い合わせてください。

（昭和62年10月25日　発行）

3　昭和62年（1987）9号

木枯らしの吹く季節を迎え、冬を感じる頃になった。犬友各位の朝夕の運動も徐々に寒さが増し厳しくなることと思う。秋季の展覧会も十一月十五日をもって全日程を終了し日本犬界も一段落というところである。

ここ数年、日保新入会員の方の数は毎年四〇〇〇名前後を数える。初めて日本犬を飼育し、血統書を手にして、会誌を読めば、我が愛犬も一度は展覧会へ出陳してみたいという思いにかられることと思うが、なかなかその切っかけがないという会員の方が大半のようである。

今年は支部単独展のため、各支部が出陳犬集めに努力したので今秋季展は初出陳の方が随分とおられたようであり、その意味では展覧会の意義を啓発し深からしめた功績は大きい。

展覧会は手塩にかけた愛犬が僅かな時間で優劣を競うのであるから、当然運不運があって昨日まであんなに元気で良い状態だったのに……ということが度々ある。展覧会に慣れてない会員が多かったようで尚更この感が深い。

皆さんご家族連れが多く、ご愛犬の一挙手一投足に一喜一憂する姿は楽しそうで微笑ましくさえ感じた。ただ展覧会に向けての飼育管理の面では長年この道に携わった人達のようにはうまくいかなかったようであり、それぞれの出陳犬の本来の良さが充分に発揮できないまま展覧会をむかえてしまったようである。

人間は今日こそはという気になれるが、犬はその気になれないから環境の急変に戸惑ってしまうことが多く、特に展覧会に不慣れな場合等に起こりやすいようである。

展覧会の難しさは別として秋の心地好い季節にご愛犬と楽しく一日を過ごしたことを思えば何にもかえ難い経験であったことと思う。

このところ登録の申し込みが急増しているため血統書の発行が幾分遅れ気味です。一日も早くお手元に届くよう努力していますので、今暫くの猶予を願います。

（昭和62年11月25日　発行）

４　昭和62年（１９８７）10号

師走も余すところあとわずか、正月の飾り付けも出来て新年を迎えるばかり。日本中がどんどん近代化していく中、この時期は故郷の良さを思い起こさせたり、地方色を感じさせる一番の季節でもある。

今年はいろんなことがあった。何といっても全国展の開催が当分の間とは云え中止され、支部展に於ては単独での開催等、今まで日保が経験したことのないできごとである。それぞれの功罪はあったにせよその後の会員の皆さんの英知と努力により徐々にではあるが改善と改革がされ、全ての懸案も解決して、来年は六十周年の記念の年を迎える。

理事会でも今秋季展に於てさしたる問題もなかったことから、連合会内交流の話がでた。はっきりした具体的時期については、明示されなかったものの着実に良い方向に向かっている事は事実である。

それにつけても残念だったのは常任理事、井上源志氏の急逝である。常々日保の健全化を唱え誰よりも強く全国展の再開を望み、病を押してこの問題に精力的に取り組まれ解決をみた矢先のできごとであった。六十周年事業のこと、実猟部のこと……まだまだやって貰わねばならぬことがたくさんあるのに忽然と黄泉の国へと旅立たれてしまった。心よりご冥福をお祈り申し上げる次第です。

今月号は原稿も揃い充実した会誌をお届けできるのが何よりです。今年の会誌は揉め事の記事が目立ち、寂しく感じる方が多かったと思う。来年は内容のある会誌を提供できるよう皆さんのご協力を切にお願いして今年を締め括ります。ご愛犬共々よいお年をお迎え下さい。

（昭和62年12月25日　発行）

５　昭和63年（１９８８）１号

春の息吹きが各地から聞こえ、春季の展覧会日程の発表とともに、日本犬界もにわかに活気ずく。この冬は暖冬で北国を除く各地では、愛犬の運動も比較的楽であったことでしょう。

六十二年秋季展覧会号をお届けする。各連合会展の日保本部賞、日保会長賞の受賞犬六十四頭の写真を一挙掲載した。いずれも壮犬、成犬の中からの優秀犬であり、完成された姿はなかなかの見ごたえである。たくさんの写真だから姿勢のよいものと、そうでないものがあり、動きのある日本犬を瞬時に撮影するのであるから無理からぬ事とは思う。

このことは一般号に掲載される口絵写真にもいえることであり、入賞犬であるから、それぞれ選ばれた日本犬であるのに本部に送られてくる写真の姿勢の悪いもの、不鮮明なものが相当数ある。

毎号の巻頭に口絵写真の応募要項が書いてあるので再度、確認して欲しい。会誌は永久に残るものであり、その犬本来の良さを充分に表現している写真を送っていただきたい。今後は、これに合致せざる写真は申し訳ないが返送することにする。

六十三年の秋季を目標に連合会内交流の展覧会が条件付乍ら実現しそうな気配である。日保六〇周年の輝やける年の幕明けを迎えるに当り、会員皆さんの夢を壊さないよう今春季展は出陳者全員がお互いに展覧会規則を守り、節度ある楽しい展覧会にしてもらいたい。

本年も、会員皆さんのご協力をお願い致します。


(昭和63年1月25日　発行)

6　昭和63年（1988）2号

暖冬と思いきや、二月に入って俄然寒さ厳しく日本海側では連日の大雪とか、気象庁の長期予報では三月も不安定との予想を立てている。

自然とは気まぐれなものである。この号が皆さんのお手許に届く頃は寒さからも解放され、桜の花が美しく咲き誇る素晴らしい季節である。

本会の最も重要な定時総会が二月十四日、茗渓会館で開催された。当日は全国各地から大勢の会員が出席し、会場は熱気に溢れ大盛会であった。

徳間会長が議長に就き総会議案も滞りなく承認され、幸先よい本年のスタートである。ただ会長職辞任の表明があり、今日を限りと去られる弁に暫くの静寂があり、永きにわたるご苦労に対する謝意の表われのなにものでもなかったと思う。

日本犬登録協会の会長として、昭和五十一年から昭和五十七年の同会の解散までの七年間、また五十八年からは、日本犬保存会秦野章会長の後を承けて今日に至るまでの五年間、通算十二年余りの永い間誠にありがたい事でした。今後も日保のよき理解者として、御指導賜わらん事をお願いする次第です。

本年は本部、支部共に役員の改選の年であり、新しい役員の選出があった。

本部でも理事、監事、二十三名が選出され、三月一日の理事会に於いて、下稲葉耕吉氏が新会長に就任された。本部はもとより支部に於いても新体制の下、一致協力して新たなる前進を望みたい。

（昭和63年3月25日　発行）

7　昭和63年（１９８８）３号

春季展もあと数カ所となり、清々しい新緑の頃である。三月から四月にかけては季節の変わりとともに卒業式、入学式があり、また社会に巣立ったりとなつかしい思い出の多い時でもある。もっとも日本的とされている桜も、この時期美しい花をほころばせる。

青函トンネルが開通し、瀬戸大橋の完成で北海道、本州、四国、九州が一本の鉄路で結ばれるという歴史的な出来事があり、カルガリの冬季オリンピック、屋根付の後楽園球場・東京ドームの落成等、マスコミを賑やかし、経済界においては牛肉、オレンジの自由化論争や日本の車が米国で生産され逆輸入を始めた等、否応なく世界の日本という感一層である。

わが犬界でも、ある雑誌の最新輸入犬と題して米国から秋田犬が逆輸入され、その写真が掲載されていた。まったく考えられないような事である。当会の会誌で、戦前の昭和九年に欧米に日本犬を紹介した記録があるが、日本犬がいつ頃から輸出されるようになったのか、またその数等は定かではない。写真で見る限り現在の秋田犬とは趣がかなり異なるようである。

どちらも秋田犬であり、どこでどう違ったのか人間の考えか、気候風土のなせるわざか種々見方があるにせよ保存の難しさを垣間見たような気がする。

この時季、米国及び台湾から審査員の派遣要請があり、前者へ倉林審査員が、後者へは金指審査員が夫々出張される。日本犬保存という意味からも深く考える必要があろう。

８　昭和63年（１９８８）４号

そろそろ梅雨、この時節から夏にかけては一年を通じて飼育管理の難しい季節である。

高温多湿の中、蚊に刺されフィラリアの心配をし、蚤の害や、食欲の減退等、夫々の飼育設備の中で最善の方法を考えて過ごしやすい環境造りを心掛けて欲しい。

（昭和63年4月25日　発行）

最近はペットブームとやらで大企業も参入しテレビでもドッグフードのコマーシャルをさかんに流す。ペットもグルメの時代とか。本部にもドッグフードと、御飯を主体としたものと、どちらがよいのか、という問い合わせがある。愛犬の飼育管理に対する飼い主の考え方ひとつであると思考するが、ドッグフード派、ご飯派、中間派、と夫々一理あることと思う。ご意見を戴き参考にしたい。

当会の副会長、中根時五郎氏は永年に亘り三重県文化財審議会委員として活躍されてきたが、このたび紀州犬の保存育成に貢献された功績を認められ、三重県民功労者として表彰された。日本犬保存会としても誠に名誉なことであり喜ばしい限りである。心から拍手を送りたい。

（昭和63年5月25日　発行）

9　昭和63年（1988）5号

春季展もすべての日程を終了した。出陳総数八四二二頭である。複数の出陳をしたり連合展にも出陳した会員を含めているので、実数は掌握できないものの、観覧者をも含めれば約半数以上になろう会員が、展覧会場に足を運んだことと思う。当会には大きく分けて展覧会に出陳したり、観覧して楽しむ人、家族の一員として飼育し、共に生活を楽しむ人の二通りがあると思われるが、先の数字から見れば、かなりの会員が展覧会に関心を持っていることがうかがえる。

その意味から考えても、念願であった連合会内交流がこの秋季から開催の運びとなったことは、誠に喜ばしい限りである。これにより所属する支部の連合会内であれば、どこの支部へも自由に出陳ができる。必然、他支部の会員との交流も繁華になり、楽しい反面競り合いも又厳しくなる。心して望みたい。

連合会内交流実現の喜びの中、前審査部長、石川雅宥氏が黄泉の国へと旅立たれた。享年七十三歳。日保創立以来の不幸な出来事のあとのご他界、心からご冥福をお祈りします。

次回の六号は春季展覧会特集号です。秋季展の日程も掲載の予定です。八月末の刊行ですので約二カ月の間があき、さみしく感ずることと思います。暑い夏を迎え、人間もさることながら、ご愛犬の健康に特に留意して下さい。

（昭和63年6月25日　発行）

10　昭和63年（1988）6号

奈良・藤ノ木古墳の石棺のファイバースコープによる調査のニュースは驚きを交えて、我々を古代へといざない、下がるはずがないと思われた生産者米価の二年連続の引き下げ、潜水艦と大型釣船の衝突沈没による大惨事等の話題の中、短かった夏も終り、夕暮の運動にコオロギの音を聞くようになると秋季展の季節を迎える。今年は例年になく早い梅雨明けの予想が一転して長梅雨、秋季展出陳の管理、特に被毛等にどんな影響がでるのだろう。

前号で春季展の出陳総数をお知らせしたが、中型と小型の出陳犬の比率は約三対七である。中型の出陳数が小型より多かったのが五支部、逆に中型の出陳数が小型の一割程度のものが六支部。中型出陳ゼロが四支部、大型の出陳はどこも少なかった。出陳犬の傾向をみると、夫々の支部の特徴が表われて興味深い。

春季展に於いて名義変更の未了や、未登録、非会員の出陳等で折角の受賞を取り消さざるを得ない事例がいくつかあった。出陳申し込みに際しては細心の注意が必要であり、かつ不明の点は本部か支部事務所へ問い合わせ、後日に憂いを残さぬよう配慮して欲しい。
秋季展担当審査員が発表された。今季から所属する支部の連合会内の各支部展と、その連合展に出陳できる。一部には尚早の声もあるが、全国展再開の第一歩となるよう念願する。

(昭和63年7月25日　発行)

11　昭和63年（１９８８）７号

世界の一流選手が名誉と技を競うスポーツの祭典オリンピックが韓国の首都ソウルで開催された。東、西の選手が一堂に会すのは十二年振りとか。新しいヒーローの出現により、世界のスポーツの歴史が次々と書き替えられることだろう。
七、八月は各地で研究会、観賞会が開催された。講師を囲んでの会話は展覧会と違って疑問の解明には絶好の機会である。この種の催しには積極的に参加するようにしよう。
日本犬の帰家性は常々強いものというのが通説であるが、近頃は時々行方不明という話を聞く。最近、千葉県で四歳の雄猫が転居先から百キロ離れた元の家へ、それも一年がかりで帰ったという話。飼い主に対する一途な思いからであろうか。我が愛犬にこんな能力があるや否や。

この夏の異常気象は日本各地に次々と被害をもたらしたが、この現象は単に日本だけでなく世界的なものであるらしい。天候に限らず毎日が平穏無事ということの何と大切な事か。

（昭和63年9月25日　発行）

12　昭和63年（１９８８）８号

創立六十周年を迎え感慨ひとしおである。永い年月の間には思いもかけない躍進や停滞があるが、今日の繁栄をみたとき、その流れは決して間違っていなかったと思う。一昨年の全国展での出来事は、それ自体を戒めとして飛躍発展の糧としたい。

今、遠く将来の日本犬を想うと楽しみであり、また不安でもある。数年後か、数十年後か、それよりもっと後になるのか、いつの日かその素晴らしい完成された姿をみせてくれるだろう。

日本犬の起源は悠久にして遠く神代の昔にまでも遡及すると思われ、縄文の遺跡から出土する犬骨や古墳時代の埴輪からその姿はおぼろげに解明されるが、その起源については種々の学説があり定かではない。

しかし、日本犬が日本人の手によって、極めて原始的な形態を保たせながら連綿として飼育されてきたことは事実であり、先人の日本犬に対する叡智の何ものでもないと信じている。

急激に文明の発達した日本では、あらゆる犬種が人間の管理下に置かれており、日本犬もまた例外ではない。自然界に於いては強い種が子孫を残す。必然弱い種は消滅する運命にある。

現在、日本犬は人間の考えで、人間界の思うがままの繁殖がされている。日本犬が古来よりどのような形態で飼育され発展してきたかを考えるとき、よほど研究し後世に誇れる子孫を残すべき努力を怠ってはならない。

古来道はひとつなりといわれる。どの道を進もうとも、日本犬標準に合致すべき真の日本犬の作出を願ってやまない。

戦後の会誌には、唯々日本犬が飼える平和の喜びというものが誌面にあふれている。誰がこれ程の経済大国になろうと、予測し得たであろう。将来を論じることのいかに難しいことか。

今、柴犬は日本中のいたるところで見かける程の発展振りである。柴犬のよさはここで言うまでもないが、その本質的魅力を失わぬ限り将来に向かっても発展し続けることは間違いないだろう。

柴犬、紀州犬、四国犬、甲斐犬、北海道犬、秋田犬のすべてが国の天然記念物として指定されている今、会員の皆さん一人一人が日本犬保存の一翼を担っているのである。

核家族化はますます進み、高齢化社会をむかえ生甲斐のあるすごし方が叫ばれている昨今、趣味に対する需要が増幅されることは必定である。

趣味の世界は年代を超越し、老若が同次元で語れる楽しさがある。他には見られないものであり、同じ世代に生き同好の趣味を持つ者として、何がしかの因縁をも感じ得ない。

好きな日本犬を伴としての毎日の生活。

これ即ち日々是好日である。

六十年の永き伝統の重みをかみしめながら夫々が夢に描いている理想の日本犬の出現を心から祈っている。

夢が夢でおわることのないよう。


（昭和63年10月25日　発行）

13　昭和63年（１９８８）９号

いつしか虫の音も遠ざかり、冷気身にしみ、紅葉も山里を染めて秋本番。

プロ野球も西武が中日に勝って三年連続の日本一を決めたが、共に五十年余の歴史を有する南海、阪急が姿を消すという。

厳寒の北極海では氷に閉じ込められた鯨が米、ソの協同救出作戦で無事外洋へ脱出できたとか。

秋季展から連合会内の交流展になったが、全国的に思ったほど出陳頭数の増加はみられなかったようである。

この秋季いくつかの会場へ足を運んだが、話題になるのは犬作りの難しさであり、犬歴の長短にはあまり関係ないようである。飼育目的を家庭犬と決め、生活の伴としてなら展覧会にかかわることは興味の対象外であろう。が、我が愛犬を展覧会へと思ったら、そこからが新たなる出発である。

経験を積んで理論では充分理解できても、実際にそれを具現するとなるとなかなか難しい。人間一人でやれる範囲は知れたものであり、また一人でやっているように見えても血統を遡ればたくさんの愛犬家の手によって本質の向上が計られてきたのである。

よい犬を作るにはよい指導者に付き、よき仲間を作ることが早道である。当然理想とする犬の出現に向けて研究し、議論し、切磋琢磨して質の向上を計るための努力をするだろう。

目的に向かって進めば朝夕の運動もまた楽しいものである。

(昭和63年11月25日　発行)

14　昭和63年（１９８８）10号

霜月から師走に変わっただけで何かと気忙しい。

この秋季から連合会内の交流で展覧会も明るい雰囲気をかもし、久方振りに他支部の会員同士が同じリングで競う姿をみた。全国展の再開を一年後とはいえ、来年の秋と決めたことは会員の皆さんと共に喜びたい。

六十周年の記念の年もあとわずかで新年を迎えようとしている。子供の頃は正月のくるのが待ち遠しく、早く大人になって好きなことがしたいと思ったが、近頃はこれ以上年を重ねたくないというのが本音である。

今年の会誌を振り返って感じたことは、口絵写真や投稿が少ないことである。展覧会は日本犬の質の向上には欠かせない行事であり、会員が楽しみにしている発表会でもある。が反面、新入会員の方もたくさんおられて新しく日本犬を飼育される。犬の向上、飼育管理、経験談等、会員裨益、会誌充実のための寄稿をお願いする。

今年一年もたってしまえば、あっという間に過ぎたような気がする。

正月休みぐらいは時間をゆっくり使う贅沢を味わってみたい。

（昭和63年12月25日　発行）

15　平成元年（１９８９）１号

昭和三年創立の日保にとって、激動の昭和の時代をともに歩んだという感慨ひとしおである。昭和六十四年一月七日を最終日として平成と改元した。

アメリカでは、レーガン大統領の後任にブッシュ新大統領が就任。我が国ではリクルート疑惑のさなか、税制改革法案が成立し、消費税の導入を決めた。

平成元年度の第一号会誌・展覧会特集号をお届けする。昭和最後の展覧会となった六十三年度秋季展の出陳総数は九二七三頭であった。今号から、各支部の賞の記載を統一するとともに棄権した出陳犬も掲載した。

評価の表示については従来通りである。若犬、壮犬、成犬で最高評価の優良はA、特良はB、良はC、幼稚犬、幼犬の優はa、良はb、可はcとし、A、B、Cの下にある数字は各クラスの席次（順位）であり、上の〇で囲んだ数字は総合審査の席次である。幼稚犬、幼犬については席次はつけていない。

各展覧会の最高賞として本部から贈られる日保本部賞、日保会長賞は、それぞれ本部賞、会長賞と表示し、若犬、幼犬、幼稚犬で特に優れたものには若犬賞、幼犬賞、幼稚犬賞が授与され、評価の上に若、幼、幼稚と記載した。

今秋再開される展覧会ファン待望の全国展は東京での開催が決定した。

平成元年度初の展覧会日程と担当審査員が発表された。春はもうすぐそこにある。

（平成元年1月25日　発行）

16　平成元年（１９８９）２号

平成元年二月二十四日。昭和天皇大喪の日、観測史上記録的な暖冬というのに、この日ばかりは氷雨降り敷く寒い一日だった。軍事一色の苦難の時代から平和国家へと転じ、世界有数の経済大国に成長した六十有余年。大喪のあり方については各界各層の方々が種々論議されたが、それはそれとして、一人ひとりの昭和を顧みた時、その思いは感慨深いものがあったことだろう。

昭和十七年の会誌のあとがきに「種々な意味から、さまざまの事情から、会誌の編集、発行が困難になってきた。これは休刊、遅刊や減頁に対する遁辞の様に聞こえるであろうが事実つぎつぎ幾多の障碍、不快事が生ずる許りである……」一部を転記したが粗悪な紙質の限られたスペースに当時の切迫した世相が感じられ、平和な物資溢れる昨今とは隔世の感がある。平和な時代であるからこそ犬も飼え展覧会も楽しめる。常日頃当り前と思える平和のありがたさを見詰め直すよい機会でもあった。

全国から熱心な会員の方々の御出席を得て新しい平成の年の定時総会が開催された。質問の多くは全国展に関する事柄であった。秋季の開催でまだまだ先の気もするが会員の皆さんの多くはもう全国展に向けて走っているようである。

（平成元年3月25日　発行）

17　平成元年（１９８９）３号

フロンガスによる地球の温暖化が問題となっているが、東京都は自然破壊や乱獲、環境汚染等により絶滅の恐れのある野生動物、ジャイアントパンダやローランドゴリラ等二十六種類について、三年間で五十数億円を投入し、動物園で繁殖して、保存、育成することを計画、発表した。

桜が咲く頃になると狂犬病予防法に基づいて全国各地で登録と予防注射が実施される。以前は年二回の接種であったが、一年間の効力のある国産の予防薬が開発されて、昭和六十年度から年一回と法律が改正された。登録と予防注射は忘れないようにしたい。

山口支部　大館友重氏が永眠された。四国犬、長春系に情熱をそそぎ、独自の理論と一連の系統の確立につとめ、その犬風は一目でそれとわかる程であった。謹しんで御冥福を御祈りします。

米国柴犬愛好会、勝本价爾会長御夫妻が来日した。日本の桜の咲く季節の訪日は久し振りとか、米国の柴犬界の現況、将来の展望等、有意義な来会であった。

アメリカの柴犬、前途洋洋である。


（平成元年4月25日　発行）

18　平成元年（1989）4号

世界的に珍しいサンゴが群生するという沖縄。その最南端石垣島でサンゴの保護のため飛行場建設予定地の変更を決めた。一度失った自然はもとに戻らない。自然保護に対する国民意識のあらわれであろう。

ボクサーの原産国ドイツのある団体が動物愛護の立場からボクサーの断耳を禁止した。欧州は陸続きのため断耳を認めている国からの参加犬もあって、同じリングに断耳をしているボクサーと、断耳をしていないボクサーが出陳することになる。日本でもある団体は断耳をしていないボクサーの出陳を認めるという。立てた耳と、垂れた耳、審査も難しいだろう。

今春季展はどこの支部も出陳犬が多く盛況だったようである。展覧会に出陳した犬は思ったより疲労する。

個体差はあるだろうが、毎週連続の出陳となったら疲労の蓄積は計り知れない。引き続き好調を維持しているかのように見えてもその実、目に見えぬ疲労は重複される。

絶好調の期間は短い。

顧問審査員、手塚宗市氏が逝去された。享年八十二歳。昭和三十六年から六十二年までの永きに亘り、主に柴犬の審査をされた。温厚な人柄、展覧会でのあの独特の語り口もいまはなつかしい。心からご冥福を祈ります。

（平成元年5月25日　発行）

19　平成元年（1989）5号

全国でも最大規模といわれる弥生時代の環濠集落・佐賀県吉野ヶ里遺跡が発掘された。

大陸系の遺物の大量出土や遺構の状況等から魏志倭人伝に記された、邪馬台国論争が再燃しているという。その道の研究者にとっては、何とも興奮することだろう。結論が出るのか、でないのか興味ある話題である。

最近、自然保護に関する報道が多い。一種の流行の感じさえもする。そんな折り、先日テレビでインドの虎の保護対策の様子をみた。人間が居住する土地が虎の生息する領域でもある。わが国と違って住民には、常に生命の危険がつきまとう。

保護の大切さと住民の困惑との対比。

日本でも、これと似たようなことが増えている。

今春季展は雨に降られた展覧会が多かったと聞く。そんな雨模様の中、関東連合展へ下稲葉会長の御臨席をいただいた。開会式のあと個体審査を参観され会場内を一周、参加者たちとも親しく歓談された。

次刊の六号は、平成元年春季展特集号です。八月末の発行になります。同時に、秋季展の日程、会場、審査員が発表されます。二カ月余りの間が空きますが、この間、梅雨で蒸され、夏の暑さと飼育環境が悪くなります。ご愛犬の日々の管理には充分留意してやって下さい。


（平成元年6月25日　発行）

20　平成元年（１９８９）６号

高山植物の宝庫、日光国立公園の尾瀬湿原で自然を求める入山者の増加によって生態系の破壊が進んでいるという。環境庁は二十八の国立公園から入園料を徴収する方針を固め尾瀬をその適用第一号に決めた。自然保護の名目で受益者負担が適当か否か、国立公園整備費の増額要求も含め、賛否分かれると聞く。あたかも参議院議員選挙で自民党が大敗した。一因として消費税導入による国民の税負担の方法に対する審判であるというが自然も財源も無限にある訳ではない。長期展望にたっての見極めが肝心と思う。

平成元年度春季展は連合展、支部展を併せて五十二会場で開催され、出陳犬は一〇九八三頭を数えた。このうち当日の欠席は一四二〇頭、途中棄権は一四六三頭、審査犬としてエントリーした中で最終の評価を得た犬は七九六〇頭であった。これらの成績は、連合展、支部展を開催月日の順に羅列し、主催支部から提出されたものを欠席を削除して掲載した。

評価の表示については、若犬、壮犬、成犬各組のAは優良、Bは特良、Cは良を表わし評価ABCの下にある数字は各組の席次（順位）であり上の〇印で囲んだ数字は総合審査の席次である。幼稚犬、幼犬のaは幼稚優、幼優を表わし、bは幼稚良、幼良、cは幼稚可、幼可である。幼稚犬、幼犬については席順はつけていない。各展覧会の最高賞として本部から贈られた日保本部賞、日保会長賞はそれぞれ本部賞、会長賞と表示し、若犬、幼犬、幼稚犬で特に優れたものには若犬賞、幼犬賞、幼稚犬賞が授与され、評価の上に若、幼、幼稚と記載した。

秋季展の日程と全国展を含めた担当審査員が発表された。全国展の開催地は東京都江東区辰巳埋立地に決定。詳細は次回の七号に展覧会案内として掲載する。

21　平成元年（１９８９）７号

今年の残暑は厳しかった。竹下内閣の後を受けた宇野内閣は一夏を経ず早期退陣し、海部内閣が誕生した。

夏の夜の夢物語になる星空も、近頃は科学の時代を証明するごとく次々とベールをぬぎ、十二年前に打ち上げられた米無人惑星探査機ボイジャー二号は探査目的最後の惑星、海王星の映像を鮮明に見せてくれた。

この後、太陽系を離れ地球人の存在を示すメッセージを載せて現代から未来へ向け宇宙のかなたへ永遠の旅を続けるという。

逆に古代から届いたメッセージ奈良県天理市荒蒔古墳で鈴付きの首輪を付けた犬と、背中の毛を逆立てた猪の埴輪がほぼ完全な形で出土した。犬や猪の埴輪は全国でも珍しく貴重な資料といえる。天理市教育委員会は、犬は日本犬特有のとがった顔で尾を立て、猪を攻撃中とみえ、狩猟の様子を表わしているのではないか、と説明している。

被葬者の愛犬をモデルにして作られたのだろうが、六世紀前半の頃、首輪に鈴をつけた犬が狩猟をしていたのである。古墳時代に飼い犬に鈴をつける習慣があったのだろうか、それとも特別な意味あいで鈴をつけ

（平成元年7月25日　発行）

たのか、一度拝見したいものである。

(平成元年9月25日　発行)

22　平成元年(1989)8号

この秋の明るいニュースは天皇家の御次男礼宮様ご婚約の発表であった。御相手は同窓に学んだ川嶋紀子さんという笑顔の爽やかなお嬢さんである。

相撲界から初の国民栄誉賞が千代の富士に授与された。「広く国民に敬愛され社会に明るい希望を与えることに顕著な業績があった者」とされ今年七月には歌手の故美空ひばりさんも受賞している。

暑さ寒さも彼岸までという諺が今年程ピッタリと当てはまった年はないだろう。一気に秋模様となった。秋季展も佳境に入り展覧会愛好者にとっては暫くの間、動向が気になって落ちつかないことと思う。

展覧会とはまったく無縁の話であるが、今秋封切される映画「ハラスのいた日々」を試写会で拝見した。柴犬の長いようで短い十数年の生涯を描いたまったくの愛犬物語である。

職員数名と鑑賞したがF嬢などは興奮さめやらず涙々であった。犬を飼ったことのある人は勿論のこと、そうでない人にとっても感極まるものがあろう。昨今科学の発達もある分野においては人智の域を飛び出してしまっているのではと、空恐ろしい感さえある。物質文明一辺倒であるかのような世相であるが故に、この手の科学とまったく関係のない所の、心の物語はこれからの日本人の生活の中で、もっともっと必要なものになろう。

（平成元年10月25日　発行）

23　平成元年（1989）9号

この世の怖いものとして、地震、雷、火事、親父とは昔から謳われているが、サンフランシスコと中国からの大地震の知らせは先に起きた伊豆東方沖海底火山の噴火が陸地であったらと思うと人事ではない。この手の災害はいつ起こるかわからないだけに不気味であって恐ろしい。親父の怖さは凋落しているが怖さ筆頭の地震は当分揺らぎそうにない。

文部省はオリンピック等の国際大会で勝つための教育を始めるそうである。小さい自我のないうちから、スポーツ専門に育て学業の方は推薦入学制度等で上級学校へ入り易くする方針という。これで金メダルをとれた者はよいだろうがとれなかった者の将来はどうなるのだろう。競技には勝ち負けがつく。勝った負けたはその時の比較であって刹那のできごとである。プロであれば勝つこと自体が重要な意味合いを持つだろうが、子供の世界にまで勝負を持ち込むのは如何なものか。より大切なのはそこに至るまでの過程と思う。文武不岐という言葉はもう日本では死語になってしまうのだろうか。時を同じくして世界柔道選手権で小川直也選手が無差別を含む二階級を制覇し世界一になった。高校に入学してから人に勧められたのがきっかけという。持って生まれた才能と本人の努力の賜ではあろうが、柔道歴僅か六年余で世界一。この素質を見抜いた先生の眼力は素晴らしい。

そういえば日本犬の社会には六か月まで名犬という言葉が生きている。

(平成元年11月25日　発行)

24　平成元年（1989）10号

全国展、猟能研究会、年度末の会議と連続して忙しかった。今年もというより一九八〇年代が終わる。十年一昔というが最近はサイクルが短くなったように思う。あの頃は子供も可愛い盛りであった。自分自身さして生長したとも思えないが子供の背丈だけは父親を越えた。一〇年の歳月のいかに永きことか。過ぎ去ってしまえばいやなことよりよいことの方がより思い出される。人間だけが持つ都合のよいところかも知れない。

会員の皆さんもこの10年、愛犬のこと展覧会のこと、いろんな思い出を刻んだことと思う。

当会においても昭和55年から59年にかけては会員数、登録数とも飛躍的に発展し、事務所も昭和57年に現在地に移転した。全国展の中止はあったが一九八〇年代のうちに再開できたのも日保の底力があったればこそである。

猟能研究部もいよいよその歩を固めつつあることは喜ばしい。

世界に目を向ければ天安門事件が起きベルリンの壁が取り払われ、共産圏諸国が変わろうとしている。難しいことは分からないが、仲よくすることはよいことである。

名誉会員、輪違鋼造さんが亡くなった。享年86歳、戦前からの会員で、戦後は本部役員として活躍され、日保、日犬の副会長を歴任された。その鷹揚な人柄は東京支部長としても四半世紀を務めた程の人望であった。心からご冥福を祈ります。

いろんな思い出を残して一九八〇年代が終わる。

来年もよい年でありますよう。

（平成元年12月25日　発行）

25　平成2年（1990）1号

平成二年（一九九〇年）の幕があいた。今年は庚午（かのえうま）「陰陽　新旧交錯する年」とある。国内においては衆議院が解散し、与党と野党が、世界では資本主義と社会主義とが、いままでになく交錯している。

日本の企業がエコノミック・アニマルと言われて久しいが、この傾向は家庭内にまで及んで、親も子も忙しい時代であるという。エレベーターに乗って扉の開閉ボタンをせっかちに押すのは、日本人だけであると何かで読んだが、花鳥風月を愛で、風雅を解する民族が、時代に流されているのか、時代の要求なのか。すべからく経済優先の思想に取り込まれているように思えてならない。何が真実で、何が幸福か判り難い面はあるが、仕事を離れた趣味の世界くらいは、マネーよりマナーを大切にしたいものである。

表紙を一新して展覧会特集号ができた。展覧会で常に上位を維持することの難しさは出陣者であれば、誰もが経験することである。闇雲に飼ったのでは、一時の華は得られても後が続かない。地道な努力をした人には、それなりの裏づけがあって話にも含蓄がある。

春の展覧会の日程と担当審査員が発表された。今季から出陣制限枠が解除されたが、それに伴い本部賞の受賞数の制限等に関する細則が付加された。出陣される方は注意されたい。

26　平成2年（1990）2号

（平成2年1月25日　発行）

陽春の光り輝く季節、春を告げる催しがそこここで開かれる。今年の桜は例年になく早く咲いて北上、春季展も相乗して南の方から始まった。春季展はどこの支部も幼稚、幼犬が多く、春の花やいだ雰囲気は将来への希望をも含めて楽しい。

昭和天皇在位六十年記念金貨の偽造事件はその大量なことにたまげ、犯罪規模の国際化に驚いた。経済も犯罪も一国だけの問題として片付けられない時代が到来している。

現に世界的な麻薬の害が叫ばれているが、そんな中、一日後にニューヨークで開かれる国連の麻薬撲滅の特別総会へ、日本政府の代表として出発されるという下稲葉会長の出席をいただき定時総会が開催された。当日は衆議院の総選挙の投票日とも重なったが、熱心な会員の方々によって三つの議案が審議され承認された。今年は二年に一度の役員の改選の年で本部、支部とも新しい出発である。

本部役員岡野愛太郎副会長が今期を限りに引退された。戦後の復興期から永年に亘って御苦労をいただいたが、明治生まれの気骨は衰えることなく、奥様とともにいたってお元気である。先の理事会で名誉会員に推薦された。今後は気楽に日本犬を楽しみたいとおっしゃられている。後進のためいつまでもお達者で御指導を賜わりたい。

（平成2年3月25日　発行）

27　平成2年（1990）3号

昔ばなしの「花咲か爺い」にはおなじみの犬が出てくるが、先日ＴＢＳテレビでこの犬をシロと呼んで放送したところ、文部省唱歌ではポチであると反論があったという。どちらでもいいような気もするが、一頭の犬にシロとポチの二通りの呼名があったとは。

当会の昭和8年第2回本部展で白号が文部大臣賞を、昭和29年第21回本部展でポチ号が農林大臣賞を受賞している。その後この両者の犬名はあまり使われていない。

シロは単に色で呼んだものであろうが、ポチの由来は明治以降のハイカラ思想によるフランス語のプチ（ｐｅｔｉｔ）から転化したものらしい。同時代のジョンやエス等とともに今はもうほとんど聞くことがない。

犬名についてはそれぞれ苦心のあとがうかがえるが、テレビの人気者や有名人にあやかってのものも多い。ファン気質の夢の表われでもあろう。最近は「おやじギャル」や「二十四時間働けますか」等時宜を得たというか、おもしろい言葉が目まぐるしく飛び出してくる。言葉遊びというか、新造語の氾濫時代でもある。これも皆テレビのなせるわざといえなくはない。

先頃アメリカで最も鮮烈に聞いた言葉、「日本時間」。ついこの間まで日本中で使われていた。現実的ではないかも知れないが使ってみたいものだ。

（平成2年4月25日　発行）

28　平成2年（1990）4号

桜が散って新緑のまばゆい季節である。日本の四季にはそれぞれに独特な風情があり、その四季の間の節の微妙に移ろうさまは、日本人の持つ繊細で雅致の心を育んだ源のひとつにかぞえられよう。毎年冬のあとに春がきて桜が咲く。寒い冬が終って桜が咲き万物が一斉に活動を始める頃、犬を供に身も心も服装までも軽くして汗ばむ程に散歩する心地よさは飼った者だけが知る楽しさである。桜自体はどこの桜もさしたる変りはないが、桜にまつわる思いはあの年のあの頃のと、楽しい話や苦い話等枚挙にいとまがない。

今年の桜の季節は、日本経済の何とか景気とやらに冷水を浴びせるかのような円安、株価の暴落を告げた。一億総財テクブームとやらでゴルフ会員権までもが投機の対象となっているが、このゴルフ場の農薬汚染が社会問題として大きく取り上げられている。現代人は健康に自信がないのか、身体に良いとか悪いという食品や飲物に敏感に興味を示す。が、すべての基本となる水が汚染されていたのでは話にならない。建設省は、国の機関としていち早く、全国一級河川の堤防の除草剤使用の原則禁止を決めた。

山紫水明の国、日本の山野で犬と遊んでも川の水も飲ませられないようではわれわれだって安心していられない。

（平成2年5月25日　発行）

29　平成2年（1990）5号

上野の国立博物館で開催された日本国宝展へ、五月のゴールデンウィークの一日を利用して出掛けた。日本の宝物に寄せる関心の高さを伺わせるかのごとく、会期中は連日超満員であったという。ちなみに当日は雨の中、入館するのに二時間を要した。心中期待して、日本犬に関するものを探したが無かった。

たくさんの展示物は国宝に指定されたほどの尤物ゆえであろうか、千年余りの年月を経ていてもなお古臭さを全く感じさせないほど斬新なものが多い。古いものをそのままの古さにしか見せないものはそれだけの価値というがあながち当たらずとも遠からずである。

美への欲求は国内はもとより外国にも及んで、ニューヨークの美術品の競売会で日本の企業家が、ゴッホの「ガシェ博士の肖像」を始めとして、ルノアール、ロダンの彫刻とを二百数十億円で購入したという。理由は「いくら出しても欲しかったから」だそうである。物の値打ちを決めるにはそれなりの算定基準があるだろうが桁外れの金額である。趣味、道楽は日常生活の範疇を越えた社会だから起き得ることかも知れないが、ここまでくれば極まれりの感がしないではない。かつ人間の欲望の限り無きことの証左でもあろう。

次刊、春季展覧会特集号（六号）は八月末の発行です。秋季展の日程と担当審査員も掲載します。暑い二カ月余りご愛犬の管理は充分に留意してください。

（平成2年6月25日　発行）

30　平成2年（1990）6号

平成二年度の春季展は連合展を含めて五十の会場で開催され、出陳頭数一一四九一頭を数えた。各支部の成績表は二週間ほどで本部へ届く。待っていたかのように全国から賞歴記載の申請が送られてくる。五月末には審査個評が提出され、各支部からの成績表と照合されて一連の作業は終わる。

今春季展は週末になると空模様が悪く、雨風に見舞われた会場が多かった。最近は天気予報と言わず気象情報と言うところもあるが展覧会や行楽は雨の情報は外れた方がいい。

展覧会では審査のことが話題になる。すべての競技、展覧会、品評会等には呼称は異なっても判定を下すための専門職がいて各分野で精練された人が当っている。

今年のプロ野球は、審判員に対する不信感から乱闘事件もおきてその資質が問われているが、競馬や競輪のようにゴールを定めて競走させ写真判定ですべてを決定しているものもあってその方法は様々である。日本犬のようにその内面的の微妙な心理までをも推し量る必要のある領域では写真やビデオは飼育管理や繁殖などの平素の参考にはなっても審査には利用できない難しさがある。故に人の目の確かさが要求されることは言うまでもなく、その目で判断し決定している以上、審査は全幅の信頼のもと公正かつ絶対であることが必須の条件であろう。

この夏は記録的な猛暑であったが、秋季展の会場と審査員が発表されて秋の気配を感じる頃となった。出陳予定の方は展覧会規定に注意して参加されたい。

（平成2年7月25日　発行）

31　平成2年（1990）7号

八月十五日の東京の空はきれいに澄んで真青だった。旧盆と正月の頃、東京の空はこんなにも青く美しかったのかと思うほどの色になる。この時期の東京は道路渋滞もなく落ちついて大好きである。

人間が便利さを求めて以来、文明の名のもとに自然を破壊し、大気汚染を生み出してきたが、皆が一休みすれば束の間ではあっても、もとの自然の空を取り戻すことができるという、よい見本である。

このまま大気汚染を放置すると二十一世紀末には平均気温が三度上昇して、海面が一メートルもせり上がるという説もあるが、そんなことになれば日本犬の毛質、まず変化をみせるだろうか。

この夏の関東の水不足はダムの無かった昔なら大飢饉になっていただろうし、自然と文明の調和のいかに大切であることかを感ずる。今年の記録的な猛暑は昨年に続いてのもので将来を暗示するかのような愕然とする話であるが、自身この便利な文明社会にどっぷり浸かっている。

イラクがクェートに侵攻した。新聞、テレビでの報道でしかその内容を知る由もないが、世界を見渡すと何故に貧しい国や発展途上ともいわれる国ほど繰り返し戦争をするのだろう。世に争いの種はつきまじというが、人間という動物はよほど争いごとの好きな種のようである。邦人も捲き込まれてこのさわぎ円満な解決を祈るほかない。

32　平成2年（1990）8号

（平成2年9月25日　発行）

大型台風一九号が日本列島を縦断したのも束の間、続いて二〇号が展覧会の当日本州中部地方へ上陸した。滅多にないことだが新幹線は止まり、空の便は欠航する等、この日開催の六支部は何等かの影響をうけ担当の審査員も足止めを食ったりの大変な一日であった。

展覧会たけなわである。シーズンを迎えると好きな道なるが故に会場へよく足を運ぶ。犬の良し悪しの判断については、飼育目的によっても異なるのでその褒め言葉や表現には随分と気を使う。気合の入った出陳者に問われても安易な応答もできずして、当り触わりのない返答や沈黙を守ることが多くその対応は極めて難しい。その点ペットで飼っている人達との会話は気が楽で楽しい。

分断の歴史に終止符を打ってドイツが統一国家として誕生し、近くて一番遠かった北朝鮮へ訪問の代表団を送る等東西の融和は急激に進展している。ソ連サハリン州で火傷を負った三歳の坊や・コンスタンチン君の国境を越えた救援活動は、今日当然のことのように思える程の変わりようである。

時代の動きは早くて凄い。

本部理事、奈良支部長の西田政治さんが亡くなった。紀州犬を一途に愛し、数年前からは悠々自適の犬一筋と張り切っておられたのに誠に残念なことである。あの迫力ある野太い声の中に包含されたやさしさは、近畿連合会の中において躍如たるものがあって、名物支部長であった。享年六三歳のあまりにも早い生涯。心からご冥福をお祈りします。

（平成2年10月25日　発行）

33　平成2年（1990）9号

全国展を控え出陳申し込みの問い合わせ等この時期は事務所が一年で一番忙しい時となる。日本犬の愛好者にとって全国展へ寄せる期待は熱く恋人を待つような何とも待ち遠しいことではある。そんな熱気もこの号が届く頃には一段落してよい成績を収めた人、捲土重来を期する人、こもごもに師走を迎える。

国民的スポーツ、プロ野球の日本選手権でまさか巨人がストレートの四連敗を喫しようとは思わなかった。まったくふがいないことで三十年振りとのことである。西武の強さをたたえるべきではあろうが、初戦のあの一球が勝負の分かれめであり流れを作ったと評論家は言う。加えて気迫の無さをも露呈しては当然のことであったのかも知れない。

気迫については日本犬の具有する特性の中で、最も重要視されるところであり、展覧会の朝、輸送箱から出てブルッと身をふった後の精神の充実度がその日の調子を物語る程気迫の起こりは大切である。事程左様に勝負の流れというものは当事者によって作られるものであり、その流れを途中で変える等という芸当は至難な技であって条理では言い表わすことの出来ない不思議な分野ではある。

国連平和協力法案で国会が揺れている。世界中のニュースが即日に報道される今、テレビでは連日この問題で特集が組まれ憲法の解釈も含め激論が繰り返されている。結論的には平和国家の維持ということが大前提であって、国民が参加して意見がいえる現在の制度、いい時代である。

(平成2年11月25日　発行)

34　平成2年（1990）10号

今年はいい年だったのだろうか。12月も半ばを過ぎるといつも思う。11月から12月初旬にかけては例年のとおり秋季展や年度末の事務整理に追われた。どれも大切で必要なことなのだが暫くも時がたってみると唯々仕事に追われていただけの毎日であったかのような、そして、この一年の間に何かできたのかという自嘲の念にも駆られるのである。

日保もこの一年、年頭の事業計画をさしたる事故もなく執行して年度末を迎えたのだからそれなりにいい年であったといえるだろう。皆さんはこの一年如何でしたか。

11月には天皇陛下の即位の礼が国事行為として荘厳として行われ、その平安朝の粛然とした雅びな美しさは見る者をして目を見張らせるものがあった。対象的だったのが日本人初の宇宙への飛行である。古典的な伝統と創造の世界、この狭（はざま）に生きて古き考えと新しき思考が混沌とする。強くなった女性とおとなしくなった男、社会と人が急激に変わり続ける今、この先どうなってしまうのかとさえ思う。

先般ある世界的な音楽コンクールで一位になったという女性の話を聞いた。途端にコンサートの依頼が殺到したという。タイトルが人を呼ぶのだそうである。タイトルは秀れたものに与えられるべきものであることは当会でも同じだが、すべてのものが努力すればという訳にはいかない難しさがある。結果も大切だが過程を楽しむゆとりも欲しい。今年もあとわずか健康で過ごせたのだからいい年だったのだろう。

（平成2年12月25日　発行）

35　平成3年（1991）1号

日照時間が伸びて確実に季節は巡って春が来る。年が改まり日保の一年が始まった。二十一世紀へ向けての締め括りともいえる十年間の幕明けである。十年一昔というが昨今は世上の移り変わりも早く一年が一昔くらいの感覚にさえ思えるほどの変動の時代である。中東では平和的解決の願いも空しく湾岸戦争が起きた。最先端技術を駆使しての近代戦はテレビゲームを見ているかのようであるが、その悲惨な様子を知るにつけ暗澹とした気分にさせられる。

一月から東京の電話局番が四桁になった。今までの局番の頭に三を加えるだけのことなのだがパターンの変化に対応できないのか、いざとなると覚えていたはずの番号がでてこない。げに習慣とは恐ろしいものである。習慣といえば犬の飼育で食事とともに最も重視されるのに運動がある。飼主の都合でいい加減にやったり中止したら、ひがな一日犬舎にいる犬にとっては健全な体調を維持することは難しい。よい習慣をつけたいものである。

会誌一号をお届けする。会誌は一年間に10冊発行する。展覧会特集号としての1号は1・2月の、6号は7・8月の合併号としてそれぞれ2月末と8月末に刊行する。あとは各月毎に8冊である。今年の1号は昨秋の第八十七回全国展の壮・成犬賞と連合展の本部賞受賞犬の写真、そして各展覧会の成績と個評である。全国展の出陳総数は六七四頭、支部展、連合展は九六三五頭であった。加えて平成三年度春季展の日程、会場、担当審査員の一覧表を掲載した。

（平成３年１月25日　発行）

36　平成３年（１９９１）２号

関西ではよく見かける駅の自動改札機が今年に入って東京の駅に次つぎと据え付けられている。切符は自動券売機で購入するようになって久しく、人間の言葉を必要としない程の機械化文明の時代である。欧米人から見ると日本人は総じて社交べたで無表情の人が多いというから存外日本人向きといえるのかも知れない。この日本人の性格は今更のことではなく日本という島国で長い年月の間に醸成されてできたものであろうし、日本犬の無愛想というのもこんな国民性を受けてできたものだろう。又それを日本犬の好ましい特徴のひとつに数える向きも少なくない。この日本犬の性格も時代の流れとともに変わりつつあるやに思うが犬は人に一番近しい動物ゆえに飼主である日本人の変化を敏感に察知しているのかも知れない。

湾岸戦争が終結した。戦争における報道では両者の発表はまったく異なることは昔も今も変わらない。関係諸国の神経が正常に戻った時点ではっきりしたことが判るだろうが、何につけても興奮している時の発言は的を射ていないことが多い。

時代にマッチしたドラマ作りなのか、あるテレビ局が日本の戦時下の犬を題材にした物語を制作するとかで取材にきた。当時の会誌に陸軍省兵務局から犬毛の蒐集を依頼されたことや、犬を僕殺しろという団体に憤慨する文章等が掲載されている。平和な日本にもこんなことがあったのだが、湾岸戦争とダブって複雑な思いである。

（平成3年3月25日　発行）

37　平成3年（1991）3号

東京都の新庁舎が完成し業務を開始した。これまでの池袋のサンシャイン60を抜いて、日本一の高い建物である。目の当たりに見たが、それはすごい。新都庁舎の誕生によって新宿は首都東京の生活をリードしていく街になるだろう。新しい庁舎へは保守分裂選挙の結果鈴木俊一さんが八〇歳という高齢をものともせず四選を果たして主となった。

大相撲大阪場所で18歳の貴花田とハワイ出身の曙が大活躍をした。スポーツ界はもとより、あらゆる社会で突然と一世を風靡するようなスターが出現する。先天的な要素が強いのだろうが、頂点に達するのにまごまごと寄道をしないで一気呵成に昇りつめる。超一流スーパースターというやつである。

日本犬界にあっては、すでに伝説の域にいたった名犬たちは、その出現自体が、日本犬の保存のために生まれてきたかのような感さえして、偶然の所産とは思い難い。中でも、昭和初期の秋田犬のハチ公は端緒を開いたばかりの日本犬の保存事業の一翼をになった功労犬であり、名犬であるかどうかは論を待つとして日本中に知れわたった有名犬であった。そのハチ公のすべてとも思える『ハチ公文献集』という本が林正春さんという人の手によって出版された。ハチ公の十一年有余の一生を当時を知る人の証言や散逸していた諸文献を収集してまとめあげた本である。日保からも当時の資料を提供した。
自費出版であって公立の主な図書館や教育機関へ寄贈されたというが残念なことに非売品で販売の予定はないという。

（平成3年4月25日　発行）

38　平成3年（1991）4号

百六十四年の歴史を持つ世界で最も古いロンドン動物園が資金難でこの秋にも閉鎖されるということが報じられた。動物愛護の最先端を自認する英国での話である。約八千頭の動物のうち珍しいものは別として、引き取りてのない多くの動物は殺処分になるような雲行という。金の切れ目が命の切れ目になるとは恐ろしい。子供に動物の生態と夢を与える目的で設けられたのであろうが、このことを何と説明するのだろう。動物虐待に関してはよくやり玉にあげられる日本だが、この外国でのできごとには無関心なのか今のところ反響らしきものを聞かない。

以前、平成元年三号誌のこの欄で絶滅の恐れのある貴重な野生動物を東京・上野動物園で計画的に増殖して保存する、「ズーストック計画」という話に触れた。これがいよいよ実施されるということになり、ニシローランドゴリラとスマトラ虎がその第一弾の対象となった。この目的達成のためには、より自然に近い環境が必要とあって、その施設拡充のためには百獣の王ライオンが多摩動物公園へ移されて上野動物園からまったく姿を消すという。

小学生の頃、初めてライオンを見た時のあの驚きと感激は今でも覚えている。子供も親の手を離れて動物園へは久しく足を運んでいないが、上野の山へライオンの見収さめに行こうと思う。

春季展覧会も終了しました。会誌の口絵写真を3頁の応募要項により募集しています。

（平成3年5月25日　発行）

39　平成3年（1991）5号

毎年の例で春から夏へかけてのこの時期、本部へ届く一胎子犬登録の数は少なくなる。反対に秋から冬にかけてその数は多くなる。当然のことながら子犬を育てるのに適している季節に子犬は少なく、正月前後の子育てに不適と思える寒い頃に子犬が多いという結果になる。この現象は日本犬が生きてきた古い時代からの形質の継承か、それとも単に人為的な調整によるものなのか、他の犬科の動物や他犬種と比べてみるのも興味深い問題ではある。

長崎県、雲仙岳で今世紀最大ともいえる火砕流が発生し、多くの人命を奪う大惨事がおきている。マスメディアの発達によって事件や事故の情報は即時に得られるようになったが、反面知らなくてもいいようなことまでが、次から次へと入って来る。現代の社会構造、仕組みを考えると仕方のないことかも知れないが、普段余裕だ、ゆとりだ、といいながらも習慣になっているようなところがあって、朝は新聞に始まりそのうえテレビをも見てしまう。

五月の連休を利用して、北京へ遊んだ。滞在したその間犬の姿を見たのは北京郊外でシェパード犬らしきもの一頭だけであった。聞くところによると、北京市内では犬の飼育は禁止されているという。これより一週間程前に訪れた台湾ではその畜犬熱の高さに驚き、感心したばかりであった。パリでは犬のフンは飼主が始末しないから街中にそのまま放置されているし、イギリスでは土佐闘犬の輸入を禁止したという。犬のことひとつとってみてもそれぞれの国によってそれぞれの考えがあるものだ。

次刊の六号は春季展覧会特集号で、八月末の発行となります。秋季展の日程と担当審査員も掲載します。

(平成3年6月25日　発行)

40　平成3年（1991）6号

バブル経済が崩壊し、証券業界の損失補てんや経済犯罪に関することが毎日の様に報道されている。この経済界の不可解な行為には、国内はおろか外国の反応も厳しい。そんな経済の優先指向を見透かしているかのように、日本の伝統的な文化の精神思想は物質的な豊かさを求めるだけでなくその根底には心の豊かさを基調に希求したものが多い。日本の生きた文化財のひとつに数えられる日本犬が国内はもとより外国にまで普及されつつあるのはこんな日本文化の匂いを多分にただよわせていることもその一因といえるだろう。

平成三年度春季展は連合展、支部展を併せて五十一の会場で開催された。出陳総数は一一三一七頭。うち参考犬一四九頭、供覧犬六頭、欠席一五八三頭、途中棄権、一八三二頭であった。審査犬としてエントリーした中で最終評価を得た犬は七七五〇余頭である。これらの成績は連合展、支部展を開催月日の順に羅列し、主催支部から提出されたものを欠席を削除して掲載した。評価の表示については若犬、壮犬、成犬各組のAは最高評価の優良、Bは特良、Cは良を表わす。評価ABCの下にある数字は各組の席次（順位）であり、壮犬、成犬の上の○印で囲んだ数字は総合審査の席次である。幼稚犬、幼犬のａは幼稚優、幼優を表わし、ｂは幼稚良、幼良、ｃは幼稚可、幼可である。幼稚犬、幼犬については発育途上で変化が著しいため席次はつけていない。各展覧会の最高賞として本部から贈られた日保本部賞は本部賞と表示し、若犬、幼犬、幼稚犬で特に優れた犬には若犬賞、幼犬賞、幼稚犬賞が授与され、評価の上に若、幼、幼稚と記載している。

秋季展の日程と担当審査員が発表された。今季の全国展から若犬を加えた二日制で埼玉県熊谷市で開催される。詳細は次回の七号に展覧会案内として掲載する。

（平成3年7月25日　発行）

41　平成3年（１９９１）7号

八月初めのある新聞にソ連の食糧不足は恒常的なもので、モスクワの動物園も例外とはいえず配給制となり、その不足はより深刻な状態となって動物達を絶食させる日もある。ということが報道された。可哀想にと思っていた矢先に、クーデター騒ぎが起きた。三日で鎮圧され終息したが、ロシア革命以来七十数年に亘った共産党が解体されるというニュースは世界中を驚かせた。この先どうなるのか、評論家の歯切れも悪く、しばらくは混沌とした時代となるのだろうか。評論家はどの分野にも存在して予想や評論をするが、多くはそれまでの経験や過去のデーターを基にしたものであって、常識的な域を越えたものは少い。発育途中の子犬の絶対的な将来予測を断言できる犬の評論家がいたら、引っ張りだこになるだろう。

第三回世界陸上選手権が東京で開催された。最終日の男子マラソンを往路、復路の同じ場所で観戦した。残暑の中を走る世界のトップランナーの姿は壮観であった。往路の5km地点ではほとんどが一団となってあっという間に視界から消えたが、復路の37km地点での先頭集団の気力の充実に伴う迫力は、はち切れるばかりのものをみなぎらせて、見る者をして感動させるほどであった。ビデオも見たが目の当たりに見たものと被写されたそれとでは伝わるものに大きな差異があった。秋季展が始まり展覧会が好きでたまらないという会員は多いが、各地で開催される展覧会へは目で見て肌で感じることがこの道の上達の早道であろう。

(平成3年9月25日　発行)

42　平成3年（1991）8号

群馬県で紋次郎号という和牛の種雄の精液が他のものとすり替えられて人工受精されるということがおきた。つい先頃は米の本場、新潟のコシヒカリのニセ物が出回って騒いだばかりである。日本人はブランド志向が強いといわれるが、この種の事件はこの観念意識を逆手にとったものであり間違った商魂の何ものでもない。

牛や豚等の経済動物はその品質が直接価格に反映するから、ブランド品であれば高く売れるとの安易な発想からでたものだろう。良いもの、美味いものへの欲求は人間の本能的なものであってこれを追究してきたことが品質の安定と向上に繋がったのではあるが、遺伝は正直である。冷静に考えれば分かりそうなものであり、許される行為ではない。

同じ動物でも日本犬は種の保存を図り血統を重ねて固定してきた。登録された日本犬は犬のブランド品といえるだろう。その中でもよりブランドのイメージアップを計る尺度は展覧会の成績ということになる。良いものは名声を得て種犬としての期待も高まり当然のこととして交配の要望もおきるが、雄、雌の血統の適合性は、単純に推し量れる程のたやすいものではなく、血統の融合性がより重要な課題となる。犬作りは人智の及ばない神秘的な部分と科学的な分野が渾然として、実験的な要素を多分に含むが、この実体験の多寡は犬を知る上での大切な要件である。現在の繁殖はすべてが人為的な操作によるものではあるが、可能性を求める心情は昔も今も変わらない。

(平成3年10月25日　発行)

43　平成3年（1991）9号

十一月に入ってやっと秋らしい青い空が見えた。秋の長雨のせいであろうか、事務所の窓から見える銀杏の木々の色付きも心成しか冴えない。各界の人手不足は慢性的なもので、当事務所も例外ではなく、先月号に女性職員の募集のお願いを出したが、応募はなく、例年のとおり、秋口から増加する一胎子犬登録の申請と、締め切り日近くになって集中する全国展の出陳申し込みが重複して、この時期はいつも決まって忙しい。

今年も展覧会の全日程を終了した。展覧会やスポーツ競技では勝つための工夫が重ねられているが、先日「くらべてみれば」というテレビ放送で、日本陸上界の長距離と短距離のエース選手が同じ距離を走り、その筋肉の疲労や変化を測定する、という番組を興味深く観た。結果において両者の筋肉の作りと構造の違いがはっきりと表われたのである。

科学の先進国では、それぞれの競技に適した体質を見極めて練習方法を追究し、解明して、トレーニングメニューを決める。

日本犬も展覧会用の犬を作るには、同じように科学的根拠に基づいた訓練方法を採り入れることが重要なポイントとなるだろうが、生まれついての気質、体質の違いがあるから、画一的に管理すればよいということではなく、個々の犬にあわせたトレーニングメニューが必要となるだろう。

あれこれと試行錯誤を繰り返すことになるが、理想の日本犬の実現は難しく、斯界の大先達がいうには、展覧会用の犬は別として、利口で邪魔にならない犬が名犬だよ、と語っていたのが印象に残っている。

（平成３年11月25日　発行）

44　平成３年（１９９１）10号

十一月のある日、一歳半になる柴犬のノイローゼのカウンセリングをしてくれる所はありませんか。と会員の方から電話が掛かった。三週間程前、親子喧嘩の後急に落ち着きがなくなってビクビクして困っているというのである。よく聞くと親子は親子でも飼主の親子喧嘩が原因になったというのだ。こんな相談事は初めてのことで、電話の主は誠に真剣である。家の中で飼っているとはいえ、犬が人間的な感情を持ちあわせるということに半信半疑であったが、これといった名案も浮かばない。

余程感受性の強い犬なのだろうが、少しずつ恐怖心を取り除いて安心して行動できる環境作りを心掛けるより他はないでしょう。と結論づけて電話を切った。本当に飼主の親子喧嘩が原因になったのかは知る由もないが、犬をコンパニオンアニマル等という時代だから、こんなことが起きても不思議ではない。

そんなことがあって、先の全国展の紀州犬雄の成犬組のリングを見て感じたのだが、比較審査で評価が決定するまではどの犬達も気迫を漲らせて立ち込むが審査が終了するや嘘のように落ち着いておとなしくなる。会誌九号に樋口審査部長が日本犬のハンドリングという中で「取った手綱に血が通う」と書かれているがまさにハンドラーの感情移入によってもたらされた気迫の充実はその数分後にはまったく姿を変え、緊張から解かれた犬達の柔和な表情とともに見せた対照の妙は、今年一年を通して強く印象に残った光景であり、犬は飼い主の気ひとつで動き、作られる動物であるということを実証するものであった。

今年もあとわずか、来年もよい年でありますように

(平成3年12月25日　発行)

45　平成4年（1992）1号

ソ連が六十九年余の歴史に終止符を打ち、ソヴィエト連邦から独立国家共同体という名称に変わった。旧ソ連が十二の国々からなっていたというのも初めて知った。外国の情報はあふれる程でかなりのことを分かっているつもりになっているが、その実ほとんど分かっていない、というのが実情である。外国人が日本のことを知らない、といって責めること等できやしない。

今年に入ってベルギーとカナダに在住する会員が前後して見えた。それぞれが柴犬を飼育し、その良さを

十分に認めていたが、最近両国ともに柴犬は増えてはいるものの、どちらも共通して柴犬らしからぬものが多いのだという。そんな折り、アメリカ・最大の団体であるアメリカケネルクラブ（ＡＫＣ）が柴犬を公認犬種とするというニュースが入った。それ自体は誠に結構なことだが、その標準は日保のものと幾分異なるようである。

犬種の標準は原産国のものを優先するというのが犬界の常識といえるのだが、犬種団体の考えや、国民性もあり、種の保存を図って固定してきた日保の考えと同じにしろというわけにはいかないもどかしさもあり、今後の課題となるだろう。

日本にいて外国のことを理解しているようで、分かっていないのとまったく逆の現象でもある。現在アメリカ西部には日保の友好団体でロサンゼルスを中心とした米国柴犬愛好会があり、また東部には日保の標準を遵守して活動している団体もある。これらの団体と更に連携を深めていくことがより大切なこととなるだろう。

平成四年度会誌一号をお届けする。今年の一号は第八十八回全国展を含め、昨秋季展覧会の成績と個評である。今回から全国展の最高賞、準最高賞をカラー写真で掲載した。全国展の出陳総数は九八八頭、支部展、連合展は九三六六頭であった。加えて平成四年度春季展の日程、会場、担当審査員の一覧を掲載した。

（平成４年１月25日　発行）

46　平成４年（１９９２）２号

フランスのアルベールビルで冬季五輪が開催され橋本聖子、伊藤みどりの両選手が冬季五輪では女性初のメダルを獲得したのを始め、日本選手が大活躍をした。特に男子複合団体というジャンプと距離を合わせた競技では金メダルという快挙を遂げ、その若いメンバーの一人がインタビューで、オリンピックというより世界の国体のようだ、と語っていた言葉はまさに国際化の時代に生きる物怖じしない積極さと若さの素晴らしさというものを強く感じさせられた。

オリンピックの開催はなぜ四年に一度なのか未だに知らない。が冬季大会が開かれるようになったのは、第八回からで、同じ年の冬と夏に開催されている。その冬季の次の開催は二年後の一九九四年となり、以降は二年毎に冬季と夏季とで交互に開催するという。いろいろの事情があってのことだろうが、今度の変改は四年に一度のこととはいえ、一年の間に二度の大きなイベントは大変なことだろうし、組織の運営は時世と共に変わっていくものなのだろう。

本部役員・中根時五郎副会長が今期をもって引退された。戦前からの数少い会員のお一人で昭和六十三年には紀州犬の保存、育成に貢献した功績が高く評価され、三重県民功労者として表彰されている。文字どおり日本犬とともに歩んでこられた人生といえるだろう。明治生まれの八十四歳という御高齢ながら、医師としてなおかくしゃくとして診療にあたられ、奥様とともにお元気なのは、この上ないことである。

先の理事会で名誉会員に推薦された。今後も日保のために御指導賜わりたい大切な方である。


（平成4年3月25日　発行）

47　平成4年（1992）3号

昨年九月初旬、群馬県の教育委員会から十石犬のことについて問い合わせがあった。十石犬というのは、群馬県南西部から長野県の佐久方面へかけて生息していた一犬種の呼称であり、昭和八年の会誌へ創設者の一人である斉藤弘さんが「群馬県多野郡上野村調査雑記」の中で、「十石犬は小型日本犬の魁をなした犬である」と書いている。

その十石犬とおもえる犬の剥製が群馬県北部の法師温泉、長寿館の倉庫で見つかったというのである。数年前、JRのフルムーンのポスターで上原謙と高峰三枝子が入浴シーンを見せたあの温泉である。更に驚いたことには、当時の館主・岡村守起氏が昭和七年の第一回本部展（東京銀座・松屋屋上）へクロ号という十石犬を出陳していたことである。その頃の手紙や写真が手付かずで残っているというからおもしろい発見があるかも知れない。この模様は群馬テレビが「幻の十石犬を追う」というタイトルで制作し、地元新聞も報道した。折りしも、京都で絶滅の危機にある貴重な動・植物の国際取引を規制するためのワシントン条約の国際会議が開かれた。我が国はアメリカに次ぐ世界で二番目の輸入国であるという。環境庁はこの世界的な機運の昴まりの中、絶滅の恐れのある野生動・植物の種の保存に関する法案を決議して、来年四月から施行することを発表した。この手の法律は実生活への直接的な影響が少ないだけにその効果が表れるには相当な年月を必要とするものである。

六十有余年もの昔に、日本犬の保存事業に奔走された人達の先見の明は千金に値することといえるだろう。

（平成4年4月25日　発行）

48　平成4年（1992）4号

百箇日が済みました。と見覚えのある真白い頭髪のTさんが本部を訪れたのは四月の中旬のことであった。最初に見えたのは一年程前のことである。その理由は柴犬を飼ったが作出者が登録をしないので無籍犬にしてしまったのでは可哀想だから何とかしてやりたい、と登録の手続きで来会されたのである。子犬が可愛くて仕様がない様子で散歩は、食事はと次々と言葉を交わし嬉しそうに語られていたのでよく覚えていた。

そのTさんの柴犬が生後二年半余りたった昨年の十二月末、自宅のすぐ前の道路への飛び出し事故で、あっという間の出来ごとであったという。ご自分の不注意と、楽しかった思い出とを、涙ながらに語られるのを聞いて、なぐさめの言葉さえなかった。犬を飼う目的はそれぞれで、展覧会を目指す人、家族の一員にという人、また、Tさんのように老夫婦お二人の豊かな精神生活の糧とする人等、会員の構成は様々である。

国家公務員の完全週休二日制が五月から実施された。国内景気の沈滞をよそに、貿易黒字の伸展は留まらず、日本人は働き過ぎだから休め休めという。働き癖がついている年齢層の者にとって、この方向転換には先行きの心配もなくはない。民間の企業もこれに追随するだろうし、休みは増えていく傾向になるだろう。

犬を飼う目的はそれぞれに異なるが、長い年月を供としてきた日本犬達にも、この恩恵を裾分ける程の時間を設け、展覧会に出陳したり、日々の管理をするなどのゆとりのある気持ちで接したいものである。


（平成4年5月25日　発行）

49　平成4年（1992）5号

稲光りは真夏のものと思っていたが五月の関東地方は天候不順で雷雨が多かった。硬派の代表的週刊誌として定評の高かった『朝日ジャーナル』が時世の流れに抗えず休刊し、大相撲では横綱が不在となりハワイ出身の二人の力士が大関となって相撲協会は外国人力士の数を制限するとかしないとかいっている。国民の一割近い数が外国へ行き、外国からもたくさんの人達が日本へ来るような時代を迎えているが職を求める人達の不法入国は後を絶たずして社会問題にもなりつつある。現にエイズ等という訳のわからない病気が世界的にまん延する傾向にあって我が国でも患者の数が増えているというから怖い話である。犬にとってはジステンパーに始まり、ハードパット、フィラリア症、比較的新しくはパルボウイルス感染症等横文字の病気は結構多い。この先新手の病気が入って来ないという保証はない。

明け4歳の競走馬の日本一を決める日本ダービーでミホノブルボンという馬が一着になった。両親はあまり高い評価をされていないようだがダービーは「運の強い馬が勝つ」といわれ初出走以来無敗というから実力に加えて運も相当に強いのだろう。両親については日本犬を作出する上でも同じことがいえるだろうが、血統構成がハイレベル化している現代においては直接の両親はもち論のこと血統の流れを重要視することが不可欠なことといえるだろう。いずれの分野においても他に優れて、更に造けいを深めんとするには熟練の技が必要となることは万般に共通する事項でもある。次刊の六号は春季展覧会特集号で八月末の発行となります。秋季展の日程と担当審査員も掲載します。

(平成4年6月25日　発行)

50　平成4年（1992）6号

国連平和維持活動（PKO）協力法案が成立し、平和的活動を目的とした自衛隊の海外派遣の道が開かれた。PKOそのものへの是非は少ないものの派遣の方法論についてはかまびすしく議論が繰り返されている。これ等を争点の一つとして参議院通常選挙が行われて、下稲葉耕吉会長は再選された。

スペイン・バルセロナで、一七一ヵ国・地域や新ユーゴスラビア、マケドニアの個人選手が参加してオリンピックが開催された。いつになく予選の様子が報道されたのを興味深く観た。陸上競技に限ってのことだが、アメリカのように金メダルさえも狙えるような選手がその選考会で失敗すれば代表に選ばれないという国と、日本のように選考委員会で総合的見地から代表を決定している国とがあるが、異なった条件での成績をもとにして選考するだけに、女子マラソンのように競い合った選手のどちらかを決める場面で、物議をかもすこととなったが、それぞれの国の文化の違いを如実に表わしているともいえるだろう。

犬の展覧会はどちらかといえば前者であり、特にアメリカは一審制が多く同じ会場で午前と午後の二回あるいは土曜、日曜にかけて別々に四回の展覧会を開催することがあるが、出陳犬はほとんどが同じで審査員だけが異なるという具合になる。もちろんスタンダードは同じなのだが、審査員が変わるから順位もその都度変わるということになる。それをまったく意に介する風もみえない。個人意識の強いお国柄ゆえなのか、審査の不統一を唱える人もいなくて当り前の顔をしてサンキューと言って退場する。システムの違いもさることながら国民性の違いからくるのだろうか。見ていて不思議に思えることではある。

平成四年度の春季展は五十の会場で開催され出陳総数は一一三九九頭であった。審査犬としてエントリーした中で評価を得た犬は七七九七頭であった。

秋季展の日程と担当審査員が発表された。全国展に関する詳細は次回の七号に展覧会案内として掲載する。

（平成4年7月25日　発行）

51　平成4年（1992）7号

道路を隔てて本部事務所の向かいに大学進学の有名予備校があって、一年中若い男女の受験生が登下校している。今年の夏は西は雨が多かったというが東は炎暑、そんな汗だくの暑い中を例年のとおり夏休みを利用して全国から夏期講習へと学生が集まって昼時のお茶の水界隈の混雑は大変なものである。

秋季展が始まった。この受験と展覧会は相手次第という共通するところがあって、方針や目標を誤まるとどんなに努力をしても結果において報われない、という非常な部分が存在する。その尺度を計る基準を定めて評価とか、成績という言葉で表わしているが、その付け方には相対評価と絶対評価とがある。

多くの学校は他との比較を表わす相対評価を採っているが、他に関係なくそれ自体の価値を表わす絶対評価がよいという理論もあって識者や父母の間でどちらがよいか論じられてもいるようである。

日保の成績はこの両方を兼ね備え、評価の優良、特良等は絶対評価で、席次が相対評価となる。変化の少ない絶対評価に比べて相対評価の席次は他の出陳犬との比較で順位を付けるので、その日の状態や参加メンバーのレベルによって差異が生じることになる。

今夏の甲子園の高校野球で四国のM高校が試合の流れに関係なく、相手校の強打者に対して全打席を敬遠したことに賛否が噴出した。教育の一環を自認する高校野球のこの一件に勘校の一石を投じた格好となったが、何事にも勝たなければ認められないような風潮が支配している今日の多くの人達の論評は様々で、人生観の違いが価値判断となって表われて興味深かった。古くから言われている、参加することに意義があるというオリンピックの格言は今日あることを予期してとてつもなく深い意味を含んで示唆しているかのようである。

（平成4年9月25日　発行）

52　平成4年（1992）8号

犬籍登録に関するコンピュータの導入が実現して九月から作業を開始した。昭和六十一年の会員に関するコンピュータ設置の際、登録関係についても検討はされたのだが従来の和紙を使用するということに技術的な問題があって遅れていたのが解決をみたのである。

これにより会員と犬籍の登録が一本化されて事務手続きは合理化されることになった。犬籍登録については血統を溯っての入力はしないで、新規の申請分から順次入力していくので、当分の間は現行の方法で申請書を受付けることになる。が、数年後には省力化が進み、登録申請は簡略化されることになる。

日本の伝統的文化である日本犬の保存分野に位置する当会がコンピューターという文明の利器を備え、使用するほどの時代、アメリカのスペースシャトル・エンデバーに日本人として初めての宇宙飛行士・毛利衛さんが乗り組み宇宙から実験の様子を授業、という形で放映した。地球からの子供達の質問に明快に答える映像は機械文明のすごさを知らしめるに十分であった。人間が快適に生きるためという前提のもとに、文明は今後も際限なく発展するのだろう。

鴇色という淡紅色の独特の色彩を持つ特別天然記念物のトキの「みどり」（雄）が中国でのペアリングにも

失敗して帰国、滅びるのを待つばかりになってしまった。戦前すでに百羽程度であったというから、早い時期の強力な保護政策がとられていればと残念に思う。

人間の生活領域の拡大による開発が主たる原因といえるのだろうが、自然との調和の如何に大切であるかをトキは身を持って教示しているかのようで、哀れに思う。

（平成4年10月25日　発行）

53　平成4年（1992）9号

全国展の締切日が近づくといつものことながら出陣の申し込みが集中し電話の応答や来客で忽忙な毎日となる。東京近辺の人で直接本部へ見える方もいて会員の皆さんの消息や今秋季展の様子を聞けるのが忙中の閑で楽しみのひとつになってはいる。唯残念に思うのは出陣資格を満たしていないものや締切日に間に合わなかった人が毎年出ることである。

書類の不備については問い合わせ等を繰り返して極力出陣できるように努力しているが、出陣資格の無いものや締切日に間に合わなかった人については誠に気の毒とは思うものの規程に添って処理をするより仕方がない。

この9号が届く頃はこのメーン行事の全国展も終了して一段落となるが次週には猟能研究会が、続いて来年度の事業計画と予算のための理事会、評議員会と年度末の行事が連続する。それにこの時期は例年のこと一胎子犬登録数が増加し、加えて九月から始動したコンピューターによる血統書作成の移行作業とが重なっていつになく今年は忙わしい。すでに曽祖父母までの犬籍番号が入った新形式の血統書がお手元に届いている所もあると思うが従来のタイプ打ちの血統書と見比べてみなければ違いがわからない程と自賛している。

つい先頃日保の監督官庁でもある文化庁が和紙の利用について世界的な文化財の修復機関と共催して「紙の保存修復国際研修」を実施した。

折り曲げに強く、長期保存にも耐え得る和紙が世界的に注目を集めているというのである。

血統書のコンピューター化には技術的に数年を要したが和紙にこだわったことはよかったと思う。

(平成4年11月25日　発行)

54　平成4年（1992）10号

初めて日本犬を飼った人や飼いたい人から本部事務所へたくさんの問い合わせが来る。知り得る範囲で返事や回答をしているが、ほとんどが飼い方の相談で、ある人はこう言った。この人はああ言う。本にはこう書いてあった。と、挙句のはてにどうしたらいいのか分からなくなってしまった。と言うのが大半で、今時の子育ての有りようと似たところがある。

基本的な飼い方はどの犬種でもさほどの違いはなく、さして難しいこととは思わないが、初めて日本犬を飼った人達がその性格は皆同じであると思っていて、個々の気質や体質の違いにとまどってしまうことが多いようである。

飼育方法は画一的でなく、飼育犬によってその方法を変えるということが必然となるのだが、お金を出せば買えるものでもなく、実体験の豊富な人に教えてもらうのが最良の方法となる。

ここ数年来、相談ごとの中で特に気になっているのは、中型犬を飼いたいが咬みつくとか、怖い犬と聞くが、という問い合わせで、毎年数件にのぼる。世間一般に伝わる誤解を解くことが大切ではあるが、良性ということについてもっと深く考えなければならないと思う。

今年もいろんなことがあった。九州地区のリーダーとして活躍された生田正雄理事。寡黙で淡々として、将来を嘱望されていた山崎刀根生審査員。晩年は会務から遠ざかったが、戦後の復興期から献身的に尽くされ、日本犬のこととなるととても熱心で本部へもよくみえてご指導を頂いた松浦信夫先生。お元気な頃の姿が懐しい人達となってしまった。一年を振り返るとあの分も、この分も、と忘年会も一回では足りそうにない。

来年もよい年でありますように。

(平成4年12月25日　発行)

55　平成5年（1993）1号

平成五年の会誌一号をお届けする。昨秋の全国展の出陳は一一五四頭。支部展、連合展は九八九六頭であった。展覧会も回を重ねて日本犬の保存という初期の目的を達成し更に充実した内容が求められる時代となっている。海外への普及も順調に推移し外国で柴犬の専門誌が出版される程である。

先般休暇を取りイギリスで開催されたクラフト展を観覧した。百年余の歴史を有するこの展覧会は、四日間の開催で約二万頭の犬がエントリーしている。内・柴犬の出陳は七十数頭であった。会場は広大な室内を区切って犬種毎にリングが設営されている。審査員、出陳者は共に女性が半数以上を占めて自分より大きな犬を平気でハンドリングし又審査をしている。審査の他にも犬と一緒に楽しむ行事が連日盛りだくさんにあり、関連企業の出店も多く国内はもとより外国からも愛犬家達が集まる一大イベントであることが伺われて飽きなかった。動物愛護の先進国を自認するだけのことはあって犬達の基礎訓練が出来ているのだろう。体躯の大小に関係なく人を威嚇したり他の犬に歯をむき出す等ということがまったくない。考えさせられたのは柴犬、秋田犬も同じ様に馴致されていて日本犬で最も大切とされる悍威が感受されない有様になっていることである。文化の違いと言ってしまえばそれまでだがこれ程までに成熟した犬の文化を培うには相当な年月を要したことだろうと思う。

現地ＫＣのメンバー、雑誌社、柴クラブの人達と交流を持てたことも大きな収穫であった。皆さんから口々にニッポと日本犬のことを聞かれて原産国の責任の重さを感じると共に、ニッポの存在と活動が広く世界の犬界に知られて浸透しつつある現状を確認できた旅でもあった。

（平成5年1月25日　発行）

56　平成５年（１９９３）２号

三月の声を聞くと日照時間も伸びて朝夕どことなく春めいてくる。展覧会が始まった。バブル崩壊後の景気の低迷、日米貿易不均衡による黒字の増大、新卒者の採用内定取消し等の問題に加え、アメリカ新大統領クリントンの誕生による対日政策の不透明感も手伝って日本経済の先行きを危惧する声が連日報道されている。

春季展にもその影況が懸念されたが各支部の出陳頭数はまずまずのようで活況を呈している。が、新入会員と登録数が減少気味なのは気掛かりではある。そんな大人の心配をよそに二月末の金曜日、山形の鶴岡第一中学校の二年生、七名の元気な生徒さんが本部を訪れた。事前に同校の先生から修学旅行を有意義にするための授業の一環として協力を依頼されてのことで、今回は郷土の出身者「斉藤弘吉が動物愛護に生涯をかけた足跡をたずねる。」というテーマに取り組んでの学習という。当日は井上副会長にお話しをして頂いた。斉藤弘吉は日保の創立者であり草創期の基礎づくりに専念されたその存在は偉大なもので今に語り継がれているが、往時の状況を知る人はほとんどなく、会誌からその人となりを推量するより術はなかった。秋田犬の忠犬ハチ公を世に紹介し端緒についた日本犬保存の声を大きく世間に知らしめたその卓抜とした手腕は今日にも通用するものがある。

戦後は動物愛護の方に力を入れたようであるが、今では伝説の域で語られる人となっている。鶴岡一中の生徒さんが報告書をまとめて送ってくれるそうで楽しみである。

（平成5年3月25日　発行）

57　平成5年（1993）3号

犬、猫用のペットフードの栄養成分の表示が業界二十九社で作る「ペットフード公正取引協議会」の自主規準により改正されて統一されることになった。日本で最初にドッグフードのメーカーが設立されたのは三十年程前のことである。以後、英国や米国等、ペットフードの先進国から外資系のメーカーが次々と参入して今では日本国内で流通する四〇％は輸入品であるという。日本人の食生活自体が今程に豊かでない頃は日本犬の食餌（えさ）についても家庭のものを一部分けて与える程度の粗食でよいとされてきた。ドッグフードの出現はそんな考えを変えさせるのに十分であった。出始めの頃は材料に何が使われているのかという不安感や、中には栄養剤と勘違いして何粒かをご飯に混ぜればよい等という笑い話みたいなことも聞いた。が、今では安直で栄養的にもバランスがよいということで多くの人が利用しているようである。

新規準は粗タンパク、カルシューム、各種ビタミン等の含有量を満たしたものを主食用として総合栄養食の名称を認めるという誠に結構な取り決めなのだが、心配なのは安全性である。同じ動物の飼料でも最終的に人間の口に入る家畜に与える餌（えさ）は「飼料安全法」によって添加物は厳しく規制されているがドッグフードの添加物は業者に委ねられているのが現状である。

今後ドッグフードの需要は更に増してゆくだろうが数多いメーカーの中から、自分の犬に合うものを、となると迷ってしまうことが多いようである。単なるセンチメンタリズムでしかないかも知れないが、近頃は米を食べたことのない日本犬もいるそうでかわいそうにと思う。家の犬に時々ご飯をやるがそれは美味そうに食べる。

（平成5年4月25日　発行）

58　平成5年（1993）4号

木々の緑が美しい季節。今年のゴールデンウィークは祝日と土・日がうまく並んで長い休みを取る人が多かったようである。ゆとりのある生活が提唱されて久しく、この時とばかりに海や山へとレジャーの旅に出掛ける人は多いが、何事にも一生懸命すぎる日本人の性質が災いするのだろうか、今年は山での遭難事故が多かったようである。楽しいはずの連休が悲しい結末となったのでは何のための休暇か分からない。

連休中のショッキングな出来事は、カンボジアのＰＫＯ活動で派遣された警察官が殉職したことである。つい先頃にもボランティアの青年が撃たれる事件があり、半世紀近い平和を享受してきた日本と外国の現実の違いをまざまざと見せつけた痛ましい出来事であった。

今年の連休は妻が出掛け一人になったのを幸いに何もしないことにした。とは言うものの三頭の犬と猫一

四、金魚と少々の植木の世話は日常のことではあるが、暇をいいことに犬と猫を使って相性の実験を試みた。七ヵ月の中型犬、七ヵ月と十歳の二頭の小型犬、対して九ヵ月の猫。四頭とも雌である。猫はやっと歩き出したようなのを娘が拾って来たもので、以降はまったく外へ出た事のない箱入猫で避妊手術も済ませてある。まず七ヵ月の小型犬に合わせてみた。初めは両者共に警戒していたが、日を重ねる毎に仲良くなった。中型犬には最初から甘える仕種を見せて、まるで姉妹のようである。十歳の小型犬に対しては、犬の顔を見ただけで体中の毛を逆立てて家中を駆け巡って大騒ぎ、この犬とはとうとう仲良くなりそうな素振りすら見せなかった。

若いうちから慣らせば仲良くなる可能性はあるのだろうが、理屈では計ることの出来ない気が働いているのではないかとさえ思う。

連休中このドタバタを幾度となく繰り返し自分でもバカバカしい事をしているとは思いながらも、結構楽しかった。子供の頃から犬は好きで人間と犬との間にも相性が存在することを強く感じているし、展覧会に出陳する犬にしても相性がよければよい結果を生むような気がしてならない。

（平成5年5月25日　発行）

59　平成5年（1993）5号

プロサッカー・Jリーグが開幕した。そのスピード感あふれるプレーは魅力的で世界中に普及しているのがうなづける。今後どのようにファンをつかんで行くのか興味がある。魅力があるということは人気の源であるが国民の一大関心事であった皇太子殿下と雅子さまの結婚の儀が皇居において執り行なわれた。

この日は国民の休日となりテレビは終日この様子を放映した。日本の天皇家の祝事に内外の関心は高く、外国から寄せられたたくさんのメッセージはそれぞれの国情を表し、文化の違いを如実に言い表わしていた。最近はこの文化の違いという言葉がよく使われる。クジラとのつきあい方を討議する国際捕鯨委員会での商業捕鯨のことや、アメリカでの留学生射殺事件の裁判のこと等、国際間にまたがる事柄に表現されることが多い。

文化の形態はその国の生活形成の違いによって精神活動や生活様式、気候風土等が渾然と加味されて発生し、独自に定着したものであり、日本的感覚を持ってしては他国の文化意識は押し計り得ぬところがある。犬に関する愛護思想についていえば、欧米諸国が先進とされているが一六八七年の徳川五代将軍綱吉の発布した「生類憐みの令」は理由はともあれ我が国における動物愛護に関する法令として画期的なものであったと思う。しかし、あまりにも極端であったがために悪法といわれている。政治的意図を含んでの発令であったのではないか、という向きもある。時代を経ていろいろと推測はされるがその本意は那辺にあったのだろうか。

次刊の六号は春季展特集号で八月末の発行となります。全国展を始め秋季展の日程と担当審査員を掲載します。

（平成5年6月25日　発行）

60　平成5年（1993）6号

今年の梅雨は長かった。平年よりも二週間、雨量も全国的に多く、東京では平年の二倍を越えて過去の最高を記録したという。犬舎は乾かず閉口した。梅雨明け後も天気が定まらず低温傾向が続いて青い空、太陽の強い光が懐かしく思えるほどである。が、近頃太陽光線の紫外線の一部を浴びすぎると人体に悪い影響があるといわれるようになった。つい先頃までは日光浴は健康の源と言われていただけに、この新しい学説にはとまどいを感じてしまう。北海道ではマグニチュード七・八という最大級の「北海道南西沖地震」が発生して大きな被害をもたらした。自然は大きな恵みを付与するが、時として粗暴にふるまう。

中央政界では選挙制度改革の不成立を起点に内閣不信任案が可決されて総選挙が実施された。自民党からは多数の離党者が出て、昭和三十年以来続いた単独支配に終止符を打ち、非自民八党派が連立政権を樹立して細川護煕内閣総理大臣が誕生した。

こんな人間社会の争いごとや天変地異に関わりなく夏から秋にかけて犬達は恋の季節を迎える。年間を通してみると登録数は季節によって変動するが、統計的にみてこの時期には増加する。春季展で幼稚犬、幼犬の出陳数が多いのはこのためである。平成五年度の春季展は全国の五〇の会場で開催された。総出陳数一一、五二二頭。本部から延べ一八五名の審査員が派遣された。審査犬としてエントリーした中で欠席、棄権をせず最終評価を得たものは七、七七九頭であった。秋季展は九月十二日から始まる。日程と担当審査員が発表された。

全国展の出陳案内は次の七号（九月末発行）にとじ込み掲載する。

（平成5年7月25日　発行）

61　平成５年（１９９３）７号

今年の梅雨は長かった。と前号に書いたが、その筈で気象庁は今年の梅雨はいつ明けたのか特定できない。と、逐次発表した梅雨明け日の撤回宣言をした。低温、豪雨に加え日照不足も手伝って、三十九年ぶりの冷夏になったという。おまけに首都圏では台風十一号が水の被害をもたらして交通網はずたずたにされた。被害は都心部に集中して、本部の職員も帰宅の足を奪われる等大変だった。台風の通過で東京湾をまたぐ東日本最長のつり橋レインボーブリッジの開通式も大雨の中の渡り初めとなってしまった。九月になって秋季展が始まったが、この夏の異常気象は犬達にどんな影響を与えているだろうか。お米の作柄もよくないというし、経済界では不況に加えて円高にも拍車がかかり、一ドル一〇〇円の値をつける等景気の後退感は依然として強い。品物によっては輸出入の逆転現象「入超」が起きて、カラーテレビはアジアの外地生産したものを逆輸入するケースが増加しているという。逆転現象といえばアメリカのアキタにもあってＡＫＣの年間登録数は日本の秋田犬よりも多く、ヨーロッパの各国へ輸出さえされているのである。質的なことについては、外国の一部の識者の間でも物議をかもしてはいるが、殆どの飼育者には正しい情報は伝わっていないというのが現状である。一度広まってしまったものを矯正するなどということは、海外のこともあって容易ではない。柴犬の外国への普及に関しては逸早く応え対処したので、今では日保と歩調を揃える友好団体も徐々に増えて、まずまずの伸展ぶりを見せ展覧会等も積極的に開かれている。そのうち海外から日本の展覧会に、その姿を見せてくれる日が来るかも知れない。

（平成5年9月25日　発行）

62　平成5年（1993）8号

秋の展覧会も中盤を迎えた。不況に加える冷害で出足が心配されたがそれほどの影響はなさそうである。今シーズンから歩様審査の方法が統一して行われることになった。当初はとまどいを感ずる向きもあるだろうが、純粋犬種の展覧会として本来のあるべき姿でもあり、日頃の運動に取り入れて早く慣れて欲しい。ここ数年間、展覧会の出陳頭数には大きな変化はみられないが、会員一人当たりの年間の登録数は減少している。昭和四十年代の後半から五十年代の末頃にかけては会員数の増加とともに登録数も大幅にのびた。その頃の会員一人当たりの年間登録数は四〜五頭前後であったが、五十年代の末頃からは徐々に減じて二・七頭前後となって、現在に至っている。犬は人間の社会生活に最も強く影響される動物といわれているが、まるで最近の日本人の出生率の低下の傾向をそのまま真似ているかのようである。

このような状況のなかで柴犬が日本国内はおろか海外でもその姿が見られるほどの人気犬種となっている。が逆に外国からは新犬種が次々と紹介されてその種類も増え、飼育する側の選択肢は大きく広がっている。日本犬が天然記念物だからとか、血統書付きだからと希少価値のあった頃と比べてこれからは日本犬種本来の真価が問われていく時代になるだろう。

63　平成5年(1993)9号

例年であれば豊かな実りの秋を迎えている頃なのに今年の冷害は最大級のものといわれてコメの作柄は悪く大凶作となった。コメ泥棒まで出る始末で政府は緊急に輸入すること決めたが、関連して自由化問題が浮上している。コメの消費量は食生活の変化に伴なって減っているとはいえかつては瑞穂の国とまでいわれていた国が外国からコメを買って食べる時代を迎えるのだろうか。このことは先行き良いことなのか、どうなのか、真に難しい問題であって私にはわからない。つい先頃までは日本犬の食餌(えさ)は粗食が良いとされて、米や麦に小魚と野菜を混ぜた雑炊が常食であったが、現在ではこのままの食餌(えさ)を与えている人は少ないと思う。ドッグフードだけの人や併用している人が多く、コメの味を知らない日本犬さえいるのである。先の戦争中日本犬を保存するために専用のコメを作ったという話を聞いたことがあるが、今は多種多様のドッグフードが余る程にあって、コメが不足しても直接的に困るということはないだろう。外国との交流のない頃であったら大変な年になっていたと思うが、そんな心配も今はいらない。あまつさえ世界中から食料品は輸入されて日本人の飽食は犬にも及んでいる。

(平成5年10月25日　発行)

食物が不足して贅沢は敵だといって食料を大切にしていた時代から、今では人も犬も減量のために贅沢は敵という程になっている。同じ諺でも時世が移ってまったくの反意語的になって意味する内容までが逆になった。

（平成５年11月25日　発行）

64　平成５年（１９９３）10号

景気の回復の兆しさえ見えぬままの師走。全国展も回を重ねて今年で90回を数えた。写真による判別ではあるが初期の頃の犬と比べるとその犬質は平均的に格段に向上していることが伺え、保存という当初の目的が質的にも量的にも達成されているといってもよいだろう。多くの人達が集まる展覧会は作出犬の発表の場として、また、日本犬を一般に広める組織の拡充を目指す意味あいからも、その開催意義は大きなものがある。が疑問を抱かざるを得ないことも時として起こる。

勝敗に拘泥するあまりの過ぎた行動は、理由はどうであれ許されるべきことではない。展覧会の雰囲気は運営者、審査員、出陳者が渾然として作り上げて行くもので、それが蓄積されて会風になる。

展覧会は日本犬の好きな人達の集まりであって明るく楽しいものでなければ、と常に思う。最近は犬を飼う目的も多様になって、目的別の出版物が増えている。それも、写真や絵が豊富に使われて、一昔前の本とは様相を異にしている。

以前は犬の飼い方程度のハウツー物に加えて、月刊誌が二〜三誌というところであったが、今では犬種別の専門誌や、犬と一緒に泊まれる宿の紹介や、犬の名前の付け方等というものまで、数多く刊行されてそれなりの知識を得るには困ることはない。

本の少なかった頃と比べると大変な違いではあるが、古くからこの道で実践を積み重ねて来た人達は、文字では表現できないような、微妙な理論を構築して言うことに含蓄がある。

今年も永年にわたって当会に携わって来られたこれらの先達を失った。日保の草創期から参画された京都の里田原三先生。剛毅朴訥の仁であられた岡山の竹内哲士先生、悠揚迫らぬ風格のあった高知の西川芳道先生、本部理事の浅野一夫さん。副審査員として委嘱されながら病のため、リングに立つ事のなかった木内常祐さん。振り返ると今年一年も様々な出来事があった。

来年もよい年であるように念じて今年一年を締め括りたい。

（平成5年12月25日　発行）

65　平成6年（1994）1号

一月二十九日首都圏は大雪となって東京は一面の銀世界となった。雪国の人達からみれば何程の事はない雪でも、東京では珍しい事である。早暁に皇居をひと回りした。皇居の周辺には公的な建築物が多く、その冠雪した姿はそれぞれに美しい佇まいを見せてくれたが、大手前広場からの二重橋と後方に連なる伏見櫓の景観はまさに山水画のようで寒さを忘れる程に眼福を得る一時であった。

この日国会では小選挙区比例代表並立制を含む政治改革関連法案が可決された。昨年末にはコメの自由化問題が最低輸入量の受け入れという形で決着して、これからは外国のコメが輸入されるのである。長期的にみれば自由貿易体制が強化されて国民が利益を得られるのだという。

政権が変わって女性の登用が目に付く。衆院議長を始め三人の閣僚、今年に入っては最高裁判所の裁判官と、統治機構の三権に初めて女性が顔を揃え、東京では警察署長も誕生した。各分野で女性の進出は目覚ましいものを感じてはいたがますます弾みがついていくことだろう。

当会も女性会員がもっと増えればと思うし審査員になりたいという女性が出てもおかしくない時代である。そんな人がいないかと期待もしている。欧米の犬種団体では女性の審査員は当り前でその活躍の場は広い。今年は戌年で十二年に一度ではあるが取材も多く日本犬を知ってもらうよい年でもある。事ある毎に女性の参加と日保のＰＲに務めようと思う。
会誌一号は展覧会特集号である。平成五年度秋季の連合、支部展の出陳犬は九、六九三頭、全国展は九五六頭の出陳であった。

（平成6年1月25日　発行）

66　平成６年（１９９４）２号

人口四百万余りの北欧の厳寒の国、ノルウエーのリレハンメルで66カ国・地域の代表を集めて冬季オリンピックが開催された。六競技、61種目で競われたこの大会は地元の人達の別け隔てない応援の爽やかさが際立っていたという。もち論選手は全力で競技しノルディックスキー複合団体では日本勢が初の連覇を遂げて金メダルを獲得した。この大会で話題となったのはアメリカの女子フィギュアスケート選手の襲撃事件である。オリンピックがショービジネスと直結している一面を如実に見せた出来事でもあった。畜犬社会においてもこの傾向が見られて展覧会へ出陳する人々が精神的にゆったりした気持で一日を楽しむという雰囲気は少なくなっている感がする。そして先頃には犬を媒体にした利殖話で愛犬家を誘った失跡や殺人事件までが起きた。どんな儲話がされたのか知る由もないが犬好きな者にとっては不愉快な事件である。

三月から外国米が店頭に並んだ。前宣伝が利き過ぎたのか一部を除いて人気が低く国産米を求めて行列が出来る騒ぎである。外国米が輸入されなかったらパニックになっていたかも知れない。コメの国内需給の問題は別の次元で考えなければならない事ではあるが居ながらにして数カ国のコメが食べられるのである。嗜好の違いは当然に起こり得ることではあるがためらう前に発想を転換して外国米をいやいやでなくありがたく楽しもうと思う。ついでに我が家の犬達にも味あわせることにする。

（平成6年3月25日　発行）

67　平成6年（1994）3号

年度末になると公共関連の駆け込み工事が増え、道路は掘り起こされて渋滞がひどくなる。と、ずうっと思い続けていた。ところが三月の工事件数は実際には減少しているというのである。データーからするとこの月の経済活動は極めて盛んで必然に交通量は増え道路工事とダブって渋滞に拍車をかけるという仕儀になるらしい。このイメージがインプットされ、感覚として潜在的に意識として記憶されるのだろう。この時期に道路工事に出くわすと又かと思ってしまう。一種のすり込みの学習がもたらす機械的な反応であるのかも知れない。

血統書の発行に要する日数においても同様のことが言えて、今でも以前の遅かったころのイメージをそのままに持っている人が結構いらっしゃる。現在は書類の不備がなければ受付日から三週間程で発送しているが、郵便振替を利用されている方は入金通知が本部へ届くまでに一週間前後はかかるので通算すると完成して発送するのに約一ヶ月ということになる。血統書を始め、諸々の申請書類の作成作業の開始は入金日を受付日としているので急ぐ場合は現金書留で送付されればより早く発送出来るということである。いずれにしても一ヶ月以上かかるということはない。

先ごろフランスでのこと、外国語が氾濫して自国語が脅やかされているという理由から公共性のある分野では外国語を規制するということを決めたそうである。日本でもカタカナ文字はあふれているが、実際に文章の中に組み込もうとするとスムースにいかないものである。犬に関しては英語の使用例は実に多く日本語以上に定着しているコトバもあるからこれを日本語だけに制限されたら困ってしまうが、今の日本では起きそうにないことである。

（平成6年4月25日　発行）

68　平成6年（1994）4号

新しいイメージで八カ月。細川首相が突然に辞意を表明した。後継問題では各党それぞれが、それぞれの思惑で主張し、行動して、羽田孜首相が誕生したが、連立の枠組は崩れ少数与党内閣となっての不安定な発足となった。

イギリスとフランスを結ぶ英仏海峡トンネル（ユーロトンネル）が開通した。時局に便乗した訳ではないだろうが、英国通産省は従来の六カ月に及ぶペットの動物検疫の拘留期間をEC加盟国から、輸入するものについて、基本的に廃止するということを公表した。ここ数年、イギリスでは、柴犬が注目されているが、それ以前からアキタが日本犬の中心的な地位を占めて人気があった。その多くはアメリカタイプのアキタである。

対岸のフランスではこのアメリカンアキタと日本の秋田犬をはっきりと区別してアメリカンアキタは犬種として公認していないというから、陸つづきとなっても両国間のアキタの交流は難しいものとなるだろう。犬社会に限ってみても相当な変化を見せるだろうこのトンネル、欧州の経済と文化にどんな影響をもたらすのだろうか。

知人の柴犬が十五歳になって寝込んでしまい終日ぼんやりとして、食餌（えさ）もとらないようになってしまった、と連絡があった。家族中で可愛がっていたので涙声である。これまで病気らしい病気はなく、掛かり付けの先生が言うには「年齢的なものでしょう。」と積極的な治療行為はしない様子。これでは死ぬのを待つばかりということで、他所の獣医さんへ連れていったら肝臓が悪いといわれて即入院となったがどうしたらいいだろう。というのである。突然の電話でとまどったが、十五歳という高齢を考えると知らない場所で治療される不安より家族のもとにいた方がいいのではと、でも入院治療でなおる手立があるのならと答えに窮した。結局翌日のこと本人の意志で退院させたそうだが三日間の余命だったそうである。延命のための治療行為をどこまでにするかはつまる所飼育者の考え方ひとつということになるのだろう。我が家にも高齢犬がいるが、今から心構えが必要のようである。

（平成6年5月25日　発行）

69　平成６年（１９９４）５号

季節は梅雨　昨年のコメの大凶作のことが頭にあるのか、例年だとうっとうしい嫌な時節というのに今年ばかりは梅雨には梅雨らしい雨と、夏には夏らしい日本の夏が来てくれたらいいなと勝手な心配をしている。いつもなら高温多湿になるこの時期は犬にとって招かねざる客である蚤が登場する。蚤対策についてはずっと以前は蚤取粉位しかなかったように思うが、近頃は蚤取首輪や液体薬等が普及して昔に比べると随分と楽にはなっているが、今度は飲むノミ薬が輸入されて発売となった。この薬は成虫を駆除するのではなく、卵、幼虫の段階から成長をさせないようにするものであるらしい。ジステンパーやフィラリア等の生命に関わる薬とは異なるものの、蚤をわかしたこと等ないという超衛生的管理を実践している飼育者は別として一般的な愛犬家にとっては精神衛生上からみても朗報といえるだろう。日々新たなりの毎日だが、自然保護思想の高まりの中、テレビ、新聞等は動物に関連した報道をすることが近ごろ多いように思う。米国のペットフードの輸出は過去10年間で八倍にも増えその金額は五億ドルにも達するほどの勢いでその主な輸出先に日本が入っているということ。ロシアではシベリアに生息するオオカミが経済の悪化に伴なう狩猟奨励金の停止によってその数が著しく増加して被害が心配されているということ。興味を引かれたのは香港の電子鑑札の話。狂犬病のまん延防止が大きな目的というが、犬の皮下に飼育者のデーターを組込んだ米粒程のマイクロチップを注射をするような簡単な方法で埋め込み必要に応じてスキャナーで読み取り、データーベースと照合して飼育者を判明するというもので、今後すべての犬に施こす計画であるという、日本でもこれを実用化すれば迷い犬等の捜索は訳は無いということになるだろう。どんなものなのか実見してみたいものである。

（平成6年6月25日　発行）

70　平成6年（1994）6号

とにかく暑い。昨年の長雨、冷夏は何だったのかと思う。今年は全国的に空梅雨で水不足になった。特に四国の渇水はひどく、水がめの水位は低くなるばかりで、日常生活にも支障をきたして深刻な有様である。水位とはうらはらに、円は高騰し、最高値を更新して、一ドル百円を突破した。政界では羽田内閣が二カ月余で総辞職、変って保守、革新を代表していた自民党と社会党がまさかの連立をして47年ぶりという社会党による村山富市内閣が発足した。そして、今までのその政策をいとも容易に、次々と転換する様は積年の経緯から考えればあり得ないことで、一般市民が持つ常識的な物差しをあてれば前途計測不能という赤ランプが点灯することだろう。時代の流れに合わせた。といってしまえばそれまでだが、先ゆきの不透明なこんなご時世に、予定通りの確実な軌道と時間を消化して、国民に興味と興奮を与えたのは日本人初の女性宇宙飛行士、向井千秋さんが搭乗したスペースシャトル・コロンビア号である。

時を同じくして宇宙から怖い映像が届いた。直径が地球の十一倍もある木星にシューメーカー・レビー第九彗星というほうき星が次々と衝突したのである。この様子をテレビで見たが衝突のエネルギーは広島原爆の十三億倍というから見当がつかない程に恐ろしいものである。地球へのことでなくて本当によかったと思う。

今年の夏は暑い等と暢気に構えていられない程に世相は目まぐるしく、多くのニュースがあったが、9月に入ると展覧会が始まる。この秋季展から支部・連合展覧会の規程が全国統一して実施されることになった。新制度が定着するまでは、とまどいはあるだろうが、支部が運営する展覧会のリストラの一環として、定められたものであり、準備作業の軽減や、経費削減の一助になるだろう。

平成六年春季展は全国50の会場で開催された。出陳総数は一〇九二四頭、審査犬としてエントリーした中で欠席一七〇七頭　棄権一七二八頭、最終評価を得た犬は七三三九頭である。本部からの派遣審査員はのべ180名であった。

(平成6年7月25日　発行)

71　平成6年（1994）7号

気象庁は今年の夏は明治八年（一八七五）の開設以来全国的にみて最も暑く、かつ雨が少なかったと発表した。毎日がうだるような猛暑の中、気象情報で翌日の気温が下がるのを期待を込めて見るのだが、九月の声を聞く頃になっても一向に気温は下がらず、暑さの記録は延びるばかり。水の不足も西日本一帯に広がって深刻な有様であった。

東京では自然の暑さに加えて人工的な熱気がミックスするから普通の暑さとは違った異様な暑気を感じる。東京が好きで住んでいるから生活環境の劣悪さをあれこれと文句を言っても仕方がないというあきらめに似た気も手伝って、数年前からはこの東京の自然に順応することを決めて、家では来客以外はクーラーは使わないことにしている。

幸いなことに片意地張ったこんないちずな信条を知ってのことか我が家の三頭の犬達は今年も食欲は盛んですこぶる元気。幾日もたがえずそろってシーズンを迎えた。

作出は好きで新しい生命の誕生は次世代への継続と明日への進展へつながる希望の第一歩である、と信じているから、犬体に異常がない限りはシーズンを飛ばすということはない。

実践躬行で炎暑の中を汗をかきかき輸送ケージを抱えての交配行は、夢は膨んで自分でもあきれる程に気が入った。この秋にはどんな子犬が生まれてくるのだろう。楽しみなことである。百年に一度などといわれた今年の夏のこんな熱い気概をいつまでも持ち続けていたいと思う。

和歌山市で開催される全国展の出陳規程の細目が発表された。紀州犬の原産地として数々の名犬を輩出しているが、この地での開催は初めてである。この全国展に間に合わせたかのようにすぐ隣りの大阪・泉州沖に世界で初の本格的な海上空港、関西国際空港が開港した。この新しい空港は国際、国内の両線の運用ができるというから、和歌山での全国展の交通手段としても時宜を得て、海外をはじめ、国内遠隔の地の会員や日本犬ファンにとって、利便なものとなるだろう。

(平成6年9月25日　発行)

72　平成6年（1994）8号

第十二回のアジア競技大会が平和宣言都市広島で大会史上最多の四十二カ国・地域の選手団が参加して開催された。

近年この種の開会式のセレモニーがスポーツ大会本来の目的から外れてテレビや観覧者を喜ばすための余興にばかり力を入れて、華美になりすぎている、という批判があるというが、世間の物事に対する考え方の違いはどこにでもあることで、この場合はどちらが正しい等と軍配を上げるべき性質のものとはいえないだろう。

こんな折、飼育に関する考え方の違いを如実に表した厳しい文言の書面が届いた。

要約すると、日保の会員が狭い犬舎へ押し込めた劣悪な環境の中で、犬を飼い繁殖をしているがどう考えるか。という内容である。

飼育の方法については飼育者の育った時代や取り巻く状況、犬への関わり方、考え方等が構築されて確立するものであるから、外観だけを見て一概にこうだと決めつけられるほど単純ではないものの、あれこれと言われないような飼育の基本的なモラルは身につけたいものである。

今秋季展から支部展、連合展の規程が全国統一して実施された。規程の内容については全国展の規程に準じたもので、従来各支部が規定していたものと大きな違いはなく、周知期間も十分にあったからその運用については順調に推移消化されているようである。

この新しく設けられた規程の要点は賞制の統一である。これまで全国的に行われていた支部展・連合展の壮犬・成犬の優良上位犬による総合審査による総合賞を廃止して、全国展と同じシステムにして、壮犬賞、成犬賞としたことである。支部展、連合展の最高賞であるところの日保本部賞はこの壮犬賞・成犬賞の中から特に優秀なものへ授与される。

このことについては前々号六号誌でも触れたが、この規程の統一によってどこの支部展、連合展へ出陳しても全国中が同じ決まりになって展覧会がわかりやすくなったと思う。

（平成6年10月25日　発行）

73　平成6年（1994）9号

今年のプロ野球は終盤になっておもしろかった。セリーグの順位は混とんとして優勝決定は最終戦にまでもつれたり、日本シリーズでの巨人対西武戦の攻防は掛け値なく楽しめた。試合の当事者、関係者にとっては胃が痛くなるほどの毎日であったことだろう。

人気になったコマーシャルの言葉ではないが、見てるだけ。の者にとっては息詰まる場面も結構あってテレビの視聴率アップのお手伝いをしてしまった。あの大舞台での審判員の心的緊張度は相当なものだったろうと思う。一球の明暗、瞬時の判定で展開が大きく変わる様は、筋書きのないドラマとはよく言い得たものである。普段はあまり見ることはないプロ野球だが、一年分の総まとめを見たようで堪能した。

秋季の支部展、連合展もあとわずかとなり全国展を迎えるまでになった。十月中旬から月末にかけての半月、事務所はいつものことで忙中、忙々となった。こんな中で楽しみにしていることは展覧会の成績の報告書である。順次到着する成績表はたくさんのことを教示してくれる。かつて脚光をあびた系統、新しく台頭しつつある系統、有名犬には拘泥しない独自の系統等、親子二代、三代にわたる活躍や一代限りと見られるものまで地方色も含めてみていてあきない。長いこと犬に接していると現在活躍中の犬からみた父犬や母犬、系統をずっとたどってその祖先のことまでが、かつての晴れがましかった雄姿とダブってその後の消息に思いは馳せる。

成績表はその時、その場の結果を正確に記録はしているが、現役のときはそれほどの成績を残していないのに直子によいものを出す犬、反対に現役では一世を風靡した犬でも産子にそれほどのものを出していないものまでいろいろなケースがある。もちろん記録に残された犬は優秀犬であることは論を待つまでもない。が、何故か記録を超えて印象的で強く記憶に残っている犬がいる。うん奥を極めていつかそんな犬を手元に置いて楽しみたいものである。

（平成6年11月25日　発行）

74　平成6年（1994）10号

月日のたつのは何と早いことか。今年ももう十二月である。二日間にわたった和歌山の全国展は終始好天に恵まれて久し振りに火の気の要らない穏やかな暖かい展覧会であった。

全国展の外、各地で行われている支部展、連合展も日本犬標準に基づいた公正なルールのもとで審査がされているが、展覧会では必ずといっていいほどに、前評判があって上位に入賞するだろうという犬のことが話題になる。

これは、スポーツ等の競技にも似ているところがあって平生からよく言われているが、一審の後で、実際に順位予想をたてるとなるとなかなかに難しいものである。が、自分の犬、友人の犬がどの辺に位置するのかという予想は犬を知る意味あいからも有益なことであって、展覧会にまた、違った楽しみが生ずるというものであり、お勧めしたいことである。

先に広島で開催されたアジア大会で、中国選手十数人のドーピング（禁止薬物使用）が判明して問題となっている。勝つための手段であることは明らかなことではあるが、アマチュアスポーツの原点である名誉を競う、という本来の目的を認識すれば自ずと解析されることなのだが、現今の社会の潮流の中でこの精神に徹するということの難しさはアマチュアリズムを理念とする当会においても同様のことがいえることで、他山の石として教訓としたいものである。

今年一年も様々なことがあって暮れようとしている。特筆すべきは支部・連合展覧会規程を全国統一して秋季展から実施したことである。日保の長い歴史の中でも機構改革の一環として大きく評価されることだろう。

早春二月には長く体調を崩されていた東京の関根孝男審査員が黄泉の客となった。理路整然とした謹厳実直の士で個人的にも直接に日保のことをたくさんに教示頂いた。

経済企画庁は平成バブルの不況は平成五年の10月、昨年の秋に終ったと発表しているから新しい年は経済的にも明るいものになるだろう。と、期待して、来年もよい年であるように祈って締め括りとする。

（平成６年12月25日　発行）

75　平成７年（１９９５）１号

新年早々、松の内も明けやらぬ中、埼玉のペット業者の元夫婦が逮捕された。洋犬種を扱った経済行為の行き過ぎが原因となってのことらしい。が、驚いたことにはこの業者の周辺では数年前から数人が行方不明になっているというのである。真の愛犬家やブリーダーにとっては不愉快なこと極まりない事件である。犬は一万年以上もの昔から人間と係わってきた繋がりの深い動物であるが故に、尚更のこと利殖の為に起こした事件はやりきれない思いが残る。

昨年末のこと東北地方で「三陸はるか沖地震」が起きてひやりとさせられたが、一月十七日早朝の近畿地方を直撃した「平成七年兵庫県南部地震」はマグニチュード７・２震度６の烈震、一部の地域では震度７の激震という途轍もないもので関東大震災以来の大惨事となった。この都市直下型地震の典型的な様相は唯々恐ろしいという一語に尽きた。心は現地に飛んで近畿地区の方々のお名前やお顔が次々と浮かびひたすらに無事を願うばかりである。

春季展覧会の日程と担当審査員が発表された。支部展、連合展の制度が統一されて、会誌へ一括掲載をするようになり支部からの展覧会に関する事務手続が早くなって運営者の方も大変に気を使われて忙しかったことと思う。毎年同じことの繰り返しのような作業だが日々新たなりで日程、会場、審査員の発表は興奮を覚える程に楽しい。加えて今年度から欠歯に関する規程が改正されて実施される。注意されたい。

(平成7年1月25日　発行)

76　平成7年（1995）2号

関西・淡路大震災のため、兵庫、淡路の両支部の展覧会は中止となった。当初は両支部共に開催の予定ではあったがやむを得ない処置であると思う。

本部総会や理事会においても救援のための暖かいご意見が出されたが、日本赤十字社を始めとしての窓口はたくさん設置されていることから、それぞれの個人の意志で気持ちをお伝えしようということになった。

両支部及び近隣の支部で被災された方々には心からお見舞を申し上げる次第です。

つい先頃のこと、東京で犬の鳴き声がうるさいという理由から、その近くの住人等が損害賠償を求める訴えを起こした。東京地裁の判決は、飼主は犬がうるさく鳴かないようにしつけをする等の注意義務があり、これを怠った、として飼主に精神的苦痛による慰謝料の支払いを命じた。ちなみに飼われていた犬は現在、柴犬、紀州犬各一頭とピレニアンマウンテンドッグ二頭の計四頭であるという。

同じ犬種といってもその性格は個々が別々なものであるから、一様におとなしくて飼い易いという都合のよい犬ばかりとは限らない。犬の鳴き声に対するアレルギーはどこの国でも同じ様に考えられていて、犬の飼育における先進国と称される国々では飼育頭数を制限したり、家庭で犬を飼うための基本を飼主ともどもに教育し訓練をする公共の場を設けている所もある。

個人の権利意識が高まりを見せる中で、犬の鳴き声による騒音公害の苦情は増加していくだろう。犬は鳴くものという感覚は過去の形容として注意しなければと自らも思う。

(平成7年3月25日　発行)

77　平成7年（1995）3号

何故か今年は日曜日に用事が出来て展覧会へ出掛けたのは東京展が初めてだった。三月末というのに名残の雪が昼過ぎまで降って寒い一日だったが、リングの中は真剣で白熱していた。出陳された犬達は手塩にかけて育成されたものばかりだから一様に管理が行き届いて立派である。気迫に満ちたもの、おとなしいもの、堅い体質のもの、弛い体質のもの、毛色の冴えたもの、明るいもの、渋いもの等、いろいろな要素が混在し組み合わさってそれぞれに仕上がっている。

会員の皆さんは日本犬を飼育するうえで、かくあるべきだ、こうありたい、という信条を常に持って管理していることと思うが、取り分けてベテランの会員はその人だけが有する共通した系統的特徴を備えた犬を出陳していることが多い。

犬は世代交代も早く同じタイプを維持し継続していくことはなかなかに難しいが、キャリアを積んだ人達は日本犬の理想像をしっかりと持っている上に系統化された独自の特徴を加えて基本型を崩すことはない。

反面、個性が強く出過ぎると日本犬標準から逸脱するという仕儀になって好ましいものとはいえなくなるが、各々が自らの日本犬像を描いてそれを求めて研さんすることは楽しいことであり、かつ、大切なことである。これで良い結果が得られればいうことはないし、目付けさえ誤らなければ実現しない筈はないと自戒を込めて思う。

東京の地下鉄で猛毒ガスのサリンとみられる無差別の殺人事件が起きた。昨年六月には長野県松本市でも同様の事件が発生している。さらに警察庁のトップである長官が狙撃されるという事件までが起きた。

治安の良さでは欧米に比すべくもないといわれていた日本だが、今までにない恐ろしさを感じさせる不気味な事件だけに一日も早く解決して安心して犬と散歩が出来る日が来ることを願うばかりである。


（平成7年4月25日　発行）

78　平成7年（1995）4号

狂犬病予防法が一部改正された。昨年までは年毎に畜犬登録が義務づけられていたが四月からは犬の一生に一回の登録で終生有効となる。登録と一緒に実施されていた狂犬病予防注射については今後も毎年一回の接種が必要であることは従来どおりで変わりはない。

新緑のこの季節になると狂犬病予防注射のことが意識のはしにあってこれが済まないと何となく落ち着かない。小学生の頃、校庭で白衣を着た獣医さんと事務手続きの役所の人が来て実施していた。今思うとその頃は殆んどの犬が放し飼いで、そのときばかりは慣れない鎖につながれて異様な雰囲気を感じるのだろう、校門を入る前から大騒ぎをするものが多かった。現在は放し飼いは禁じられ子犬の時から大切に飼育されていて診療にも慣れているのだろう注射ごときに驚く犬は少なくなった。文化的恩恵に浴しているのは人間ばかりではない。犬も又然りである。

四月初旬、日本産トキと中国産雌とのペアリング成功のニュースを見た。五個の玉子を生んだというのでこれは日中合作のトキが生まれるかな、と期待していたら雄のミドリは急死してしまった。くしくもこの玉子の数五個は昭和五十六年、国内に残存していた野性のトキを一斉に捕獲して人工繁殖に転じた五羽と同じ数である。まったく偶然のことでしかないことはわかってはいるが何故か、自然の大切さを最後の力をふりしぼって示唆したのでは、と思えてならない。この先、トキが日本の空を群舞する等ということは夢物語でしかないだろう。が、まずは五個の玉子がふ化することを待ち望むばかりである。

（平成7年5月25日　発行）

79　平成7年（1995）5号

五月末、本部主催の猟能研究会が三重県で開催された。

現在活動している猟能研究部の前身は実猟部である。10年前の発足当時はその名称の通り実猟や訓練等で鍛えた猟技を競うという色あいを強くみせていたが、平成元年に猟能研究部と改称し、その方針を変えて日本犬が備え得るべき本質の傾向と猟能を研究することによって両面から調査し考えるという文字通り本来の目的追究の研究機関となっている。

研究会当日、会場では初めて猪を見た犬や、十分に訓練されたものまで、参加犬がみせた表情や身のこなしはそれぞれが異なり、経験の程度によって一頭一頭が様々な動きをみせていた。

犬も猪も真剣である。真剣であればこその危険はともなうが、それはそれ動物愛護の精神はしっかりと守られて実施されている。

今回は場所柄もあってか、中型は紀州犬だけで、小型・柴犬はいつものことながら少なかった。初めて参加した犬でも蓄積し継承された遺伝形質は内在された能力となり、対象獣に向かう動作は活発な性格や慎重な性格等によって個々に違いをみせて、その表現は一様ではない。

訓練の方法についてはそれぞれの性格によって変えるということになるのだろうが、スポーツ感覚でみれば展覧会とは違った興趣のつきない催しであり、小型・柴犬の参加を是非にすすめたい研究会である。

先の４号誌でトキの玉子のふ化を待ち望むばかりと書いたが、期待はむなしく失敗に終って日本産トキの絶滅は決定的となった。残念なことである。

東京では公約通りということで世界都市博覧会の中止が決まった。都知事の家ではご愛犬が「神経性胃かいよう」と診断されたというが、犬は家族の精神的な生活を敏感に察知するというからこの一ヵ月余り家中みんなの深刻な顔を見続けていたのだろう。

（平成7年6月25日　発行）

80　平成7年（1995）6号

平成七年度春季展は全国四十八の会場で開催された。出陳総数は一〇二二〇頭、参考犬一一三頭、審査犬としてエントリーした中で欠席は一七〇四頭、棄権一七三五頭、入賞の評価を得た出陳犬は六六五八頭である。本部派遣の審査員はのべ一六九名であった。

戦後五十年を迎える今年の夏は各方面で記念の事業や展示会が開かれている。

東京都のある市で、戦争中の生活振りをテーマにした企画展が開催され、犬の献納を強制した回覧板のポスターが展示された。話には聞いていたが見るのは初めてである。「私達は勝つために犬の特別攻撃隊を作って敵に体當りさせて立派な忠犬にしてやりませう。……中略……何が何でも皆さんの犬をお國へ献納して下さい。」平和な今の時代ではまったく考えつかないような内容である。

このところのオウム事件や、「足踏み」とは表現しているものの実質的には景気の後退の報道、梅雨のジメジメまでが重なってうっとうしい日が続いている中で、アメリカ大リーグの選手となった野茂投手の活躍は実にスカッとしたニュースだった。日本への助っ人外人から大リーグのパワーのすごさは感じられはするものの、それらを向こうにまわして三振の山を築き、日本人として初めて先発ピッチャーとしてオールスターへ出場するというのだから、快挙というより言葉がない。その弁たるや「オールスターの晴れ舞台を自分が一番楽しんできたい。」というのである。

秋季展の日程が発表されて九月から展覧会が始まる。展覧会にたずさわる人、出陳されたり観覧される会員の皆さん、好きな道をそれぞれが十分に楽しんで欲しいと思う。

（平成7年7月25日　発行）

81　平成7年（1995）7号

今年の夏は暑かった。長期予報では冷夏の可能性が高いといわれていたのに、八月の平均気温は記録的で、昨年の数値を更新するほどの史上最高であった。この暑さの中、金融機関の破たんが関東、関西で相つぎ、大学生の就職は超氷河期で就職浪人がたくさん出るだろうとまでいわれている。

こんな世相の中で参院選が行なわれたが、44％という低い投票率だった。ある新聞社が社説で、投票を呼びかける手段として、犬や猫ではないぞ、という表現をしたところ読者から犬には犬権が、猫には猫権があって、人間の思いあがりを感じる、という趣旨の指摘をされたという。新聞社としては投票の行動を促すために、深遠な考えのもとで犬猫を比ゆ的に絡めたものだろうが、近ごろはこんな風に身近な動物を擬人化して見る傾向が強いように思う。

同じような次元で言われ出したのだろうが、最近マスコミ等で取り上げられている言葉に、アルファシンドロームというのがある。日本語に直すと、権勢症候群というのだそうであるが、簡約すると、犬自身が家族の中で一番高い位置にいると思い込んでいることをさしているらしい。

犬は縦社会の序列を重んじる動物ではあるものの、人間社会の中で犬自身が自分がボスになるというほどの能力を示すということは考えられず、単に飼い主が犬の勝手気ままを許した結果の、したい放題のわがまま犬のことでしかないのだと思う。このところよく聞くし、テレビでも話題にしているが、番組制作に携わる人や、新聞記事を書く人達が、興味本位だけで犬の心理や行動をどれほどに理解しているのかと疑問は残るが、誰かが言い出すと次々と追随して、あたかも多くの犬種の間に起こっているかのようにけん伝されたのでは、不安をあおるだけで気がかりではある。

昔から言われているところの、主人に忠実な日本犬には、この手の心配ごとは少ないと思うが、これから先、おこらないとは言い切れない。基本的なしつけは大切にしたいものである。

（平成7年9月25日　発行）

82　平成7年（1995）8号

戦後最大級という台風13号が千葉県房総沖を通過したその日、関東では栃木支部展が開催されていた。一週間後、今度は台風14号が九州へ上陸、北九州支部では前日に展覧会の中止を決めた。日本犬の本質を見極めるということを考えると少々の雨、風はその判断の好材料ともなるのだろうが、台風となれば話は別である。出陳者や関係者の安全が第一で、中止に至るまでの支部の心労は大変なものであったろうと思う。展覧会シーズンになるといつも思うが、閉会するまでは主催者の心配事はあれこれと尽きない程にエネルギーの要るものである。こんなご苦労の中で支部運営はなされている。

このところ、犬や猫の飼い方を解説した従来の本とは異なった、犬猫の視点から人間を観たり、深めるという心理や生態を表わした本が刊行されている。人間が犬猫の側に立って比ゆ的に書いてはいるのだが、これが的を射ているというか結構おもしろい。そのタイトルも様々で、「犬のディドより人間の皆様へ」とか、

「立派な犬になる方法」「飼猫ボタ子の生活と意見」などなど、他にも数多く出版されている。犬も猫も飼ってみて初めてその個々の性格の違いが分かるのだが、今年の夏、私の家でもちょっとした出来事があった。家から遠く離れて生活していた息子が、二匹の猫を連れて帰って来た。この二匹の猫、人見知りはしないし我が家の犬達にも見合わせたが、物おじをする気配もない。ペットという言葉がぴったりである。犬達もファミリーとして認めたようで、まずは安心した。ところが前から居た猫がいけない。家出をしてしまったのである。時々は家の様子を見にくるが、姿を見せると逃げてしまう。猫なりに考えての行動なのだろうが、普段は外へ出ることがないだけにその心根は痛いほどにわかる。家出から五日目の晩、浮浪の生活に耐えられなくなったのだろうか、玄関先で身をこすり付けるようにしてすり寄ってきた。どこにでもある話かも知れないが、犬だって、猫だって、それぞれに心があって自己を主張しているのである。

（平成7年10月25日　発行）

83　平成7年（1995）9号

11月になってやっと秋らしくなってきた。例年のごとく秋を迎える頃から一胎子犬の登録数は増え、全国展の準備も重なって事務所は緊張して忙しい。

戦後50年を経てお米に資本主義の原理が導入されて、一日から新食糧法が実施された。統制品の代表格であったお米が普通の商品のように、だれが、どこで、どれだけ売っても買ってもかまわない、という原則自由への転換である。食糧難を経験した人達にとっては、お米に対する思い入れは格別なものがあるだろうが、四兆円といわれる米市場のビジネスに関連する人達の視線は熱い。

千葉県のI市で愛犬家達が集まって、犬を自由に放して遊ばせることができる専用の広場をつくるという運動が進められている。欧米の先進国では特殊な用途の犬種を除いては、犬同士がけんかをしたり、人間に危害を加えるなどということは少なく、ドッグ・ランといわれる犬専用の運動場が設けられて、走ったり遊んだりしている。それらの犬達も犬種によって性格に違いはあるものの、日本へ輸入されて二～三代目になると日本風になって闘争心が芽生えてくるのである。家の中で人間と一緒に生活をする欧米の犬と、外で番犬的に飼っていた日本の飼育環境の違いからくるものかも知れないが、犬の性格はその国の文化意識の一端を表わしているのではないかと思う。現に海外に渡って久しい柴犬はおしなべておとなしい犬になっているし、うるさい犬の代表ともいわれていたスピッツは今ではほとんどが吠えない犬になっていることを思うと、犬の性格をつくり出すのは存外に容易なものなのかも知れない。日本犬は本質的に性格が強いものが多い。ということは日本犬を飼う人は強い犬が好き、ということにつながり、この先もよその犬と一緒に遊ばせるなどということは無理なこと、ということになる。が、放し飼いが禁じられているわが国の愛犬家達の間では、I市での試みは興味あることで注目されるだろう。

(平成7年11月25日　発行)

84　平成7年(1995)10号

十二月に入り、年度末の定例の審査部運営・企画委員会、理事会、評議員会が済むと今年もあとわずかという気持ちになる。この一年間を思い返すと、それぞれの人が、それぞれの立場で語る楽しい話やつまらない話がこもごもにあったが、師走という言葉は今年の締めくくりということも手伝って普段の月とは違った響きがある。この会誌十号が届く頃はもうすぐ正月となるが、近頃は正月といっても元旦さえも休まない店が増えてきて、一年の区切りというか、心を新たに新年を迎えるという感覚が希薄になっているように思う。

が、正月とかお盆にこだわるのは人間だけで動物にはこの意識はなく、なかでも犬の運動は年間を通してのことだから、正月といっても常と変わらぬ一日で、休む等ということはない。そして正月を迎えるといつものこと、元旦の引き運動では張りつめた強い気がみなぎり、今年こそはこれが日本犬だと誰もが認めるような犬を作るぞ、という気持ちになるのだが一年がたってみると、今年も又、目標に至れずにいまだ道遠しという感が一層になる。いつになったら己れの目指す日本犬が作り出せるのかと毎年くり返して自問するのだが、目の付けどころが悪いのか、生来の楽天的性格が災いしているのか、そうは簡単に名犬ができる訳はないし、できたら面白さも半減する等と勝手に自ずを慰めて、新しい年に期待しながら今年も終わりそうである。来年の干支は子（ね）。ネズミ算とはいかないまでも、仔犬に囲まれた楽しい初夢を見たいと思う。

来年も良い年でありますように

（平成7年12月25日　発行）

85　平成８年（１９９６）１号

首都圏の水がめである利根川水系で、雪解けの水が出るまでにダムの水は底をつく恐れがあるということから、関東地方の一都三県で冬季では初めてという取水制限が実施された。一昨年夏の全国的な水不足の不自由さを考えると普段から節水を心掛けなければと思う。

住専（住宅金融専門会社）の不良債権処理や、沖縄の基地、動燃の高速増殖原型炉「もんじゅ」の事故等、以前から継続されてきた事柄や、突発的な出来事まで、国民に直接的に関わることや、地方が抱える深刻な問題が次々と起こる中、新年の松の内も明けぬ五日、村山首相が退陣を表明。内閣は総辞職して橋本新内閣が発足した。

支部展、連合展の日程等の情報を会誌に一括掲載することが実施されて二年目を迎えた。このために支部が展覧会に関する詳細を本部へ報告する申請日が早くなった。新しいシステムが定着するのには時を要するもので、それまでは役員の方々のご苦労は大変なことと思う。今シーズンの展覧会から一シーズン内で同一犬の本部賞の受賞数3個までという決まりは廃止された。が、一昨年から実施された一頭の犬が生涯に受賞できる本部賞6個まで、はそのままで変わらない。支部展、連合展において本部賞を6個受賞するということは容易なことではないが、昨年末までに10頭が達成して写真とともに順次会誌へ公表されている。

会誌一号と、八月に刊行する六号は展覧会特集号である。平成七年秋季の支部・連合展は八八三六頭、全国展は一〇三六頭の出陳であった。

平成八年の春季展が始まる。春季展はどこの会場も幼稚・幼犬の数が多く、日本犬の将来の展望という意味合いからも会場へ足を運んで見ることは有意義なことで、とても参考になると思う。

（平成8年1月25日　発行）

86　平成8年（1996）2号

　平成八年度の定時総会で本部役員、井上欣一副会長が勇退された。温厚篤実な平らかなお人柄で自らの作出犬コロ中号―万亀荘は、黒の柴犬の見本のようにいわれてあまりにも有名である。今後は気を楽に柴犬を楽しみたいとおっしゃられている。

　将棋界で羽生善治という青年が七つのタイトルすべてを獲得した。驚異的な出来事であるという。この若者、従来型の師匠について教わる等という徒弟社会の風には馴染まず、固定の観念から一歩も二歩も踏み出して、パソコンを使い研究して将棋の質そのものを向上させているというのである。一般的に勝負事は努力や根性を大切にして肯定しているが、それを超えた素質と才能を備えたものにはかなわないということの立証でもある。展覧会に置き換えて端的にいえば、運動や管理以上に基になる固体の良否が大事な要素ということになる。固体発生の繁殖においても、系統というデータを重視するのか、現実に表現された固体の本質をひらめきでとらえていくかは各々の感覚によるものとなるが、日本犬を保存していく中で展覧会が至上とはいわないまでも、欠く事の出来ないものである限り、運動や管理で能力以上の効果を生み出すことには限度があるといわざるを得ない。が、大きなタイトルをつかむ犬はそれなりの特徴とアピールをする何かを身につけているように思う。

二月中旬の寒い朝、長年を伴にした柴犬チビが逝った。心臓を患い半年ほど前から治療をしていたが、私にとっては掛け替えのない可愛い存在の犬であった。その症状は一進一退で一週間ほど前からは目に見えて悪化した。それでも犬舎を汚すことはなく、最後となった晩は苦しさ故なのかそばに居ることをせがみ、何かを訴えるかのようなまなざしと甘え声はたまらなかった。気性が強く結構わがままな犬だったが幕引きは潔くきれいだった。人間が辿(たど)る道を足早に多くの教えをくれた13年の歳月が今更に懐かしい。

(平成8年3月25日　発行)

87　平成8年(1996)3号

狂犬病予防注射の季節である。狂犬病は、日本では昭和三十二年以来みられないが、外国ではまだまだ発生している。生後三ヵ月を過ぎた犬は、生涯に一度の登録と、毎年一回の狂犬病の予防注射が義務づけられている。忘れないようにしたい。

イギリスから狂犬病ならぬ狂牛病(ウシ海綿状脳症)という得体の知れない病気が流行っているということが報道された。人間に感染するか否かの因果関係も解明されていない中で、今後数年を掛けてイギリスの牛の三分の一に当たる四五〇万頭余を処分するというのである。こんな騒動の最中、イギリス国内で牛肉の半額セールをしたら売上げが10倍にもなった、という話や、国民の三割が肉を食べない、という世論調査の結果までが様々に伝えられている。食に対する欲望と恐れの両極の話だが、日本人だったらどんな選択をするだろう。

近ごろ女性の声が低音化してきているという。特に放送関係でこの傾向が顕著であるといい、反面で男の声は高くなっているというのである。その原因はいろいろと言われ、ある大学で多面的に研究されているそうだが、仮説の域を出ず、決定的な学説を論ずるまでには至っていないようである。この男女間の声の互換性ともいえる現象は、時代の精神を先取りしているかのようで、男と女の区別を更に稀薄にしていくことだろう。

日本犬の声というか、吠声は、昔と比べて変化しているのだろうか。今は騒音公害に気を遣って、声を出さない犬が飼い易いという風潮になっているように思うが、日本犬としての稟性は大切なことで、おとなしいばかりでは覇気のない唯の犬になってしまう。犬種や系統、個体毎の声の質そのものには差違はあるだろうが、日本犬だけが持つ特有の声がある筈である。その声の有様を、繁殖をする際のひとつのポイントとして加味したら、妙味のある結果が出るように思う。

（平成8年4月25日　発行）

88　平成８年（１９９６）４号

四月の平均気温は全国的に低かったということで、肌寒く感ずる日が多かったが、季節は着実に巡って新緑が美しい。

このところ会誌への投稿が少ない。会誌「日本犬」は昭和七年に創刊されて以来、先の大戦で数年間の休刊を余儀なくされたが、以往は綿々と続いている。その内容は日本犬に関する諸々のこと、が中心になっていることは会員諸氏周知のことで、創刊当初からの会誌は蓄積された資料として今では学術的にも貴重なものとなっている。投稿の多くは会員諸氏が日本犬を対象にして、経験された事柄を様々な形で発表されて、表面的な現象については語り尽くされているきらいはある。が、生生の歴史や、遺伝のこと等の学問的な研究を必要とする分野においては、まだまだ解明されていない部分は多い。そこまでの掘り下げは一般的な環境のなかでは難しいこととは思うが、この方面での発表が待たれるところではある。各々の投稿の掲載については、募集要項に照らしてということになるが、繁殖や管理の手法にはそれぞれに流儀があって統一されているとはいい難く、諸説があるということを前提にすると、投稿者の意見や主張は最大に尊重すべきことで、掲載の可否の線引きはとても難しい。部分的に訂正をお願いしたり各機関に諮ることもあるが、先日もつい最近に掲載した投稿について、おかしい、違う、本当か、等々の問い合わせがあった。不明瞭な内容や納得できかねるようなものについては、よい意味での反論を含めた意見や持論、持説の発表があってもよいと思うし、もっともっと会誌が有効に活用されることを願っている。このあとがきのスペースも、日本犬が時代や社会との係わりの中で存在するということを意識の底に入れて書いている。会誌の充実がいわれて久しいが「日本犬」への投稿がたくさんあって整理に困るほどの夢を、春眠のまどろみの中に見たいと思う。

（平成8年5月25日　発行）

89　平成8年（1996）5号

四国犬本川系の故郷である土佐郡本川村を五月の末に訪れた。本川村は、西日本の最高峰である石鎚山（いしづちさん）を望む四国連峰の山中にある。見渡す山々はどれもが切り立って急斜面が折り重なるように連なり、つづらおりの山路は整備はされてはいるものの谷を迂（う）回しながらくねって続く。峻険な峰々は往事をほうふつとさせるのに十分なたたずまいを見せて、四国犬が純度高く保たれた理由をさもありなんと認識させてくれた。ここでふと思った。紀州犬が育まれた山々はどんな様相をしているのだろうか。この四国の山並みとどんな違いがあるのだろうかと。更に尋ねて探ってみたいという念にかられる。本川村は東京都の約十分の一の面積を有する中にその人口は千人に満たない、ということを、越裏門(えりもん)に住む村会議員のYさんに聞いた。昭和の初め山出し犬を求めてたくさんの人達が村に入ったことも話してくれた。が、本川系の祖、長春号の出自は今もってわからないという。未だ自然がいっぱいの本川村の保養施設に宿泊した。六十有余年もの昔にはなるが、四国犬の祖となった犬達と同じ大気を吸える幸せに感慨は無量のものがあり、久方振りの心の洗濯は我が身への最高のプレゼントでもあった。

事情があって他所へ預けていた三歳半になる中型犬が家に帰って来た。一年振りになるが以前と同じコースを辿って運動に出た。ある場所で突然に立ち止まって警戒する仕種に何が原因しているのだろうかと声をかけて、はたと気がついた。行く先に嫌いな犬がいることを忘れずにいたのである。家族のことは当然のように覚えていたし、日本犬の記憶力のよさを今更に思い知らされた。犬を知るためには多くの犬を飼育し経験するためにトレードをすることもあるが、この日の一件で可愛さも倍旧して手離せなくなった。飼い主も単純だが犬の一生もひょんなことで決まるものである。

(平成8年6月25日　発行)

90　平成8年（1996）6号

春季展覧会は、支部展四十二ヵ所、連合・支部併催展八ヵ所の五十の会場で開催された。出陳申込総数は一〇〇八二頭、欠席は一七一一頭、棄権は一七二〇頭、評価を得た犬は六五〇〇頭余であった。

今年の夏は、夏らしい夏というのだろう暑い日が続いているが、新たな国民の祝日「海の日」が七月二十日と定められて施行された。前後して病原性大腸菌O（オー）一五七による食中毒被害が大規模に発生した。感染源が特定できないというもどかしさも手伝ってはいるが、不安なことである。

アメリカ南部の都市ジョージア州アトランタで、一九七ヵ国・地域が参加して過去最大の規模でオリンピックが開催された。いつものことながら、マスコミが先行して日本のメダル獲得数の予想をにぎやかにしているが、思ったほどの結果は出ていない。世評は前評判ばかりではないかと手厳しいが、オリンピックは出場するということ自体が大変なことで、世界の一流の力のすごさを再認識させられるということになる。が、見る者にとっては、世界のトップレベルの妙技や、日本ではなじみのないスポーツに触れるという貴重な機会ともなる。こんな中で日本の総合馬術の選手が競技中、拍車とムチの使い過ぎを理由に失格、罰金を科せられるということが伝えられた。主要な国際競技で日本選手にこの規定が適用されたのは初めてのことだというが、動物愛護の意識が世界的にいろんな形での高まりを見せているということの証左でもある。

秋季展の日程と担当審査員が発表された。展覧会において力強い精神性と無駄のない自然な美しいポーズや動きといったものは、飼育者と犬の心が一つになってこそ十分に表現されるものであるが、この人犬一体の透きのない様を形造るには厳しい訓練の中にも常日頃から慈しみの心で信頼関係を培うことによって生じて来るものだと思う。

（平成8年7月25日　発行）

91　平成8年（1996）7号

本部理事、副会長に選任された樋口多喜男前審査部長の後を承けて、六月の審査部会で今成治男審査員が新部長に就任された。早速に地元埼玉県で開催される十一月の全国展で審査長の大役に就かれる。審査員になられて25年、日頃の理論に裏付けされた実績とその行動力は自他ともに許す実践派でその語り口はどこまでも歯切れがいい。

秋季展が始まった。展覧会は出陳された頭数分だけの様々なドラマが展開する。出陳者は展覧会規程という約束事を認めて出陳し、審査員は日本犬標準という規程に基づいて厳正公平に審査をする。平生は日本犬の質の向上を目指して両者は議論しオープンな主張をみせるが、展覧会においては日本犬標準に沿った審査がされて逸脱した理論は通用しない。

秋のこの展覧会のシーズンは出産の季節でもある。日本犬は一年を通して繁殖するが、統計的には夏から秋へかけてその数は増加する。初心者からベテランまで各々が目標とする理想の日本犬の実現に向けて作出に勤しみ楽しんでいる。私のところでも思いも掛けないできごとがあった。交配日から数えて68日目の出産である。この犬、発情は一年に一度で今回は四胎目の繁殖となる。今まで外れたことはなかったのにどうしたことか、交配後半月のあいだ出血が止まらない。残念だが早々の不妊宣言である。その後も腹部の膨脹は見られず運動管理も平常に過ぎて妊娠の兆候は確認できなかったが、今更に思えば、出産の一週間くらい前から幾分か乳頭が大きくなったのを感じてはいた。予定日もとっくに過ぎて、子犬が生まれる等とはまったく思っていなかったある日の夜半、突然にガリガリと床を掻く音に起こされてまさかの思いで犬小屋へ。今までの経験と知識からは推し量ることができなかったよもやの光景でしばし絶句。計り知れない生命発生の力を感じた。見たところ何の変哲もないこの珠玉の一頭、とっさに浮かんだ名前は愕然女。

（平成8年9月25日　発行）

92　平成8年（1996）8号

友人に孫が生まれた。その女の子、泣くことを忘れたかのように毎日ご機嫌で、まったく手が掛からない子だ。と、友人は自慢げにいう。私のところの日にち遅れで生まれた子犬も、当初の心配をよそにうるさく泣く等ということはなく、順調に育ちつつあって離乳期を迎えている。総理府が九月に発表した「これからの国土づくりに関する世論調査」では、成人の3人に2人は今の生活環境について満足している。と答えているそうだから、それらの人たちに育てられている子供達は育児のための諸々の環境の整備の向上によって何かを求めて泣いて訴える等という必要がないほどに満足しているのだろうと思う。人と犬とをごちゃまぜにしては家内によく怒られるが、私の意識の中では人も犬もその生長過程における本能的な行動の分野における共通項は多く、大きな違いはないと考えている。犬は人と異なり衣服こそ付けることはないが、食・住においては人間社会のレベルの向上に浴して至れり尽くせりとなって、栄養失調の犬をみる等ということはなくなって寿命も延びた。逆に栄養過多で日本犬らしからぬ体型や、薬品の過剰投与による体調不良と思われるものが出てきているということは、文明がもたらす弊害ともいえて問題ではある。過ぎたるは及ばざるが如しで、日本犬は日本犬らしく精神も肉体も鍛えて育てなければと、いつも思う。

展覧会を迎えて事務局への電話が増えている。出陣の心得から不満までがいろいろと、である。初めて出陳される方への助言は期待感も手伝っていて、相手をするのもとても楽しいが、審査や展覧会の運営等に関する不満は、その場の様子も分からないだけにまずは事情を聞くことに留めざるを得ない。が、日本犬大好き人間が集って開く展覧会である。日保の理念と目標を念頭において、厳とした中にも明るい雰囲気のもとで持てる力を十分に発揮して、勝ち負けだけにこだわることなく日本犬を楽しんで欲しいと思う。

（平成8年10月25日　発行）

93　平成8年（1996）9号

衆議院の総選挙が小選挙区比例代表並立制という新制度のもとで実施された。選挙の方法が変わって初めての選挙だったが、投票率は戦後最低だったという。そして第二次橋本内閣が発足した。

一胎子犬登録数が増えてきた。子犬の出産は一年を通してのものだが秋口から初冬にかけて増加することは毎年のことで今年も変わりはない。ここ数年来一胎子犬登録数は減少傾向にあったが今年一年間の出産数は昨年を上回る勢いをみせている。子犬がたくさん生まれるということは日本犬の将来が明るいということにもつながって嬉しいことである。繁殖は地味な仕事ではあるが次代への継続、発展のためには欠かすことのできない大きな仕事である。血統登録を開始して六十有余年が経過した今、展覧会では目を見張るような犬が出現するが、血統そのものには特別な優劣が存在するとは考えにくく、作出の成否は、それらの組合せの如何ということになるのだと思う。が、つまるところ、よその犬に目移りばかりしていたのではいつまでたってもスタートラインということになりかねない。他に目をやることは必要なことではあるが脚下には存外なお宝が埋れていることが多い。古い会員の方々は数少ない犬を大切に使って犬を作ってきた。現在は、犬は増えて選り取り見どりともいえる時代にはなったが、どんなに有名犬で良い犬といわれても、子孫を作らなければ一代限りとなってその血統は絶えてしまう。私自身今にして思えば、過ぎ去った日々に飼育した、あの犬やあの犬の子を何故に残して存続させることができなかったのだろうかと、今更に残念で心慮の無さが悔やまれるのである。あの頃に今の目があればともどかしいが、それはかなわぬ夢であり、将来の犬は現存する犬からしか作り出すことができないことを思うとあたらおろそかにすることはできない。

繁殖は己の意志の表現でもある。大切にしたい。

（平成8年11月25日　発行）

94　平成8年（1996）10号

一胎子犬登録の申請書式が簡略化されて平成九年から実施されることになった。日本犬の登録は昭和七年にあらかたが両親不詳の単独犬登録から始まったが、今ではほとんどが一胎子犬登録でコンピューターに入力されて整理されるまでになった。登録の申請書については、登録を開始した頃の書式を基本的には変更することなく現在に至ったが、登録にコンピューターを導入して四年が経ち、当初の計画よりは一年余り早く書式の簡略化が実現される運びとなった。書式の簡略化はされるが会員の皆さんが本部へ送付される一胎子犬登録申請書は従来と変わることなく今後も本部に保管されて永久保存の犬籍簿となる。過去の犬席簿には時折目を触れることがあるが、それぞれの時代の犬達の生きたあかしとしての歴史が別の角度から見えるようで、めくりめくっているうちにわくわくとしてその時代に入り込んでしまったかのような陶酔とした気分に浸れることがある。

今年もあとわずかで越年である。六月の東京での審査部会の会場へ、審査員であり猟能研究部の委員長でもあった京都の平田忠男審査員の訃報が届いた。誠心誠意の人で京都で開催される審査部会ではいつも精一杯なお世話を頂いた。中国地区では岡山の近藤和弘審査員が秋季岡山展の三日前に旅立たれた。昭和二十九年に審査員に就任された現役再古参であったが、慎重で静かな語り口も今は懐かしい思い出の人となってしまった。

会員の皆さんの「この一年」は如何だったでしょう。展覧会に力を注いだ人、繁殖に没頭した人、愛犬との時間を大切にした人、一人ひとりに様々なできごとがあっただろうと思う。最近の著しく価値観が多様化していく世相の中ではこれからの犬の飼い方は、個々の生活様式の違いによって随分と変わっていくことだろうし、その接し方についても独自の楽しみ方が生まれ出てくるような気がする。

来年もよい年になりますように。

(平成8年12月25日　発行)

95　平成9年（1997）1号

ペルーの首都リマの日本大使公邸人質占拠事件や、島根県・隠岐島沖でのロシアのタンカーの沈没による大量の重油流出の被害報道等、年の始めから重い事件が続いている。

昨年秋季に開催された展覧会は支部展・連合展併せて五〇ヵ所、出陳申込総数は九一八三頭、全国展は一〇六〇頭であった。その結果は今年初のこの会誌一号に採録された。巻末には春季展の日程と担当審査員が掲載されている。展覧会の日程が発表されると会員の皆さんの話題も自然とそのことが多くなるが、展覧会へ熱心に足を運ぶ方から最近こんな電話をいただいた。何故に犬を飼うのかわからなくなってきた。というのである。好きなこととはいえ自分の時間の殆どを費やしているのによい結果が出てこない。その上、数ばかり増えて、家族からもうるさい、臭いと白い目で見られている。飼うこと自体が苦痛になってきた。でもやめられない。とまあこんな調子である。展覧会に夢中になったことのある方なら多かれ少なかれ似た様な経験があるとは思うが、自己の管理能力をはるかに超えてしまっているのである。その上展覧会へ出陳するということで外貌を重視するあまりに内面的な本質が二の次になったり、多頭数飼育におきやすい愛情分散による情緒不安定が要因であることも考えられる。展覧会は一年のうちの幾日かで飼育は三六五日である。外貌が整って賞歴があっても別の観点から見れば飼いにくいのでは仕様がない。日本犬の多くはつながれて、生きる術のために自らの意思で行動し何かを得るということはなく犬舎のなかで悠長に過ごしている。こんな現状の中で一般的な社会通念の変化に伴い日本犬の精神構造が変化していくのもある程度は仕方がないのかも知れないが、飼い味のよい犬の条件というのは昔も今も変わらない。百犬種以上もある日本の犬社会の中で、犬を飼うなら日本犬。といえるようなものを残していかなければと思う。

（平成9年1月25日　発行）

96　平成９年（１９９７）２号

暖冬の影響で今年の桜の開花は例年に比べて早いというが、いよいよというか、とうとうというべきか、桜の花が咲く四月から消費税率が三％から五％に上がる。この税に関しては社団法人の当会とて例外ではなく、平成元年に消費税が導入されて以来、収入のなかでは血統書等の登録料に関するもの、全国展の出陳料及び日本犬最優良称号認定料が課税の対象となっている。支出に関しては物品の購入やその他の諸費用、経費等が一般と同じく課税されるからこのアップによって年間の消費税額の数字は大きなものとなる。

春季展が始まった。展覧会場で聞く会話は自薦他薦が入り雑じり、おもしろく又楽しく盛り上がる。展覧会における評価席次は日本犬標準によって総合的に判断されるが、個人の話のやりとりの中でこれはいい犬だ、と特定の表現をする人がいる。本質がいいのか、外貌がいいのか、系統的特徴がでているからいいのか、総体的にいいのか、等々、何故にいいのか、どのレベルでいいといっているのか、その内容は観る人の感性や立場によってそれぞれに違う。が、これらの個人的な見解や解釈による評価は公的なものではないとはいえ、日本犬の将来を模索する上での大きなヒントとはなっている。多くの会員は理想の犬をイメージしながら繁殖を心掛け、飼育管理に努めているが、犬作りも根幹を追求して年数を重ねるほどにその犬舎の個性が表現され、特有の犬風が生じてくる。犬作り哲学という学問が存在してもおかしくない位に実践し主張している会員やグループは多い。近頃、女子中・高校生の間で爆発的な人気を呼んでいるという電子おもちゃ〝たまごっち〟のように、機器の中にいるペットの飼育に失敗したらリセットボタンで始めからやりなおしができるというようにはいかないだけに、犬作りは難しい。というのが実感である。

（平成9年3月25日　発行）

97　平成9年（1997）3号

四季の中でみずみずしい若葉につつまれる新緑の候は、寒さからの解放感と夏までのさわやかなひと時を感じさせる豁然（かつ）とした気に浸れる季節で、春の展覧会も今が佳境と盛んである。

昨年末から今年にかけてブラジル、フランス、ノルウェーに在住される日本犬ファンが本部を来訪された。三月に入ると韓国のテレビ局が、〝日本犬の保存は日本犬保存会によってどのように進められてきたのかそれを探る〟というテーマで、本部を始め長野、秋田、和歌山方面へ一週間をかけて取材していった。本部へくる取材や問い合わせは様々であるが、日本犬が世界に知られる犬種となっているということの証左でもある。

外国へ輸出された主なものは、戦後の間もない頃からアメリカへ渡った秋田犬と二十年余り前から諸外国で飼育されるようになった柴犬である。ほかの犬種については外国の犬種団体が公認しているという情報はないから、輸出されて飼われているとしても特別な日本犬マニアで、その数はわずかなものであろう。ここ数年来欧米では戦後に海を渡って固定された通称アメリカンアキタと、現今の日本の秋田犬が同じ展覧会で競うという場面が見られるというが、同犬種とはいえ両者の様相の違いは大きく、現場では混乱が生じているという。戦後の落ち着かない時代に、今あることを想定して真の日本犬の姿を欧米の人達に伝えることができなかったことが大きな要因であり、外国への日本犬の紹介と普及が如何に難しいものであるかということを如実に物語っているともいえよう。

近頃クローン羊のことが話題になっている。理論的には犬をつくり出すことだって容易なことで、日本犬標準により近い犬のコピー犬がつくり出せるということである。あの犬とこの犬を、と夢を描いて知恵を絞って作出を楽しんではいるが、クローン研究のことはあまりに凄い話でコメントしたくても言葉がない。

（平成9年4月25日　発行）

98　平成9年（1997）4号

〃上野動物園一日飼育係募集〃という新聞記事をみて応募したところ、ごめんなさい！　という書き出しの落選葉書が届いた。子供の頃、大人になったら何になる。と聞かれて動物園の飼育係と答えたのを覚えているが、動物好きは今もって変わらない。募集人員の何倍もの応募があったというこの催し、こんな残念組を気の毒にと思ってか、粋な計らいをしてくれて〝動物園の見どころを案内します〟という見学会をしてくれた。表面から見るだけの動物園と違って案内の人から興味のある話をたくさん聞くことができた。犬と違って動物園の動物達の運動は各々まかせの自由だが、餌に関しては種によってとても難しく気を遣うものらしい。長年知りたかった肉食動物に生き餌を与えるか否かのことを聞いたが、生き餌は必要で週に一度、それぞれの動物にあった大きさのものを与えているという。但し仮死状態にして、とのことだった。随分と前のことになるが、この欄で〝ＺＯＯストック計画〟という希少動物の種の保存、保護増殖のことに触れたが、今では米国に本部を置く「国際種情報システム」が中心となって、繁殖に必要な動物の貸し借りは広がりを見せて各国間で行なわれているという。犬は人に飼われるのが常態だが、野性の動物達が疑似自然の中で生涯を増殖のために飼育されるという現実については、絶滅を防ぐための手段として仕方がないということは理解はできるものの、その是非については意見の分かれるところと思う。動物達に聞いたら何と答えがあるだろう。

関東連合展へ出掛けた。あるクラスの上位の順序をみてのこと、私なりに識者といわれる方々に個々に伺ってみた。それぞれに意見があり主張がある。なるほどとも思う。慎むべき言い回しかも知れないが、上位の数頭はどれが一席といってもおかしくないほどにレベルは伯仲している。それでも席次はつけられていく。

審査とは酷なものであるとよくよくに思う。

（平成9年5月25日　発行）

99　平成9年（1997）5号

梅雨、毎年のことではあるが、一年のうちで犬の管理に特に気をつかう季節である。梅雨どきのこの頃から秋にかけては、シーズンを迎える雌犬が多くなる。日本犬に特定した繁殖期があるという定義づけは今のところされてはいないが、それに近い時節があるということは、例年の月毎の登録数から考えられることではある。出産による一胎子犬の登録申請数は、八月頃から徐々に増えながら十月頃にピークを迎える。その後は徐々に減って、子犬の少ないのは春先の三月頃からこの梅雨の頃までとなる。このように日本犬の登録は、年間を通して多い月と少ない月が毎年同じように繰りかえされている。この登録数の動向は数年来の月毎の推移の統計であって、将来的にも大きく変わることはないと思われる。通常雌犬は半年に一回のシーズンを迎えるが、繁殖を計画的に考えれば、子犬の少ないときに供給ができるということも可能で、需要とのバランスもよくなるということになる。が、この計画的ともいえる繁殖を実践することは人為的な操作でもあるということがいえて、今までの流れを考えると自然の節理に逆らってまでという批判もあると思う。

私の犬達もそろそろシーズンが来そうである。いつも言ったり書いたりしているが、結局は今年もいつもの通りで、夏の暑い中で汗をかきながら蚊にもさされる自分自身にあきれながらの交配行きとなるのだろう。犬飼いの習いといってしまえばそれまでのことだが、またぞろ雄犬選びを楽しんでいる最中である。

先般富山県で開催された本部主催の猟能研究会を拝見した。展覧会とは違った観点から犬を見ることができる興味を引く催しである。参加した犬達は猟欲のあるもの、あまり関心を示さないもの、と多様である。昔から姿芸両全というが、本質的に優れた日本犬を保存するということを考えたとき、猟能を加味した繁殖を試みたらひと味違った結果が出てくるように思うし、犬作りの一つの方法としても考える余地があるように思う。

（平成9年6月25日　発行）

100　平成9年（1997）6号

南米ペルー沖のエルニーニョ現象の影響で今年の夏は冷夏に注意という予報がされているが、関東地方の七月は少雨高温、西日本では雨による水の被害が大きく報道されている。七月一日には香港がイギリスから中国へ返還され一国二制度という体制で発足。四日にはアメリカの火星探査機が着陸に成功しその映像を写した。独立記念日にあわせるあたりはアメリカのすごいところでもある。

平成九年度の春季展特集号をお届けする。全国五十の会場で開催され出陳申込総数は九八五一頭、欠席は一八〇八頭、棄権は一六八九頭、入賞の評価を得た犬は六二五〇頭である。本部派遣の審査員はのべ一六八名であった。

先般プロ野球でアメリカ人審判員の判定を巡って問題が起きた。今年から日米の間で審判の交流が始まったが、この最初の審判員がある選手に退場宣告をしたのが事の発端である。プロ野球には日米共通に規則があって、その中に「審判員の判断に基づく裁定は最終的なものであるから……異議を唱えることは許されない。」という条文があるという。日本では日常的にこれが守られてなく、この若い審判員が規則通りの判定をしたところ大きな摩擦がおきたということなのである。野球とベースボールは違う等という論も出たりはしたが、世界で一番安全な国といわれている日本で、ルールが守られていないという理由から、この審判員はアメリカ大リーグの指示で帰国してしまった。総じてはスポーツ関連の審判の判定は絶対的なものが多いが、プロ故になせる仕業といえることなのかも知れない。日本とアメリカの文化の違いという向きもあるが、ルールに関する考え方の違いは彼我の間には随分とあるように思う。

日保の展覧会規程の第八条にも、審査の方法と結果については絶対に異議をいえない。という条文がある。

昔の会誌の中にも審査に対する注文はかなり記録されているが、審査眼の統一ということはこの社会に課せられた永遠の大きなテーマでもあると思う。

（平成9年7月25日　発行）

101　平成9年（1997）7号

自然の移ろいは年々変わることなく流れ、うるさいほどに聞こえたせみの声もまばらになって、いつしか秋の虫が涼しげに鳴き始めている。九月に入り十四日の四会場の支部展を皮切りに始まった秋季展は、十一月三日の関東連合展まで五十の会場で催される。そして久方振りの中国路での全国展は、山口支部が初めて担当し、観光地としても有名な岩国の錦帯橋を望む美しい自然の中で開催する。盛会を期したい。

今年も三分の二が過ぎた。昨年に比べて会員数、登録数とも今のところ増加する気配は少ない。会員数と登録数は連動してその数は比例しているが、会員一名当たりの年間の登録数は年代によって多少の変化を見せている。登録数が最高の数を記録した昭和五十七年（一九八二年）には、一会員当たりの年間の平均登録数は三・八頭を数えたが、ここ数年は二・五頭ほどにとどまり、登録数の最も多かった頃に比べると一・三頭ほど減っている。日本犬は日本が原産国であり他に新しい犬種を流行させる等ということはないから、いつまでも増え続けるということは考えられないが、この数字を見る限り会員の繁殖意欲は低下しているということである。特に中型犬の登録数の減少は、犬種の安定的な保存という観点からも考えると心配なことである。何を大げさなと思われるかも知れないが、昨年の中型、紀州犬、四国犬の登録はあわせて三千頭余である。絶対数の減少による血統の重複は種の劣化をも招くことにもなるだろうし杞憂であって欲しいと思う。

現在、外国犬種も含め日本国内の飼育犬は増加して、犬あまり現象もあると聞くが、日本犬が真に魅力ある犬種としての資質を備えて維持していくということは、これからの発展にもつながっていくことでもあり、常に考えていかなければならない、とても大切なことであると思う。

（平成9年9月25日　発行）

102　平成9年（1997）8号

下稲葉耕吉会長が第二次橋本改造内閣の法務大臣に就任された。当会の会長になられたのは昭和六十三年（一九八八年）のことで、早や十年になろうとしている。就任された翌年の平成元年には、中止のやむなきにあった会員待望の全国展を東京で再開され、昨年の埼玉での開催まで毎回のご出席を頂いている。この度のご大役は当会にとっても誠に名誉なことであり、心からお祝いを申し上げる次第です。

四年続きの米の豊作が見込まれている。このこと自体結構なことで喜ぶべきことだが、消費の低迷、在庫の増大で米の値段は下がっているという。同じ人口でも生長期の人間が多かった頃は、米の消費も相当な量を必要としていただろうが、日本人全体の年齢構造が高くなりこの傾向が続くことを考えると、消費量も減少していくということになる。出産数が増えて若い人が増えない限りこの方向は変わらないということで、米の消費量も増えないということである。

私が犬を飼い始めた頃の昔の話だが、殆どの人達は米や麦を主体に、何らかのタンパク源と野菜を加えた雑炊を餌にしていた。農家へ行けばクズ米が安く買える等と犬仲間と真顔で話をしていたのがうそのような物あまりの時代である。今では多くの犬の主食はドッグフードになって米を食べていない。犬に米を食べさせよう、等という運動を起こしても、人間自身が少しでも手間を省こうという世相の中で、インスタント食品や出来合いの総菜に調法している位だからドッグフード派はこれからも増えていくだろう。その昔、日本犬のタンパク源は油気の少ない魚がいい、野菜は何がいい、と餌の作り方には随分と苦労しふりまわされて先輩にも聞いてまわった。が、近頃は犬の雑炊の作り方を聞く人はいなくなったし、あまり話題にならない。変わってドッグフードのメーカーはどこがいいかとよく聞かれる。子犬の離乳食まであって至れり尽くせりである。こんなに便利でいいのかと考えてしまう。

103　平成９年（１９９７）９号

（平成9年10月25日　発行）

秋季の支部・連合展が終了した。この九号誌が届く頃は全国展も済んで会員の皆さんが参加される本年度の行事のおおかたは終わっていることと思う。

支部・連合展の賞制と審査の方法については平成六年から全国的に統一され、幼犬以上の各クラスは出陳頭数に対して規定された比率の数の賞が授与されている。幼稚犬については幼稚優の評価を受けた犬はすべてに幼稚犬賞が授与されるという賞制が採られているが、これは出陳奨励のための意味あいもあってのことで、一部の向きには競争原理がはたらかずおもしろくないという評もある。並行して論じられるべき筋合のものではないということを前提に、近頃、児童教育の現場では競争意識を助長するような個々の順序づけはしないほうがよいという序列の功罪の是非についての切論を耳にする。それぞれに置かれた立場々々からの発想の論理は、考え方の違いもあって安易に決着をつければ済むということではないだろうし、どの社会にもおこりうる問題ではあると思う。

秋に入って直接に生活にひびく医療費の窓口負担が増加した。サラリーマンは二倍に、高齢者もその負担が引き上げられた。早速に負担増を実感したが健康にはるる気を付けねばと実感するばかりである。一方国民の間で懸案とされていた臓器移植法が厳しい条件付ではあるが施行された。脳死の人から心臓などの臓器の移植が可能となったのである。医学に対する関心のたかまりとともにこれからも間断なく進歩していくのだろう。

このところ秋の紅葉を見る間もないほどに忙しい日が続いているが、家に帰ると気に入りの三頭の犬が待っている。二頭の犬は日を置かずして出産する。日々ふくらむ腹を気にしてやりながらの運動は期待感に自己満足が手伝って何とも言えないほっとするひとときである。繁殖は未知への出会いで楽しい。

（平成9年11月25日　発行）

104　平成９年（１９９７）10号

年の暮と例年の年度末の会議が重なって何ともなく気忙しい。本部の二階の窓から目を休ませてくれる銀杏の木が数本見える。十二月というのに黄葉の最中で、木によってはまだ緑が濃い。地球の温暖化による影響がこんなところにもあらわれているのだろうか。京都ではこの温暖化防止の世界的な会議が開かれている。これから先地球の気温はどう変化するのだろう。切羽詰まる前に適切な方向付けをして欲しいと思う。

今年一年不況といわれ続けていたが、ついにと言うか、大手の証券会社や都市銀行の経営が破綻した。失業率も調査を始めて以来の最悪の水準と報道されている。それでもサッカーのワールドカップ・フランス大会の第三代表決定戦が行われたマレーシアへは日本人が大挙して応援にかけつけたという。好きなことになれば多少の不景気は気にしないということなのだろうか。山口県岩国市での全国展もこんな世相のなかではと出足を心配したが、九七三頭という多数の出陳犬をみて盛大に開催された。天候にも恵まれ、錦帯橋を望む風光明媚な会場は運営の手際よさと相まって、とても印象的なすばらしい全国展だった。

あと数日で大晦日、今年は長野の藤原敬大審査員、神奈川の土岐美己審査員、岡山の遠藤篁審査員が鬼籍に入られた。御三方ともまだお若くこれからの活躍が嘱望されていたのに残念なことでした。私ごとで恐縮だが九号誌あとがきの後日談。二頭の犬がそれぞれ四頭出産した。いつもは出産に立ち合うのだが、初産の一頭の出産は全国展へ出掛けて留守をした。家内からの電話で二頭がだめだったとのこと。この後、日を置いて各々一頭が続いて死んだ。こんなことは近頃なかったことである。犬舎に対面した道路で連日下水工事をしていたが、母犬が神経質になっていたのかもしれない。結局何故だったのかは分からず仕舞。難しいものである。飼い主の修行が足りないという今年最後の天の教えとうけとめて、来年もよい年でありますように。

（平成9年12月25日　発行）

105　平成10年（１９９８）１号

　創立七十周年の年が明けた。ひと口に七十年というが長い年月である。創設にたずさわられた方々も私の知る限りでは在会されてはおらず、戦前に会員であられた方をわずかに知るだけである。このところの不景気風はおさまるような気配もなく当分続くかの様相を呈しているが、日保が活動を始めた昭和初期の頃も不況の時代であったという。それも、今のような物があふれているという不況とは違い、構造的に質の異なる不況であったようである。それから七十年の星霜を経て、登録のその総数は一七〇万頭を越えるまでになった。この中には会員の皆さんの作出犬が順次登録されて、日本犬に寄せる想いは永久に記録されている。私自身日本犬の原点を忘れないよう、その源流を求めて、青い鳥ならぬ自分なりの理想の日本犬像を描いて作出を心掛け続けているが、思うほどには結果が伴わないのが実情である。それでも積み重ねていく中で幾分かでも納得できる繁殖ができつつあるのは、年を経た経験によるものなのだろうが、楽しみなことではある。

　平成九年秋に開催された連合展、支部展と山口県岩国市で行われた第九十四回全国展の結果がまとまった。五十の会場で開催された連合展、支部展の出陳数は八七九〇頭、最終評価を得た犬は五五一八頭で、本部派遺の審査員はのべ一五四名であった。全国展への出陳は九七三頭、最終評価を得た犬は五九七頭であった。いつも思うが、全国からより優れた犬達が集まる全国展は見ごたえがあり、近隣での開催には是非に足を運ばれることをお勧めしたい。

春季展の日程が発表された。三月一日から五月十日までの間に五十の会場で開催される。関東では自動車専用道路としては世界最長という海底トンネルと橋からなる東京湾アクアラインが開通した。まだ渡る機会に恵まれないが、神奈川県と千葉県を結ぶこの道路、日保の会員にとっては展覧会やその他の行事で交流を深めるのに便利になるだろう。

(平成10年1月25日　発行)

106　平成10年（1998）2号

春に三日の晴れ間なしというが、春季展が始まった三月一日、関東地方は大雪に見舞われた。三日の桃の節句は暖かい日に恵まれたが五日は又雪と、降ったり晴れたり寒かったり暖かかったりと格言のとおりである。

新年度が始まり、支部は一月中に、本部は二月に定時総会が開催された。今年は二年に一度の役員改選の年で十一の支部で支部長が本部では三人の役員が交替した。二十一世紀に向けて永い年月に培った伝統の上に更に新しい歴史を積み重ねていく。

郵便番号が七桁になった。これを記載すれば市区町村名は書かなくともよいというのだが、先様の郵便番号をさがす作業は結構手間がかかるもので、さしあたっては大変である。七十周年の記念事業の一環で発行する会員名簿も郵便番号と番地だけの記載ではどの辺りなのかイメージも浮かんでこない。結局は従来のような形式になるだろう。当会でもこの郵便番号のコンピューターのソフトの改訂には相当の費用がかかったが、実施一ケ月後の新聞報道ではかなりの記載率というから日本人の几帳面さはこの辺りにもあらわれているということだろう。

長野で今世紀最後の冬季オリンピックが、十数日後にはパラリンピックが両者ともに史上最大の規模で開催された。四年に一度の大会に照準を定めて自制し調整をして人間の極限ともいえるスピード技術、演技に挑む選手の姿は生半可ではなく、見る者をして感激させて有り余るものがあった。競技者達のコメントの共通点を探ると皆が一様にその競技が好きなのである。好きだからといってしまえばそれまでのことだが、この簡易な言葉の中には推し量ることができないほどの大きな意味あいが感じられる。

日本犬を飼い続けるということも根底にあるのは〝好きだから〟だろう。好きの内容は人それぞれで異なるが、晩酌の相手をするお前が一番可愛いよと、家の犬に言葉をかけているようでは展覧会での日本一はおぼつかないというのが偽らざる気持ちではある。が、それも又楽しいことで、毎晩の日課になっている。

（平成10年3月25日　発行）

107　平成10年（1998）3号

ペット産業はまだまだ伸びる成長業種と言われているが、単犬種の団体においては年度毎にみる登録の状況を推測すると、押し並べてその数を減らす傾向にある。各団体が独自の理念のもとで活動を展開していることをあわせて考えると、単に会員数や登録数の多寡でその盛衰を論じるわけにはいかないが、あまりに専門的に追究する姿勢は一般的でないと敬遠する向きもあるようで、価値感の多様化している現代の運営は難しいものがある。

春先になると犬のこと全般について種々様々な問い合わせが届く。聞かれて始めてそんなことがあるのかな、ということにぶつかるが、とくに女性からのものは、犬を純粋に可愛いという対象にしている愛犬家が多く、犬が犬ではなくなってしまい擬人化していることである。平和な時代の産物と思えばあながち悪いこととも言えないが、日本犬をそんな飼い方で飼ってはいけません等とはいえないような世相になっていることを考えると、ジレンマに陥らざるを得ない。

比べて展覧会で覇を競う犬達の生活は、日夜の厳しい鍛練のもとで飼育されているのが常で前者とは対照的である。日本犬に限らず犬を飼う目的のひとつでもあった番犬としての用途が減少している今、飼い主の主義の違いは一般の飼育方法にも現われているということになるが、どんな形態で飼うにせよ、日本犬の愛好者ということには変わりはなく、更にその数を増やしたいとはいつも思う。

この四月外国為替法が改正され日本版ビッグバンが施行された。お金のやり取りに国境の垣根がなくなり国内でも外貨での取り引きが自由になるという。一部のショップでは早くもＵＳドル等の外貨の換金を始めている。

関西では、神戸市と淡路島の間に世界最長の吊橋、明石海峡大橋が完成し、先の大鳴門橋をあわせて本州と四国をつなぐ二番目のルートとして開通した。季節は春、桜は例年のとおり爛漫と咲き、時はとどまることを知らずして刻んでいるが、景気は後退局面に入っていると報じている。


（平成10年4月25日　発行）

108　平成10年（1998）4号

四月の平均気温は東京など全国六十八の地点で観測史上最高を記録したという。降水量も全国的に平均を上まわってこの春は蒸し暑い地域が多かったようである。エルニーニョ現象が原因のひとつともいわれているが、今年はこの傾向が続く可能性が高いとの予想がされている。

緑の気持のよい季節がおとずれて犬を連れ出すには最適の時節になった。運動の方法については古今から語り尽くされてはいるが、私はその時の気分で自転車と歩きを使い分けている。犬も慣れたもので、今日は運動か散歩なのかとこちらの気を先取りしているかのように動いてくれる。南北に長い日本の季節の移ろいはそれぞれに時をずらせ、そのたたずまいは四季折々毎に決まっていたかのように変化をみせる。今を盛りと咲き誇るバラに見とれ、垣根越しに強い香を放つ白い小さなハゴロモジャスミンの花々、おまけに道すがらの家々から立ちのぼる夕げの匂いに気を引かれたりと今頃の散歩はそう快で至福のひと時である。春先からこの頃にかけては多くの犬達は換毛する。人間は季節に応じて衣更えをするが犬は自身で衣更えをしてすっきりと夏化粧をする。そして初秋にかけて多くの雌犬は繁殖の季節を迎える。

このところ毎日のように報道されているダイオキシンや環境ホルモン汚染のことなどは人間の体に悪い影響を与えるというから、犬にとっても問題である。安易には論じられないが、近頃の一胎子犬の平均出産数が減っているのもこれが原因のひとつになっているのではないか、などと疑ってみたくもなる。人間の生活の向上のためにと人間が作った物質で人間が困っているという笑えない話である。どんなに物質が豊かになってても健康が一番とはいつの世にもいわれているが、健康によいとされて赤ワインがブームになっている。フランスでは食は三代ワインは五代という諺があるほどにワインの品定めは難しいものとされていると聞くが、それはそれとして健康によいということだから都合よくブームにあやかって楽しんでいる。

（平成10年5月25日　発行）

109　平成10年（１９９８）５号

インターネットホームページを日保も開設した。内容は当会の概略とおおまかな事業の紹介である。電話を始めとした通信網の発達は、日常の生活の質を随分と変えてきたが、インターネットの出現は社会の仕組や生活のスタイルを大きく変化させていくのではないかという予感がする。現に米国柴犬愛好会（ＢＳＡ）代表の勝本さんから、ロサンゼルスでも見ましたよ。と開設翌日にはコメントを頂いた。昨年の夏、千葉県からオランダへ渡った四国犬が彼の地のドッグショーで活躍しているということもインターネットで紹介している。

日本犬の情報は世界を駆け巡り、愛好家達の間ではすでに情報網ができつつあって互いに交信して情報の交換をしているのである。犬の交流も国内と同じように海外にも及ぶようになって久しいが、アメリカケネルクラブ（ＡＫＣ）では今年から輸出国において犬と血統書が同一であるということを証明する手段として血統書のデーターを組み込んだマイクロチップの犬体への注入か、あるいはタトゥ（登録番号の刺青）のどちらかの処置がしてあるということを義務付けて、輸入犬の登録をするようになった。犬社会の信用度が低いということなのか、はたまたモラルが低下しているというのか。血統書と犬が同一であるということをここまで証明しなければならないというのが現実なのである。

こんな折、犬の遺伝子（ＤＮＡ）鑑定をするという会社からコンタクトがあり、興味があったので話しを聞いた。親子鑑定を始めとして一部の遺伝病の予防等にも利用できるというのだが、実際は親子であるかどうかの調査依頼が主なようである。日本ではまだ一般には浸透はしていないようだが、調査の方法は容易で、口腔内の細胞組織の一部を採取して検査をするという。何故にそこまでという気もするが、科学の発達は容赦がなく、知らない幸せをそのままに許すということはない。外国ではすでに実施している所もあるというが、日本の愛犬家達はどんな風に考えるのだろう。

（平成10年6月25日　発行）

110　平成10年（1998）6号

中華民国育犬協会の藍振豊理事長ご夫妻と蔡瓊震審査員が6月11日本部へおみえになった。中華民国育犬協会は台湾でも大手の全犬種団体で昭和六十年（一九八五年）以来審査員を派遣している友好団体である。最初に審査訪台したのは石川雅宥氏で当時の審査部長である。そして現在に至る十三年間で延べ五十名の審査員が海を渡り彼の地の柴犬、時には秋田犬の審査をしている。この度ご一緒された蔡審査員は日本語を流暢に話され台湾の展覧会においては当会の審査員が諸般のお世話を頂いている間柄のお人である。午前中のひとときを当会の組織、特に審査員の養成の方法や登用に関すること、コンピューターによる血統書発行に関する事務処理のことや先に開設したインターネットの説明、又台湾犬界の近況を伺いながらと有意義な意見の交換をして翌日帰台された。

参議院議員選挙が行われ、その結果橋本内閣は総辞職、小渕内閣が発足した。これにより昨年九月法務大臣に就任されたことにより当会長職を辞されていた下稲葉耕吉前会長は所定の手続きを経て再び会長に就任される。

日本中の期待を担ってというほどに声援を受けて、サッカーのワールドカップフランス大会へと日本は初出場をした。掛け声ばかりではどうにもならないほどに日本と世界の競技レベルの差はあるようで一次リーグで敗退した。世界の壁は相当に厚いようである。

平成十年度春季の支部展と連合展の結果がまとまった。出陳総頭数九九八三頭、内訳は小型犬七二六六頭、中型犬二四五六頭、大型犬三頭、棄権は一六二九頭で最終評価を得た犬は六三三七頭、本部派遣の審査員は延べ一六三名であった。

秋季展の日程が発表された。十一月の茨城県での全国展までの約三ヶ月間、不景気風はいぜんと強いが展覧会をそれぞれに楽しんで欲しい。

(平成10年7月25日　発行)

111　平成10年（1998）7号

秋季展が始まった。六月の審査部会で今成治男審査部長は、審査員の定年に関する内規により引退、倉林恵太郎新審査部長が誕生した。審査部委員も改選されて新体制のもと秋季展に望む。

本部事務所が移転した。今までの研究社ビルの事務所は昭和五十七年（一九八二年）の九月に同じ神田駿河台の馬事畜産会館から移ってきた。その頃は、会員、登録数ともに年々増え続ける右肩上りで、事務量の増加に伴ない職員数も増えてどうにも手狭になったのである。

当時の血統書は、一胎子犬登録申請書をもとに和文タイプライターで一枚々々作成するもので、血統欄の照合も時には三十名余りの人の目で確認をしていたのである。そして十六年が経過する中で、会員、登録数ともに徐々に減ってきたこともあるが、コンピューターの導入は作業を一変させた。職員も現在は九名に減員し、事務所費の軽減ということも含め適切なスペースの確保ということで、その広さも三分の二程にしたのである。

〝移転〟を字に書けば二文字であるが、荷物と電話だけの引越の時代に比べ、現代の引越はコンピューター関連機器の移設等仲々に複雑である。全国組織で動く当会にとっては、まず会員の皆さんの利便をはかることがいちばんのことで、電話番号の変更等も避けなければならない。とまあ、種々の制約があって結構大変であった。

運のよいことに、旧事務所から道路を一本隔てた所に格好の空室があった。お茶の水駅から新事務所までは五百メーター位はあるだろうか、途中から〝とちの木通り〟に入るが、両側から生い茂ったとちの葉の緑のトンネルは清々しい。愛称をマロニエ通りともいい、道すがらには明治大学とその関連校が並び、詩人与謝野鉄幹・晶子夫妻が創設にかかわった文化学院の校舎が蒼然とした姿をみせる。この辺りは東京のカルチェ・ラ・タンとも呼ばれて、文化の薫りのただよう街である。

前回の移転は日本犬登録協会の解散の年であった。今年は創立七十周年の記念の年である。忘れられない年になるだろう。


(平成10年9月25日　発行)

112　平成10年（1998）8号

中国の王朝で最も文明が発展したといわれる唐の時代の詩人杜甫の曲江詩の中に、人生七十古来稀なりという一節がある。日本風にいうと古希。当会も今年は創立七十周年を迎えた。草創期の頃、我が国には組織化された犬種団体等というものはなく、展覧会を開催するにしても当初はその基準となる規定、犬種標準、審査員制度はなかった。もろもろが無い無い尽くしから始まったのである。

過ぎてしまえばどれ程のことはない問題も、今日に至るまでの永い間にはその時々の当事者の人達にとっては、天が、地がひっくり返るほどの騒ぎになったこともあったと思う。戦争もあった。展覧会では暴力事件もあった。そして現在がある。今、世の中の景気は悪い。悪い悪いと言いながらも好きなことはやめられないのが趣味人の性である。ありがたいことには昔と違い、現在の多くの犬は一流の血統を備えているということである。それほどに系統的に研究されて繁殖がされている。その上に犬の数も少なかった昔と比べ今は日本中で飼育されているから、求めるには訳はない。容易に求められるが、反面お金をかけたから展覧会でよい成績を収められるということではない。一流の血統といえども、良し悪しを見極められる目を養うことが必要になる。これが難しい。覚えるのに早い人もいれば遅い人もいる。犬を知るには自分で作ってみることである。繁殖は、犬が自ら本来の姿を教えてくれる一番の早道である。こんな混とんとして先行きのわからない時代であればこそ、足元をしっかりと踏まえて繁殖に取り組んだら、又違った世界が見えてくるかも知れない。

犬を飼いだして随分とたつが、犬の知能は三歳から五歳位であるということを書いた本をみたことがある。そんな所かなと思うが、私は手を掛ければ掛けるほど、犬は人の言うことを理解するようになると思っている。若いうちは勝手一杯で無駄な動きをみせるが、年を重ねるごとにまわりを気遣うようになるのも人間と同じようでおもしろい。犬に負けないようにしなければと、七十年の記念の年に新たに思う。

（平成10年10月25日　発行）

113　平成10年（１９９８）９号

プロ野球セ・リーグの横浜ベイスターズが日本シリーズで優勝した。前身の大洋ホエールズの最初の優勝から38年ぶりという。野球は監督によって戦いぶりはかなり違うように思うが、その心理を読みながらみるのは又おもしろい。毎年ゴタゴタをおこす球団や、選手を集めるのにおどろくほどのお金をかける球団など、社会の縮図をみるようだが、それはそれとして〝優勝〟の二文字のためにしのぎを削っている。

プロ野球は、長いシーズンを一試合毎に勝ち負けをつけ、観衆に経過を楽しませながら、その集大成を結果とするスポーツである。一般的な愛犬家の飼い方に例えれば、飼育管理の楽しみは日々毎日にあるということになる。犬を飼うということは、犬との交流が何年も継続し、飼うという楽しみが積み重ねられて、その信頼関係を深めてきずなを強くするということにつながる。展覧会を主に考える人達にとっては、日々の管理は遊びごとではなくその訓練は厳しい。日本犬は使役犬であって愛玩犬ではないという論理から考えれば、至極当り前のことではあるが、犬の飼い方は飼育者しだいということだろう。

当会がインターネットを開設して日本犬の情報を送り出してから半年がたつが、インターネットは、受ける側にまわって利用すれば、世界中の各種の情報が瞬時に得られ、欲しいものがすぐに求められるという便利な代物である。遠方の展覧会へ行くにしても、今は新幹線や飛行機を使い、行きも帰りも目的地に早く着くことだけを考えて、途中の旅情を楽しむなどということは少ない。

犬も昔は充実するのに時間がかかる系統があったが、今はそういう系統は人気が低く、将来を予測して経過を楽しむなどという、遊び心のある飼い方も少なくなっている。すべからく社会全体がこんな調子である。人間の営みが忙しすぎるのだろう。唯一心に展覧会で勝ちたいと犬を飼った時代が私にもあったが、今は良い犬を作ろう、良い犬を残そうと、日々ゆっくりリズムで飼育を楽しむことを心に掛けている。

（平成10年11月25日　発行）

114　平成10年（1998）10号

今年は創立七十周年を迎えて、記念事業や写真集の出版、会員名簿の作成などで、年頭から気合いの入る幕明けだった。

定時総会では、中・長期的な計画案の中に、本部事務所費の軽減が盛り込まれたが、このことについては迅速に事を進めて八月末には新事務所に移転した。スペースは三分の二ほどになったが、効率的な事務機器の配置で三ヶ月がたった今では、何の不都合もなく、快適な事務運営がされている。

月日のたつさまの何と早いことか。もう師走である。会員の皆さんの今年一年は如何だったでしょうか。

私の所ではクリスマスの頃一歳五ヶ月になる柴犬が初産をむかえる。日本犬は屋外で飼う犬というのが一般的な飼い方であるということは承知の上での話だが、街中の限られた広さの中で、行動を束縛しない飼育形態はあるだろうかと常々模索をしていたが、家の中で自由にさせる方法が一番ではないか、という私なりの勝手な結論に至った。厳格な日本犬の愛好家にとっては、室内で飼うなどとんでもない事と怒られそうではあるが、近頃は家の中で飼う人や飼いたい人が増えつつあって問い合わせがあるのも事実である。

生来の動物好きで潜在する意識の中には室内で飼育をしてみたいとも考えていたので、実行に移すのにはそれほどの抵抗感はなかった。心配だったのは先住の室内飼いの猫三匹である。どんな関係をもつのか気がかりではあったが、案ずるより生むが易しでそれなりの付き合いをみせている。合わせて四匹の行動の様子はとてもおもしろい。たいして広くない家の中を彼女が一番頭を使って行動するのがよくわかる。子犬の時にはいたずらで家具をかんだり壁紙をはがしたりしていたが成長とともにしなくなった。一緒に住んで飼ってわかるのは、人と動物の間は当然のこと犬と猫の間にも相性が存在するということである。この後、お産と子育てで犬と猫の相関はどうなるのか。新しい年へ向けて興味津津である。

来年もよい年でありますように

（平成10年12月25日　発行）

115　平成11年（1999）1号　（注：この年から会誌は年間6回偶数月）

今年から七ヶ月未満の種雄、台雌を使った繁殖で生まれた子犬の登録はできなくなった。日本犬の早期交配の功罪については様々にいわれていて、これまでは繁殖者の考えで自由であったが、他犬種においてはこれを厳しく戒めている団体もある。どちらにせよ、幼くしての繁殖は一般的に考えてもよくはないだろう。

ドイツやフランス等欧州11ヶ国の異なった国家間で共通する単一通貨ユーロの導入が報道された。実際の紙幣や貨幣が流通するのは二〇〇二年からだというが、画期的なできごとである。二十一世紀まであと二年となった今、世界は急速に変わっていくような予感がする。

お金といえば、これまで日本の最初の貨幣といわれていた「和同開珎」よりさらに古い時代の貨幣が奈良飛鳥池遺跡で発掘され、日本最古の貨幣と発表された。「富本銭」というそうである。発掘に携わった人達はこの道一筋にというが、何がそうさせ、駆りたてるのだろう。

日本犬についてもいろいろな角度から、幾多の人々の研究によってこれまで多くのことが解明されてきたが、これからもその道その道の研究者が鎬を削って研さんしていくことだろう。世の中はいろんな人がいて楽しいと思う。

平成十年度秋季に開催された各連合展、支部展と茨城県大洗町で行われた第九十五回全国展の結果がまとまった。四十八の会場で開催された連合展、支部展の出陳数は八五四四頭、最終評価を得た犬は五四三五頭で本部派遣の審査員はのべ一四五名であった。全国展への出陳総数は九〇九頭で最終評価を得た犬は五八五頭で、審査員は三十九名であった。

新しい年が始まり春季展の日程が発表された。二月二十八日から五月九日までの間に五十の会場で開催される。春季展は幼稚犬、幼犬が多数出陳するから将来を予想してみるのも楽しみなことである。近隣の会場へのお出掛けをお勧めしたい。

(平成11年2月25日　発行)

116　平成11年（１９９９）２号

今年から、会誌「日本犬」の発行は偶数月の年六回となった。会誌が最初に発行されたのは昭和七年（一九三二年）四月である。以来、戦前の分としては昭和十八年九月発行の第十二巻六号までが本部に収蔵されている。この十二巻六号には、戦前最後の全国展となった第十一回展の予告記事が載っている。東京以外の地で初めて開催された大阪千里山での記録は、残念なことに行方が分からないままである。戦争が終り昭和二十三年(一九四八年)に再び組織活動を開始、翌年にはなったがその記録は戦後初の会誌として発行された。時の会長鏑木外岐雄博士はその巻頭に、日保再開の喜びを大きく記している。粗末な紙質ではあるがA五版のその内容は希望に満ちたもので、当時のご苦労が伺えるものである。

季節は巡って、今年も変わりなく桜が咲いた。この時期は明るい雰囲気を感じさせて話題も多い。就職から退職まで、性別による職場の差別を禁止するという改正男女雇用機会均等法が施行された。すべての男女は同等の労働条件のもとにある、というものである。日保の事務局には現在八名の職員がいる。私の知る限りいつも女性が多い職場で、現在は女性六名、男性二名である。コンピューターの操作や書類の整理等、総体的には女性にむいている事務作業と思うが、時として電話の向こうから男性職員に変われ等という要望もある。男性社会といわれてきた日本において、これからは意識の改革がすべからく必要になっていくことだろう。コメの輸入が関税を払えば自由になった。臓器移植法が施行されて以来、脳死による移植が初めて行われた。春はいろいろが変わっていく季節でもある。

(平成11年4月25日　発行)

117　平成11年（1999）3号

春季展は出陳総数九七〇〇余頭を数えて終了した。展覧会の出陳頭数は春と秋をあわせると、ここ数年は一八五〇〇頭前後である。展覧会へ出陳する年齢を仮に七歳位までとすると、その七年間の一胎子犬登録数は三十万頭余を数えるから、展覧会へ出陳しない飼育者は相当数いらっしゃるということである。

展覧会に関心のない飼育者の方々の日本犬を飼う理由はいろいろあるだろう。利口で飼い易い、立耳、巻尾の姿がいいなど、日本犬だけが持つ味わいが人気の要因になっているのだと思う。日本犬は表面的には語り尽くされていて、今では犬種毎の情報やある程度の知識はいつでも理解できる時代になっている。種類は天然記念物に指定された六犬種だけで、洋犬種のように流行犬種が出現するということはない。流行犬種は一時的に広がりをみせるが、珍しい、飼っている人が少ない、ということが人気のもとだから、珍しくなくなれば犬本来の実質的な評価が下されることになる。その点日本犬は、日本人の気質、風土にあった犬で、これからも安心して飼える犬種であると自賛している。

この所中型犬の登録が少ない。主に紀州犬と四国犬をあわせて年間二五〇〇頭ほどである。どうしたのだろう。これから秋口へかけては繁殖数が増える季節であるから、中型党の皆さんには特に奮起を願うばかりである。

緑の美しい季節になった。本部事務所前のとちの木の並木は歩道の両側からこんもりと大きな葉を茂らせ緑のトンネルとなって緑にいえぬ清涼感がある。佐渡ではトキの誕生、プロ野球高校ルーキー松坂の活躍、失業率が五%にまで増えたこと、ガイドライン関連法など話題の多い世相の中、日も長く朝夕ともに明るい中を我が犬達の筋肉の躍動を見ながらの運動は気持ちがいい。

(平成11年6月25日　発行)

118　平成11年(1999)4号

生後三ケ月に達した犬は居住地の役所に畜犬登録をすることが義務づけられている。この登録は生涯に一度となったが狂犬病の予防接種は毎年一回受けなければならないと定められている。昭和二十四、五年頃に流行した狂犬病は予防接種のおかげで三十二年以降はその発生は報告されていない。伝染性の病気に対する日本人の意識の高さと島国が幸いしたのだろう、今では狂犬病の発生のない国として世界に認められている。お隣りの韓国で狂犬病の発生が報告された。人にも被害が出たそうである。検疫制度が行き渡った日本での発生は今のところ考えられないが、先日来マスコミで報道されているペット動物の密輸はオランウータンまで種々雑多というからどんな動物がどんな病気を持って密入国するのか、検疫はパスだけになお更恐ろしい。

国際間の交流はけた違いに増えている今、正規輸入の動物であれば病気も水際で止めることもできるだろうが用心にこしたことはない。狂犬病の予防接種は必ず受けるようにしたい。狂犬病は怖いがこの季節どこにでもいて困るのはノミやダニである。近頃のノミ退治は首筋に数滴垂らす水溶薬が主流になっているようで昨年私も使ってみたが効果はある。でもこんな簡単な薬でも獣医さんに行かなければ手に入らない。生命にかかわるような薬品ならともかくノミ取り薬ぐらいは薬店で自由に買えるようにならないものか。費用だって必然安くなってもっとたくさんの犬猫がカユミや関連する病気から解放されるものと思うのだが。

平成十一年度春季の支部展と連合展の結果がまとまった。出陳総頭数九七〇七頭、内訳は小型犬七一九〇頭、中型犬二四一〇頭、大型犬三頭、参考犬一〇四頭、棄権は一五五七頭、欠席犬は一八八七頭で、最終評価を得た犬は六一五九頭、本部派遣の審査員は延べ一六二名であった。

(平成11年8月25日　発行)

119　平成11年（１９９９）５号

今年の夏はいつまでも暑かった。いい加減にしてくれよ、とは思っても自然に逆らうなんてことはできない。この頃は人も犬も健康が何よりと思うようになったが、とくに動物は健康保険がないから体調を崩されると心配とともに費用も大きい。

ペットブームといわれて久しいが、このところ獣医師の診察料金が不明朗であるということが、マスメディアでも再々取り上げられて問題になっている。昭和五十七年（一九八二）診療費の統一は独占禁止法に抵触するということから以降は自由料金制になったが、同じような病気やケガでも獣医師によって診療費が違うということで、かえって不信感を生んでしまったようである。これを取り除き、獣医業界の信頼を回復しようということから、（社）日本獣医師会は全国の会員獣医師に対して診療料金の実態調査を行い、先頃その結果を公表した。人の医療は何といっても救命を第一にしているが、動物の医療は飼い主の考え方次第で必ずしも救命を一番にして治療がされるとは限らない。選択肢の中には安楽死も含まれるのである。こんな中で獣医師は治療に入る前に、飼い主に対して病気やケガなどの各種の診療情報や病状、治療の方針や費用を十分に説明し、飼い主も納得して治療を受けるようにするという「インフォームド・コンセント」を徹底させようというのである。今後は診療内容毎に料金の目安を医院内に表示するという。この方法は（社）日本獣医師会所属の獣医師の間で行われるといい、一歩前進と思う。

日の丸・君が代を国旗・国歌とする法律が成立した。さらに通信傍受（盗聴）法、改正住民基本台帳法も成立。そして十月に入って自民、自由、公明の三党連立のもとで第二次小渕改造内閣が発足した。景気は依然低迷している。

（平成11年10月25日　発行）

120　平成11年（1999）6号

今年末で大正生まれの審査員が定年を迎え姿を消す。定年制が導入されたのは昭和六十二年（一九八七）のことである。年齢は七十三歳で、その年の十二月末日で退任と定められ二年の猶予期間の後実施された。この制度発足以来定年まで務められた方は十六名で、顧問審査員、参与審査員として後進の指導にあたられている。

歳をとると一年が早いというが本当に早い。ふり返ってみると今年一年もいろいろなことがあったが、年の暮というのは何故か人生を考えさせる雰囲気を持っている。今年一年のことがあれもこれも思い出され、挙句は己れの無能さを自覚させられてジレンマに陥るのであるが、いらぬ考え休むに似たり、でこればかりは解決の仕様がない。新年に向け新しい気持ちで出発である。街の中をみると相変わらずペット産業の広告が目に入るが実際はどうなのだろうかと思う。趣味や道楽の社会は景気に左右され易いといわれるが、今年も会員と登録の数はかんばしくない。揺れ動く激しい社会の中で日本犬に対する考え方、飼い方も様々になって運営面においても新しい発想が求められる時代になっていると思う。日本犬の本質を追求する人、一頭の犬を大切に飼う人など、日本犬を飼う人達の社会にも多様な人間模様がある。私も飼い始めの頃は外見を気にして姿、形を優先するきらいがあったが、近頃は性格にウェイトを置くようになっている。犬に対する考え方も年齢とともに変わっていくものなのかも知れない。とはいえ日本犬として許せる欠点と許せない欠点の線引きは自分なりに結構厳しいものを持っていると思ってはいる。

来年は西暦二千年である。この二十世紀最後の年が日本犬と日保にとってよい年になるように会員の皆さんとともに祈りたい。

（平成11年12月25日　発行）

121　平成12年（２０００）１号

今年はミレニアム（千年紀）という聞き慣れない言葉で明けた。一九〇〇年代から二〇〇〇年代へ替わるという特別な年といわれて、いつもとは違う気持で迎える正月であった。

元旦の朝はいつもある種の緊張感がある。加えてコンピューターが誤作動するのではないかという不安も連日報道されて、日本中でその対応を余儀なくされた。何かおこるのだろうかと心配しつつも一年締めくくりのお酒をいただいて早目に就寝した。でも神経は高ぶっていたのだろう十二時過ぎに目が覚めた。家族はおきていて電気もついていたし水も出る。何事もなかったようでホッとした。異変がないということは何とありがたいことか。

朝五時半いつものように運動に出た。外はまだ暗い。同じまっ暗の中でも、日付が変わるだけで昨日とは違う気持がみなぎってくる。人間は気の動物であるということを実感しながら、冷気の中での初日の出は何とも清々しいものであった。犬にとっては暮も正月もないが、犬舎に小さな松飾りをつけて今年一年の息災を祈念した。

平成十一年度秋季に五〇の会場で開催された連合展と支部展、愛媛県松山市で行なわれた第九十六回全国展の結果がまとまった。連合展、支部展の出陳数は八五六〇頭、最終評価を得た犬は五三八五頭で、本部派遣の審査員は一四九名であった。全国展の出陳総数は一〇三四頭で最終評価を得た犬は六二五頭、各型犬賞は一一七頭が受賞した。担当した審査員は三十八名であった。

春季展の日程が発表された。二月二十七日から五月十四日までの間に四十九の会場で開催される。景気の低迷は依然としているが、春の一日を近くの会場へ出掛けて趣味の一日を楽しまれることをお勧めしたい。

122　平成12年（2000）2号

本部の定時総会は毎年二月に開催される。支部の総会はそれに先立って一月中に開かれる。今年は二年に一度の役員改選の年であった。本部役員は二十三名中三名の方が替わって選任された。五十の支部については十二の支部で新しい支部長が選出された。評議員は理事会において五十七名の方が推薦されて会長が任命し、猟能研究部委員は十名の方が会長から委嘱された。21世紀にまたがる二年間、当会はこの新しい役員の方々によって運営がなされる。

春季展が中盤を迎えて活況を呈している。昨年に比べて出陳数は全国的に増えているという。三月末日までの一胎子犬の登録数もわずかではあるが昨年同期より増加していることは喜ばしい兆候である。乗じて会員数も追随すればと思う。

日本犬最優良称号（チャンピオン）の認定制度が改正されて実施された。この制度が最初に施行されたのは昭和三十六年（一九六一）のことである。この時、実施に際して、犬界の通用語となっているチャンピオンは異称として用いることにした。と記されているが、アルファベットでCHとしただけで通常的にはチャ

（平成12年2月25日　発行）

ンピオンと言われることは少なかった。日本犬ゆえということであったのだろうが、規程改正で取得することが容易になって今年すでに九頭が申請されている。日本犬チャンピオンという言い方も違和感のない時代になっていると思う。

北海道で有珠山が噴火した。大阪では先の知事が不祥事で辞職し全国で初の女性知事が誕生した。小渕内閣総理大臣が病に倒れ内閣は総辞職、森喜朗連立内閣が発足した。国土庁は今年の公示地価は九年連続で下落していると発表した。世間の動きには筋書きはなく思いもかけぬことが起こるものだが桜の花は変わりなく今年も美しく咲いた。

(平成12年4月25日　発行)

123　平成12年（2000）3号

新緑の五月末の日曜日、本部主催の猟能研究会が山口県周東町で開催された。この催しは日本犬が保存される原点に数えられる本質的能力を呼びおこす試みとして、昭和六十一年（一九八六）に実猟部という名称で発足した。その後平成六年（一九九四）猟能研究部と名称を改めて中・小型犬の本質の維持と向上のための研究機関として活動している。この行事への一般の会員の方々の関心は薄いようで参加は少ないが、研究会で見せる犬達の動作は普段の生活の中では見られない発見がある。

日本の犬達が犬舎飼いになって以来外へ出るときはリードのひもが付いている。放されることのない犬にとってはいつも飼育者が御してくれるという安心感があるのだろう。いざ放されると初めての犬はとまどいを見せる。現状を早く理解する犬もいればそうでない犬もいる。訓練所の中とはいえ猪を初めて見る犬がほとんどである。が、多くの犬は野生の遺伝子がそれを呼びさますのだろうか、猪に対する態度は時間の経過とともに関心を見せて興味を示すようになる。過保護ともいえる現代の飼育環境の中で日本犬を考えるよい催しである。飼育犬のいつもと違った一面が見られるこの研究会は、連合会を巡回して年一回開催している。近くで開催の節は参加をお薦めしたい。

今年も梅雨の季節を迎えた。このうっとうしいと思える季節の頃から秋へかけては繁殖のシーズンで出産数は増加する。次回の４号から交配・出産の報告欄が設置されることになった。繁殖により絶対数を増やすことが日本犬の将来を約するもので、多くの会員の方が作出されることを期待したい。今春季展の出陳総数は平成八年以来四年振りに一万頭を越えた。各会場は盛況だったようで秋季展もまた楽しみである。

（平成12年６月25日　発行）

124　平成12年（２０００）４号

平成十二年度春季の支部展、連合展の結果がまとまった。出陳総頭数一〇二一八頭、内訳は小型犬七六二三頭、中型犬二四七九頭、大型犬七頭、参考犬一〇九頭、棄権は一八九七頭、欠席は一八八〇頭で、最終評価を得た犬は六三三二頭、本部派遣の審査員は延べ一六三名であった。

今月号から交配と出産の報告欄が開設された。この欄は日保の伸展期の頃会員間の交流のために昭和四十八年まで設けられていたが、以後中止されていたものである。二十七年振りに復活を決め、六月発行の三号に掲載要項を発表した。今月号への掲載申請は少なかったが、この欄を活用して会員間の交流が活発になればと思う。

気象庁は今年は全国的に早く梅雨が明けた。と発表したが、西日本の一帯では例年より降雨量が少なく水不足が心配されている。三宅島の火山の噴火、伊豆諸島の連日の地震活動と、自然界の営みは人が計り知り得ることができない動きをみせて厳しい。

どんな結果が出るのかと関心のあった第四十二回衆議院議員の選挙は、自民、公明、保守三党により第二次森連立内閣を発足させた。九州・沖縄では主要国首脳会議（サミット）が開かれ先進国の首脳が集まった。

これにあわせて新額面紙幣では四十二年振りという二千円札が発行された。現代の最高の製造技術を駆使し偽造防止対策も万全のハイテク紙幣だそうである。梅雨明けと同時に猛暑である。思考も鈍りがちだが、我が家の犬達は悩みなどというものは持ちあわせたことはないのだろうかと思うほど活発で励まされること大である。

（平成12年8月25日　発行）

125　平成12年（2000）5号

今年の夏は全国的にどこも記録を更新するような暑さで九月になってもずうっと残暑が厳しかった。東京都心では真夏日が過去最多の六十七日を数えたという。暑い夏の日は年々増すようだが十月に入って朝晩やっと初秋の涼気が感じられるようになった。

六月の審査部会で阿部賢二新審査部長が誕生し、審査部運営・企画委員は十四名中六名の方が替わって選任された。秋季展は新しい体制のもとで行なわれ中盤を迎えている。春季展に比べ秋季展の出陳数は例年十二〜三％の減となる。これは春先の子犬の出産数が少ないのが要因で、幼稚犬、幼犬の出陳数に響いて毎年のことである。オーストラリア、シドニーで一九九カ国・地域に加え、一部個人参加のもとオリンピックが開催された。気候は日本と反対で早春というが、経度は東京と十度程の違いで時差は二時間、実況でテレビを見られるのでついついといつまでも見てしまった。期間中の九月末、休暇を利用して隣の国へ行った。オリンピックの放映を見たが写るのはその国の得意種目ばかりである。日本でも日本選手の競技を中心に番組を構成しているのだから仕方はないが見ていても興がわかず感激がない。平和な日本で生活して思うがオリンピックほど自分の国を意識させる催しはないだろう。展覧会も似たようなことがいえて特に全国展では多くの人達の目は地元の犬、知りあいの犬、好きな系統の犬に目が行くようである。雰囲気も支部展に比べ格段に異なり緊張の度合も違う。出陣までのそれぞれの日々は厳しいものだろうが、リングに立てば何ともいえないほどの壮快さがあるだろう。

全国展に集まる皆さんが犬を通して友好を深め楽しいひとときを過ごして欲しいと思う。

(平成12年10月25日　発行)

126　平成12年（２０００）６号

西暦二千年の師走。年度末の会議の初日、名誉会員岡野愛太郎先生の訃報が届いた。審査員として又、本部役員専務理事として、昭和六十一年秋の全国展不祥事件ではその後始末に奔走され、副会長就任後は全国展覧会の再開に力を注がれるなど、大変な時期の運営にあたられた。日本犬に尽くされたその功績は大きく、名誉会員に推薦された。引退後の悠々自適の余生は手本にしたいほどで、同級生であったという奥様との生活振りははた目で見ても羨むほどの仲睦まじいものだった。

様々な歴史を描いて日本犬界の二十世紀が暮れる。二十一世紀は目前である。この新しい世紀元年は日本の元号でいうと平成十三年。この新しい年から主務官庁の文部省がその名を文部科学省と改称する。中央省庁等改革に伴うもので定款変更の申請手続の要なく文部大臣の呼称は文部科学大臣となる。名称は変更されても当会との関係は従来通りで変わらない。その昔当会草創の頃当時の人達は純粋度高い犬を作ることにこだわり保存することに心血を注いだ。現代は犬も増え流通もよくなって作るよりも系統を選び個体を見て買う人が多くなっている。この傾向は犬だけではない。経済社会一般の風潮で、生活に必要なものは作るより買って済ませるという時代になっている。犬の良し悪しは金額の多寡ではないから見る目があればいいが、家へ帰ってよく見たらアレってなことは多い。犬は買えるが見る目は買えないもので失敗を重ねて目は肥えていくのだが、趣味の世界は往々にしてこんなことを年柄毎日繰り返しているのである。世はIT革命などと尻をたたくが人間の意識感覚は機械ではない。この道を楽しく過ごすには己をしっかりと管理して眼力を養う以外にない。二十世紀も二十一世紀も同じである。来年もよい年になりますように。

（平成12月25日　発行）

127　平成13年（2001）1号

平成十二年度秋季四十八の会場で開催された連合展・支部展と神奈川県中井町で行なわれた第九十七回全国展覧会の結果がまとまった。連合展、支部展の出陳数は八三九七頭、最終評価を得た犬は五二五四頭で本部派遣の審査員は一四九名であった。全国展の出陳総数は一一〇〇頭で最終評価を得た犬は七一五頭、各型犬賞は一二六頭が受賞した。担当した審査員は四〇名であった。

二十一世紀が幕を開けた。新しい世紀とはいってもいつもと同じ正月の風景ではあるが、昔からの伝統的な正月らしい行動様式や風習などは年々少なくなっている。さみしい気もするが日本人の精神構造が変化していることに伴うもので仕方がないのかも知れない。

二十世紀の初め機械文明が発展を始めた頃には、百年後の世界などと盛んに見えない未来を予測したというが、今は数年の先さえ予想がつかないほどの急激な進展振りである。地球の温暖化もこのまま進めば自然破壊は必至であるなどと悲観的な数値も出されているが、こんな推論をみるとわが愛する日本犬達の将来にはどんな影響と試練が待っているのだろうかと心配になる。反面ＩＴ関連の機器などはもっと使い易いものができて日本人の暮らし振りは随分と変わっていくことだろう。

日常生活の中では和風の占める割合は減るだろうし、日本古来の伝統的様式美はこの先その姿を益々少なくしてキモノ姿などは珍しい装いとなっていくのだろう。いつの日か日本人はこんな生活をしていました。と、今の生活振りが伝えられる日がくるのも遠い日とは思えない。時代は刻々と進み生活環境は変わっていくが、二十一世紀の初頭にあたり日本犬の本質は不変であることを願い、そのよさをこれからも会員の皆さんとともに追求していきたいと思う。

（平成13年2月25日　発行）

128　平成13年（２００１）２号

暖冬の予想が外れ今年の冬は記録的な寒さだった。積雪も多く雪国は大変だったようである。季節は巡り桜は変わりなく咲き出した。四月に入ると全国一斉に狂犬病の予防接種が実施される。日本では根絶されてはいるが怠らないようにしたい。

ヨーロッパで牛や豚などひづめが偶数の偶蹄類の急性伝染病、口蹄疫が広がっている。あおりをうけて百年を越す歴史を持つイギリスのクラフト展が中止された。二万頭余の犬が参加して四日間の日程で開催されるこの世界最大規模のドッグショーには柴犬や秋田犬も出陣をしている。人には感染しないというものの早く収まって欲しいものである。

昨年末以来話題になっていた九州のニホンオオカミの撮影騒動は三月になって、「私が放犬した純血の四国犬です……」という張紙が大分県の山中で見つけられたという。一部にはこの張紙の真贋を問う声もあるというが、これ以前に、動物が子孫を残すために必要とする絶対数を考えれば、存在すること自体がまず無理なことであろうと思う。心情的にはロマンをかき立てる話で本当に居たらいいなとは思う。が、マスコミは斯界の学者の話を折り交ぜてオオカミと断定しないまでも、におわせる物言いである。はっきりとした根拠のない報道でも一般的には信じられる傾向があるが、どうもこの辺りで幕らしい。

政府は月例経済報告で戦後初〝穏やかなデフレである〟と発表した。物価は安定しているが全国平均の公示地価は十年連続して下落、スポーツ界ではスポーツ振興と銘うってサッカークジの販売が始まった。アメリカではイチロー、シンジョーが野手として日本初の大リーガーとなった。先駆けをした野茂は今シーズン初の登板で史上四人目となる両リーグでのノーヒットノーランを達成、今年は大リーグがおもしろそうだ。

（平成13年4月25日　発行）

129　平成13年（2001）3号

自民、公明、保守三党が連立して小泉内閣が発足した。史上初めて五人の女性閣僚の起用など国民の関心は高く、全国の世論調査の結果によると過去最高の支持率であるという。

春季展が終った。昨春季展に比べ出陳犬は七四一頭少なかった。詳細は次回の展覧会号に記すが、審査に対する風当りの多いシーズンでもあった。席次の不満は一席犬の所有者以外は誰でもが多少の感情を持つのは仕方がないとしても、審査以前に、審査に対する不信感を持っていたらどんなに良い審査がされたとしても、固定的な観念が先行しているからその結果に満足感を得ることは難しいだろう。日保が審査員を派遣している外国でも、台湾では担当する審査員に対し個々の犬に対する事前の情報を知らせないために、出陳目録は展覧会後になって渡される。先般行なわれたアメリカ東部のシバクラシック二〇〇一では、担当の審査員は展覧会の前日はホテルに缶詰だった。事程左様に勝ち負けに関する懐疑の意識は洋の東西を問わずどこにもあるということで、日本人も外国人も考えることに違いはないようである。忙しい毎日は誰でもが同じだとは思うが、今シーズンは次々といろいろ様々なできごとでせわしなかった。

五月の連休は梅雨に備えて年中行事の犬舎の掃除、綿毛の除毛など気分転換を兼ねて手間ひまをかけて遊んだ。犬が生活する中で基本的な持ち物といえば、エサと水の食器と引綱の三点程度である。簡単でいい。

人間社会のようにあれもこれもと物に囲まれてしまうほどの欲望に振りまわされることもない。犬の暮らしの幸、不幸は飼い主次第といえるが、我が犬達の安閑とした暮らし振りを見ていると、こんなシンプルなライフスタイルが実践できたら何とも身軽でいられるだろうな、などとある種、羨望の気持を抱かされた連休の始終であった。

（平成13年6月25日　発行）

130　平成13年（2001）4号

平成十三年度春季の支部展、連合展の結果がまとまった。出陳犬総数は九四七七頭、内訳は小型犬七一三八頭、中型犬二二二九頭、大型犬九頭、参考犬一〇一頭、棄権は小型犬一五二二頭、中型犬一六八頭、欠席は小型犬一三七六頭、中型犬三六一頭で最終評価を得た犬は五九四九頭であった。本部から延べ一六一名の審査員が派遣され審査にあたったが、昨年の春季展に比べ出陳犬申込総数は七四一頭少なかった。

ＩＴ革命の波に乗り遅れまいとついにパソコンを買った。購入に先立って地域が主催する女子大学のパソコン教室で五十の手習いと相なったが、教わったその時は理解できたと思っても初めて犬を飼ったときのようなもので実際は五里霧中、結局何もわからず仕舞だった。手元にパソコンを置いてから今度は別の所で講習を受けた。マニュアルを読みながらの亀の歩みではあるが、いじり回している中にやっと幾らかわかるようになった。犬を飼うのと同じで理屈より実践である。毎日を目的意識を持って向かいあう以外に上達の道はないようだ。

秋季の展覧会の日程が発表された。九月に入ると秋季展が始まる。この夏の記録的な猛暑を如何に快適に過ごさせることができたかが秋季展の結果につながってくるだろう。何の道でも同じだろうが地道に数をかけた人にはかなわないものだ。知識が詰まって豊富である。

犬を知る一番の方法は繁殖である。繁殖は子犬を作って育てることだけではない。その数が多ければ多いほど犬を見る目が養えるものである。種犬の選定にしても多数の雄犬達を研究することで犬を見極める力がつくし、子犬の行った先々の結果をみることは犬を知る上でとても大切なことで参考になる。繁殖数の多い人の目は強い。

(平成13年8月25日　発行)

131　平成13年(2001)5号

アメリカで旅客機による同時多発テロが発生した。刻々と伝えられる情報はその対応を含めて恐ろしいの一語である。10月28日に予定されていた米国柴犬愛好会展の開催は審査員の安全を考慮してその派遣を見合わせた。

国内で狂牛病が発生した。感染源と思われる肉骨粉は様々な用途で使われていたようだが一時的に全面禁止された。報道で知る限りでは犬には影響は及ぼさないようである。とは言え、はっきりした発生源がわからないだけに不気味なことである。

展覧会シーズンに入った。本部には多種多様なそれも審査に関する話題で事欠くことがない。展覧会の出発点は日本犬の保存ということを一義に、作出の成果を多くの人に見てもらうということにあった。が、いつの頃からか勝ち負けを重視するようになって審査に対しても批判的行動がまま見られるようになっている。展覧会に出陳する人達は研究心旺盛な人が多く必然に審査に対する目は厳しいが、展覧会は日本犬標準により審査がされることが大前提にある。いつもいわれている審査眼の統一は至極当然のことだが、審査員がいかによい審査をしたと自己判断をしても、出陳者や参観者が納得しなければ評価をしてもらえないつらさがある。そこで時として審査に対してアピール行為が問題になるのだが、「審査の方法と結果については絶対に異議をいえない。」という展覧会規程第八条がある。アピールは許されない行為ではあるが、審査に関する疑問点については抗議ではなく結果確認の質問程度であれば問題はないだろう。

展覧会は主催者、審査員、出陳者がルールに従って進行して成立つもので、その基本になるものは公正な審査であり出陳者のフェアな精神である。現代の多くの犬達のレベルは高く、意味合いは違うかも知れないが、金子みすゞの詩のように「みんなちがって、みんないい」といえるだけに審査は極めて難しい。

（平成13年10月25日　発行）

132　平成13年（２００１）６号

二十一世紀最初の年の瀬、今年ほど情報化社会の中に置かれた自分というものを感じさせられたことはなかった。パソコンを覚えなければという半ば強迫観念にせまられて、いくらかはできるようになったが遅々として上達しない。好きなことならば雨が降ろうが、何と言われようが夢中になって今頃はかなりの使い手になっているのだろうが、習い事はそう簡単にいかないのが常である。あきらめずに続けなければと思う。

三重県で全国展が開催された。不景気感が漂う中で一一〇〇頭を越える出陳頭数は日本犬に対する情熱と計り知れないばかりのエネルギーを感じる。中でも紀州犬の出陳が多かったのは地域の特徴ともいえる現象であろう。全国から集まった精鋭が恵まれた清爽な環境の中で競う姿は、地元支部の適切な活動と好天に恵まれて、新しい世紀の最初の展覧会にふさわしい心に残るよい展覧会だった。全国展も終り、皆さんそれぞれに今年一年を振り返って新しい年へ向けて新たなる抱負を固めていることでしょう。一年も過ぎてしまえばあっという間のような気がする。会誌二号で今年の大リーグはおもしろそうだ。といったが、本当におもしろかった。日本人選手達の活躍はもちろんのことイチロー選手のア・リーグの新人王、最高殊勲選手のタイトルは大リーグでも二人目というからすごい。この刺激を受けて日本人選手の大リーグ入りも増えていくことだろう。国会では国民の高い支持率の中で小泉首相の構造改革の主張が続いている。経済産業省は十二月に入り景気は低下傾向と発表、失業率は依然五％を越えている。来年はどんな年になるのだろうか。

こんな世相の中十二月一日、皇太子殿下ご夫妻のところに内親王様が誕生、敬宮愛子さまと命名された。明るいニュースであり慶事である。

会員の皆さんとご愛犬にとって、来年もよい年でありますように。

（平成13年12月25日　発行）

133　平成14年（２００２）１号

一昨年、昨年とわずかずつではあるが二年連続して登録数が増えている。登録数が一番多かったのは一九八二年（昭和五十七年）で、その後徐々に減って平成十三年度の登録数は三二六二二頭である。登録数が多いときは繁殖の意欲も旺盛なのだろう、その頃の会員一人当りの年間の登録数は三・九頭ほどを数えていたが、ここ数年の登録数は二・五頭ほどである。単純な数字ではあるが、登録数の多いときに比べると作出の意欲も低下していまひとつというところである。登録数は減ってきたとはいえ、日本国内の柴犬の登録数は他団体のものも含めて常に上位を占めているが、紀州犬や四国犬の現状は厳しい。昨年の登録数はあわせて二一五六頭で柴犬の七％ほどの数である。このままでは血統的にも行き詰まってくると思う。でも展覧会への出陳に関しては、過去五年間の平均をみると全国展への出陳対比は柴犬六・五に対して中型犬三・五で、登録数の比率からみると高い数値を示している。これが支部展になると、柴犬は幼稚犬、幼犬の出陳が多く七・五対二・五位いの割合になる。街には西洋犬が増えてはいるが、日本犬だけが持つ特有の魅力を前面に押し出して行くことが将来の発展につながっていくだろうし、会員の皆さんも今年は繁殖を心掛けて日本犬の数を増やして欲しいと思う。

平成十三年度秋季に四十九の会場で開催された連合展と支部展、三重県伊勢市で行なわれた第九十八回全国展の結果がまとまった。連合展、支部展の出陳総数は八七八八頭、最終評価を得た犬は五三六四頭で本部派遣の審査員はのべ一五六名であった。全国展の出陳総数は一一一三頭で最終評価を得た犬は六四五頭で各型犬賞は一二六頭が受賞した。担当した審査員は四十名であった。

春季展要項が発表された。今年は役員改選の年であり、新しい執行部のもと気分を新たにして展覧会が開催される。厳しい中にも春の日差しのような麗らかな雰囲気であって欲しい。

(平成14年2月25日　発行)

134　平成14年（２００２）２号

今年は二年に一度の役員改選の年である。一月中に全国五十の支部が総会を開き、十六支部で新しい支部長が選出された。二月には本部の定時総会が開かれ、役員の人数を一名減らして二十二名とし、内五名の方が新たに選任された。評議員は理事会において五十の支部と八連合会から各一名の五十八名の方が推薦されて会長が任命し、猟能研究部委員は十名の方が会長から委嘱された。この新しい役員の方々によって二年間、当会の運営がされる。

欧州の単一通貨ユーロの流通が一月から開始された。ドイツ、フランスなど十二カ国の異なった国々が経済圏を一つにして同じお金を使用するという、歴史的にみても画期的なことである。加盟した国々では国毎に換算レートを計算する手間も省けて都合のよいことと思う。

米国ソルトレークで七十七の国と地域から選手二五〇〇名余りを集めて冬季オリンピックが開催された。

日本のメダルは二個だった。話題になったのは薬物使用やフィギュアなどの採点不正疑惑のジャッジについてである。基本的な採点基準は当然のこと規定されているだろうが、審査員の主観が優先するのか、思惑が先んずるのか物議をかもした。人が採点する以上懐疑の念は尽きることはないのだろうが、競技者にとっては許されざる行為であり、何事も公明正大でなくてはならないと思う。

今年の冬は全国的に暖冬で三月に入ると更に記録的な気温となって東京の桜は彼岸前に満開となった。四月一日からは銀行などの定期性の預金についてはペイオフ解禁となり、公立の学校では完全週休二日制となった。私立学校では足並みをそろえていないというから、先々どんな違いがでてくるのだろうかと思う。

四月、五月の初夏の頃の子犬の少ない時季にあわせて繁殖をしようと、一月に中型、二月に小型を交配した。中型はできなかったが小型は五頭出産した。どんな犬に成長するのか楽しみである。

（平成14年4月25日　発行）

135　平成14年（2002）3号

サッカー・ワールドカップ（W杯）がアジアで初めて日本、韓国の共同開催で始まった。サッカーは見方によってはオリンピックをしのぐほど世界的に関心を持たれているスポーツである。三十二チームによって一ヶ月余にわたる熱戦がキックオフとなった。

子供達の学校の成績表が相対評価から絶対評価に変わるという。クラス内を比較してつけていた相対評価から新しい制度への移行で教育現場は大変なようである。

日保では優良、特良などが絶対評価で、各クラス毎の席次が相対評価となる。現在出陳している多くの犬達は基本的な条件をクリアーしていて絶対評価は優良が多い。ときとして問題となるのは相対評価の席次である。審査に対する統一論も加味されて論議されるが、これはどの犬種団体にとっても永遠の課題で昔からいわれていることである。日保のように絶対評価に加えてすべての出陳犬に相対評価の席次をつけている団体もあれば、席次は上位数頭のみしかつけない団体もある。世界的にみれば後者が多い。出陳犬のレベルが向上し伯仲して優劣が少ない現在の展覧会の相対評価は審査員も大変だろうと思う。

春季展が四十九の会場で開催された。審査出陳犬数は九二九八頭で昨春季展に比べ七八頭少なかった。一胎子犬の五月末日までの登録数は昨年同期に比べ五九一頭増えている。少頭数ではあるが三年続けての増数である。この分でいくと今年も登録数は増えそうで連動して新入会員も増えている。先輩会員の方々には支部活動の中などで日本犬の飼い方や楽しみ方を伝えていただけたらと思う。反面、継続会員の減員傾向は未だ続いている状況である。

気象庁は今年三月から五月までの平均気温は全国的に平年を上回ったと発表した。この分だと梅雨どきの気温も高く湿度も高いだろう。ご愛犬の健康管理は充分に考えてやってほしい。


（平成14年6月25日　発行）

136　平成14年（２００２）４号

夏、暑いのは当たり前のことだが、年々の気温の高さは、温暖化現象の影響によるものなのだろうか。去年は記録的という暑さだったが、今年はそれにも増して暑いように思う。でもあとひと月もすれば、この暑さも懐かしく思えるほどになるのは決まっていることだから、犬の健康さえ気遣ってやることができれば、どうってことはない。あとしばらくの辛抱といったところである。

ヤセ薬で大変なことが起きている。中国産に加えて、アメリカ産のものまであるそうな。美しくなりたい、カッコよくなりたいは世の常だが、命と引き換えでは元も子もない。

平成十四年度、全国の四十九の会場で開催された春季の支部展・連合展の結果がまとまった。出陳犬総数は九三六三頭で、内訳は小型犬七〇四一頭、中型犬二二五三頭、大型犬四頭、参考犬六五頭、棄権は小型犬一四五八頭、中型犬一二七頭、欠席は小型犬一三〇六頭、中型犬四一一頭で最終評価を得た犬は五九九六頭であった。本部から述べ一五七名の審査員が派遣された。

このところ出陳犬の欠席率が話題になっている。30％を越える支部があるかと思えば、10％以下の支部もある。「無理な出陳勧誘があって困る」といったことや「欠席数が多過ぎる」という批判の電話が本部に入ることもある。出陳数は運営に当たられる方々の努力によるものが大きいが、欠席率を低くするよい方法はないものだろうか。

九月に入ると秋季展が始まる。全国展はみちのく宮城県において、昭和五十九（一九八四）年以来の開催となる。支部展では平成十二年から休催していた秋田支部がこの秋から再開し、五十支部すべてが開催する。参加者の皆さんが展覧会っていいもんだ、と思えるような雰囲気を、運営者・審査員・出陳者が三位一体となって作りあげていただきたい。

上段の絵、奈良の中西誠審査員に描いていただいた。画家であり自らデザイン会社を経営されている。以前から会誌の余白、空欄を満たすカットの製作をお願いしていた。恵送賜った数点のカットは、順次使用させていただくのでお楽しみに。

（平成14年8月25日　発行）

137　平成14年（２００２）５号

国民すべての個人情報を管理する「住民基本台帳ネットワーク」が稼働を始めた。参加を見合わせている自治体もあるというが私の所にも十一ケタの番号が届いた。

暑かった夏も彼岸を境に終息し、夕暮れも一日一日早くなっている。夕やみの中の運動もセミの声に変わって虫の音が心地よい。小泉首相が政権発足して一年半、日本の首相として国交のない北朝鮮を初めて訪問した。拉致問題の解決や国交正常化に向けての一歩を踏み出し、九月三十日には内閣を改造して第二期の政権を発足させた。

秋季展が佳境に入っている。このところ毛色をよく見せるために被毛に染色をしている人がいるという話を聞く。洋犬種の中には染色は自由というところもあるというが、日本犬はあるがままの自然の姿を大切にする犬種であって、いかによい成績をとりたいからといっても人工的作為は許されていない。展覧会は日本犬を極める手立てのひとつとして会員の皆さんが研さんしながらも勝負を楽しむ場でもある。勝ち負けにこだわる余りに、してはならないことをしてしまうのかも知れないが、恥ずべき行為の何ものでもない。先頃来、食肉関連の問題が次々と報じられているが、北海道と埼玉のスーパーで産地偽装が発覚した。購入者に代金の返済をすることにしたところ、払い戻しの金額が販売価格の三倍以上になって中止したという。道徳も地に堕ちたものである。このことと日本犬の人工作為を同列には論じられないが、自分だけがよければあとは知らない、という思想はいただけない。種の健全な保存という意味あいを深く考えてもらいたいものである。完成度の高い犬が多くなっている昨今の展覧会での高位入賞は至難となってはいるが、してはいけないことはやってはならないと心したい。

本部所在地の千代田区で喫煙者のマナーには期待できない、という理由から全国で初めての「路上喫煙禁止条例」が施行された。禁止地区は区内の八ケ所だが本部のあるお茶の水周辺地域も含まれている。今後本部へお出でになるときは路上でタバコは吸えません。ご注意のほど。

(平成14年10月25日　発行)

138　平成14年（2002）6号

昭和五十九年以来十八年振りにみちのく宮城県での全国展が、審査犬九〇四頭を集めて開催された。国内はもとよりアメリカ、カナダを始め、スペインやスエーデンなどヨーロッパからも参観者があった。日本犬も国際的な広がりを見せ、特に柴犬の人気は確実に高まってその数を増やしている。新しい年もすぐそこで来年はヨーロッパの国から審査員の派遣要請も届いている。実現すれば日保の審査員がヨーロッパで初めて審査する最初の展覧会となる。欧米人は虫の声を聞いて雑音に感じる人が多いというが、日本人はこれを風流という。この差異は生活環境による文化の違いというものだろうが、四季の自然のうつろいの中でＤＮＡの中に組み込まれた繊細な感情は日本人が持つ美意識の一端ともいえるもので、日本犬にもこれを求めて構築してきたのである。日本犬の微妙な表現を看取することは日本人の間でも仲々に難しいものがあるが外国の愛好家達にも日本犬のよさをどんどんと吸収してもらいたいと思う。

今年は登録頭数が昨年より増えている。事業年度は十二月末だから締めてみないと正確な数値は出ないが推測で五％程度は増えそうである。三年続けて登録頭数の増加は喜ばしい。登録頭数が増えると連動して新入会員が増える。子犬は可愛いし将来へ向けての夢も膨らむ。新しい会員が日本犬飼育のだいご味を充分に味わえるよう先輩会員の方々には程よい交流をしていただきたい。新しい会員の皆さんが愛犬を伴って展覧会へも参加される機会があると思うが、最初に受ける雰囲気は大切である。犬を通して楽しい社交の場になるよう願ってやまない。

今年一年を振り返って事務局に来る相談事で深刻なのは咬傷などによる損害賠償のことである。日本人の権利意識は年々高くなっているが損害を与えた方も与えられた方も初めてのことが多いようで飼主は動転し困惑するばかりとなる。損害保険は飼い犬が他人にケガをさせたり何かを壊してしまったときのためのもので個人賠償責任保険などと称しているが、保険料もわずかだから安心料として加入されたらよいと思う。

今年もあと数日。新しい年はどんな年になるのだろうか。

来年もよい年になりますように。

（平成14年12月25日　発行）

139　平成15年（２００３）１号

三年続けて柴犬の登録数が増えている。関連する出版物も多く見かけることから今年も柴犬の登録数は伸びると思う。比べて中型犬の登録数はこの十年間で半減した。主に紀州犬と四国犬であるが、昨年のこの欄へ現状は厳しい、と書いたが好転しない。中型党の皆さんには更なる奮起をお願いしたい。

当会の事業・会計年度は一月から十二月末日となっている。この一号までは今年の会費が未納でも送付しているが、三月末日までに会費が入らなければ自然退会となる。年度変わりのときになると退会届が何通か届く。理由の中には「日本犬を長い間楽しみましたが寄る年波には勝てず……お世話になりました」等と書かれているのがある。書き記された文章を拝見するとグッとくるものがある。誰もがたどる道すがらなのだが、元気で犬が飼えるということはとても幸せなことだと思う。

二十一世紀になって三度目の新年を迎えたが依然として経済は上向かない。昨年の冬は暖かかった。東京では彼岸前に桜が満開となったが今年は予想に反して厳しい寒さである。スポーツ界ではアメリカ大リーグが日本で開幕試合を行うといい、ニューヨークヤンキースに松井が入団した。相撲界では横綱の貴乃花が引退し入れ替わってモンゴル出身の朝青龍が昇進した。両者がどんな活躍を見せてくれるのか、興味はつきない。外国へ出る者がいれば来る者もいる。今年も一年間いろんなことがあるのだろう。

平成十四年度秋季展の成績がまとまった。十一年の秋以来五十の支部すべてが八つの連合展を併催して開催した。出陳総数八六〇〇頭、最終評価を得た犬は五三七七頭で本部派遣審査員はのべ一四九名であった。全国展は九〇四頭の審査犬を集めて宮城県で開催された。最終評価を得た犬は五九九頭で、各型犬賞は一六頭が受賞した。担当した審査員は四十名であった。

平成十五年の春季展の日程と担当審査員が発表された。今シーズンから運営面では日保本部賞の授賞基準が改正された。審査については被毛の着色や染毛等の不正行為を無くすためにチェックをすることになった。違反者は懲戒される。日本犬は自然のままの姿が美しい犬種なのである。


（平成15年2月25日　発行）

140　平成15年（2003）2号

日保本部賞の贈与基準が改正されて春季展から実施された。午前九時受付終了時の出・欠の集計数で授与数を決定する。混乱もなく遂行されているようである。並んで審査の一環として被毛の着色や染毛等の防止のためのチェックが取り入れられた。今のところ発見されたという報告はない。

東京では彼岸に入ってようやく春らしい陽気になった。いつもの運動コースの中で数日前からどこでなくのかウグイスがもどかしいさえずりを聞かせてくれる。冬の間住まいの小さなベランダに来てみかんや蜂蜜を食べていた目白やひよどりは山へ還ったのか、いつしか姿を見せなくなった。季節は変わりなく移ろうが都心にいても朝夕の運動の中で自然の営みを感ずることは多い。近頃は犬も唯のペットでなく格上げされたというか互いの飼い主が○○ちゃんのママとかパパと呼んで会話を交わす。愛犬雑誌も柴犬に洋服を着せたり旅行の伴をさせペット可のホテルの案内等も掲載している。飼育形態の流れは時代とともに変化をみせていくのは仕方のないところだろうが、飼育の多様化というより二極化と言ったほうが適切な表現かも知れない。使役犬として犬質の向上を一途に追及して飼育している人にしてみれば複雑な思いが交錯するのはいうまでもないことである。テレビも犬を題材にした番組やコマーシャルが多くなってきたように思う。人気犬種は次々と移り、変わった犬種が登場する。人が持っていないもの、変わって珍しいものを欲求するのは人間だけが持つ感情であり欲望である。近頃は黒毛の柴犬に人気がでているらしい。

四月に入り第十五回統一地方選挙が始まった。サラリーマンの医療費の自己負担が二割から三割に引きあげられ、郵政三事業を郵政事業庁から引き継ぎ日本郵政公社が発足、郵便事業に民間企業の参入が認められた。外国では米、英軍がイラク攻撃を開始して地上戦に突入した。春のやさしい日差しの中で展覧会を楽しんだり、犬の運動ができる平和は何事にも替え難いありがたいことである。

(平成15年4月25日　発行)

141　平成15年(2003)3号

弥生時代の始まりが五百年ほどさかのぼって紀元前十世紀頃になる可能性があるかも知れない。と、国立歴史民俗博物館が研究成果を発表した。大昔のこととはいえ今までの定説をくつがえすような新説はこの分野の研究者にとってはとまどうほどに大きな問題だろう。縄文、弥生の時代は日本犬の起原を探るうえでも関連があるだけにこの研究発表はこの後どんな展開をみせるのか興味の持たれるところである。

今年のゴールデンウィークは飛び石状態で名ばかりだった。加えて新型肺炎、重症急性呼吸器症候群(S

ＡＲＳ）の感染域が拡大し、原因もはっきりしないというので海外への旅行は随分と減ったという。今の所日本国内に感染者がでていないのは幸いだが世界経済に与える影響は大きいようである。

春季展が終了した。吹き抜ける風は柔らかく新しく芽吹いた若葉はみるみるうちにその緑を濃くしていく。この緑の中にいると遠い昔の原始の生活の記憶がよみがえるという説がある。遺伝子が働いて思い起こさせるのかも知れないが、こんな現象は日本犬にもあるだろうか。つい数十年前までは放し飼いで自然の中を自由に走りまわっていたのだから、この緑の季節には日本犬達も遠い昔のことを同じように思い浮かべているかも知れない、と勝手に思う。近頃この遺伝子の研究が盛んである。遺伝子については組み替え作物等が問題として取り上げられているが、今では遺伝子を操作することで、それぞれの生体の様を変えることができるのである。日本犬を使う狩猟の形態に昔から一銃一狗という言葉がある。狩猟能力の卓越した優秀な犬は少なく、よい犬は一生に一頭持てればというほどで、猟人は狩猟能力のある犬を大事にして、代々つなげていくことに苦心して「つる」と表現して大切にした。遺伝子の研究が進めば一銃一狗という語句も、長所のみを優先した遺伝子による優秀な犬の出現で使われなくなるかも知れない。姿芸両全の犬も理屈では誕生するのである。つい先日、日本犬の性格の強弱や特殊な病気等々を、遺伝子で研究をしているということを複数の大学の研究者から聞いた。どんな生物もよい遺伝子と好ましくない遺伝子が混在するだろうが、見えない遺伝子で何でも見える時代が来るのもそう遠い日のことではなさそうである。

（平成15年6月25日　発行）

142　平成15年（２００３）４号

平成十五年度春季展の成績がまとまった。全国四十九の会場で支部展が四十一、支部展併催の連合展が八会場であった。出陳犬総数は八六七六頭で、内訳は小型犬六五一一頭、中型犬二一一六頭、大型犬四頭、参考犬四五頭、新しく導入された日保本部賞贈与基準改正に関する、午前九時までの欠席数は小型犬四三〇頭、中型犬一六八頭で、受付はしたが一審を受けず欠席となったもの小型犬六〇〇頭、中型犬一四二頭であった。棄権は小型犬一三九二頭、中型犬一五四頭である。本部派遣の審査員はのべ一五二名であった。日保本部賞の授賞数は改正により五四個増えて三一〇個となった。

昨年の全国展で初めて実施された被毛の着色や染毛等の防止のためのチェックは今春季展から支部展、連合展でも取り入れられその結果二頭が発見された。展覧会はよりよい日本犬を次代に継承するための手段のひとつである。その過程において飼育者は犬を介して人的交流を深め、生活の質を高め、楽しみ、有意義な日々を送る手立てとするものと思う。展覧会で勝ちたいという気持ちは出陳者であれば誰でもが持つ感情で、物事を進めていく原点になることは否めない。勝つための努力は必要であるが、これが過ぎて間違った手法に走ってしまったということなのだろうが、慎まねばならないことである。審査員とてスタンダードに照らして審査をするのが本位であろう。例え不正行為の予防策とはいえ全犬のチェックをしなければならないというのは本来の審査の範ちゅうから外れた作業である。こんなチェックは早く無くしたいものである。

七月も末になるというのに九州南部を除いて未だ梅雨が明けない。関東では原子力発電所のトラブル等で電力不足が懸念されているが、天の配剤なのか、今の所東京は涼しく私の家でもまだクーラーの世話になっていない。夏は暑くなければ社会一般すべてがうまくまわらないのだが自然とは不可思議なものである。

秋季展の日程が発表された。昭和七年（一九三二）に始まった全国展覧会は長い道のりを経て今秋一〇〇回展を迎える。その昔日本犬の保存に理想を掲げてご苦労された遠い時代の先達が今の犬を見たら何と言うだろう。誇れる姿になっているだろうか。かなわぬことだが、問えるものなら聞いてみたいと思う。

（平成15年8月25日　発行）

143　平成15年（２００３）５号

今年の夏はどこへ行ってしまったのかと思う程涼しかった。が、九月に入って厳しい残暑だった。本部事務所前の栃の木の並木道はこの不規則な天候のせいか、どの木も皆葉枯れて、いつもの秋の寂びた黄葉を見ることができなくなりそうな姿である。お米も10年振りの不作といい、自然への影響は計り知れない程になっているという。こんな中で農産物の盗難があいついでいる。汗みずくになって得た実りの品々をどんなつもりで盗むのだろう。許せない行為である。

東海道新幹線に品川駅が誕生した。ひかりに変わってのぞみ主体のダイヤに編成され、全ての列車が時速270キロの走行が可能だという。三十年も前の古い話になるが、新幹線の東京・岡山間が開通したときがある。早速友人と二人で岡山展を見に行ったが車中、便利になったもんだ、と話した思い出がある。昭和五十年（一九七五）には福岡まで通じその二年後、九州で初めての全国展（当時は本部展）が開催された。昔は東京から名古屋の全国展へ行くにも夜行列車を使ったというから、新幹線や高速道路のない時代の人達の展覧会行は大変なものだったろう。今は飛行機もあってどこへ行くのも早いし楽である。その分行き帰りの車中の語らいの時間が減ったのはさみしいとは思う。

全国展が百回を迎え大阪で開催される。第一回展は昭和七年（一九三二）、東京市銀座松屋の屋上で開かれた。東京を初めて離れて開催されたのが第十一回の全国展で、大阪の千里山遊園地であった。大平洋戦争真っ只中の昭和十八年（一九四三）十一月五日である。この全国展を最終に日保の活動は事実上中止されたようで、この記録は未だ不明のままである。本部に残されている戦前の会誌は、昭和十八年九月二十五日発行の第十二巻第六号が最後になっている。戦後の昭和二十四年（一九四九）に再開された全国展は、狂犬病の流行で犬の移動が禁止された昭和二十五年（一九五〇）と、昭和六十一年（一九八六）の不祥事件で二年間の中止を余儀なくされた年を除き、回を重ねて百回である。これを記念して日保のマークの入ったアウトドア風の帽子を作成した。出陳者、関係者に贈呈されるが、希望者には会場で販売する。この帽子、日本犬愛好者にとって貴重なお宝になるだろう。

（平成15年10月25日　発行）

144　平成15年（２００３）６号

昭和七年（一九三二）に始まった全国展覧会は今年一〇〇回の記念展を迎えた。会場は大阪で一一九五頭のエントリーである。大阪での全国展はこれまでに十五回を数える。主なものは昭和十八年（一九四三）千里山遊園で開催された戦争前最後の展覧会、そして昭和四十四年（一九六九）大阪城公園での五十回展と何故か記念すべきときに開催している。

七十年余り昔の第一回全国展を記録した会誌三号の中の会場雑記に〝外國人で熱心に観て居た人も見うけ

た〟との一行を見つけた。どこの国の人達なのか、今となってはわからないが今年も参観のため欧米を始め諸外国から大勢の人が来日された。全国展の前日には本部事務局へもお見えになったグループもあってとても熱心である。近年は小型犬だけでなく中型犬にも関心を持たれるようになって二日間にわたって見学された方々もあるほどである。外国の日本犬の数も年々増えているようで、ここ数年は紀州犬や四国犬の輸出も目立ってきている。日本犬の外国での広がりは別の意味からも楽しみなことで、これからも発展のためのお手伝いをしていかなければと思う。外国からの要請で審査員の派遣をしたのは昭和六十一年（一九八六）が最初である。以来十八年が経ち、のべ九十五名の審査員と事務折衝で三名の役員が日本を飛び立った。この数も年々増えていくことだろう。

今年から本部賞の授賞が公平になるようにと贈与基準が改正され、受付締切時間の九時現在の出席犬数をもとに本部賞数を算出する方法がとられて実施された。従来の基準で換算すると今年一年間の授賞数は春夏あわせて四九八個であったが、改正により一〇八個増えて六〇六個の本部賞が授与された。

今年も登録数が増えている。百歳以上のお年寄りが二万人を超えた現代では子育てを終えて第二の人生で犬や猫を伴にする人が更に増えることだろう。柴犬の需要はもっと広がりをみせると思う。

地上デジタル放送が関東、中京、近畿の三大首都圏で開始され、第四十三回衆院選が流行語大賞にもなったマニフェスト（政権公約）を各党がかかげて行われた。政権選択を焦点として二大政党制の始まりというこの選挙の結果は、第二次小泉内閣の発足となった。今年も一年が暮れる。季節の移り変わりはその土地土地で特有なものがある。犬連れも犬を主体に運動する人と、健康のためにと散歩の伴とする人と、飼育形態は様々である。

十二月に入った早朝の運動、どこからかウグイスのチャッ、チャッという地鳴きが聞こえる。この秋首都圏でディーゼル車が規制されて、東京の空気も更にきれいになって来春のさえずりが楽しみである。我が家も犬四頭、猫三匹がそろって元気で新しい年を迎えることができそうである。来年もよい年になりますように。

（平成15年12月25日　発行）

145　平成16年（2004）1号

新しい年が始まった。正月三箇日は暖かいよい天気に恵まれて、元日に犬を連れて家内と靖国神社へ初参りに出かけた。歩いて行ける距離でよく散歩に行くが、正月のこの日は境内に露店が立ち並び、若い人達や犬を連れた人も多い。目に付いたのは今流行のミニダックスであったが、今年はどんな犬種に目が向けられていくのだろう。柴犬は昨年も数を増やして、三六九一〇頭が登録された。が、中型犬は二千頭を割ってしまった。柴犬は飼育目的もペットから展覧会まで様々であるが、中型犬の飼育用途は狭く運動も女性や子供には一寸、ということもあって専門的な飼育者に限られてしまうのも事実である。近年、一般家庭の飼育犬は番犬としての用途は薄れて、安全ということにも要点が置かれているようで、飼い主に反抗したり恐いと感じさせる犬種は敬遠される傾向にある。日本犬らしさを大切にしながらも作出の根本に良性を心掛けていかないと、これからの日本犬は成り立たなくなるだろう。

この所人間が食用にしている動物に異変がおきている。アメリカでＢＳＥ、アジア各地で鳥インフルエンザ、国内では鯉ヘルペス等、流行り病が相次いでいる。農畜産物の輸入大国の我が国にとって大変なことで、社会的不安を引き起こしかねない出来事である。人間に感染するかも知れないということもあって、心配なことである。昨秋第百回の記念すべき全国展が開催された。第一回から数えて七十一年という永い歳月であったが、全国展を担った人達にとっては様々な思いが去来したことだろう。日本犬の保存事業もこれで完成ということはないし、その時々の人達が精一杯に活動して形作ってきたのである。そして今年は次の百回に向けて始動をする年である。日保の運営も、幅広い会員層の方々の期待に応えられるようにしなければと思う。

平成十五年度秋季展の成績がまとまった。四十九支部が八つの連合展を併催して開催した。出陳総数八〇六三頭、内参考犬七三頭、最終評価を得た犬は五四〇四頭で、本部派遣審査員はのべ一四四名であった。

全国展は一〇〇回の記念展で、審査犬一一九一頭を集めて大阪府で開催された。最終評価を得た犬は七〇七頭、各型犬賞は一三一頭が受賞した。担当した審査員は四十一名であった。

平成十六年の春季展の日程と担当審査員が発表された。今年は五十の支部が全て開催する。役員が改選され新しい執行部のもとで開かれる展覧会が、会員の皆さんの楽しい交流の場になるよう祈って止まない。

（平成16年2月25日　発行）

146　平成16年（２００４）２号

今年は二年に一度の役員改選の年である。一月中に全国五十の支部が総会を開き、十四の支部が新しい支部長を選出した。二月には本部の定時総会が開かれ、役員の定員を前期同様に一名減らして二十二名とし、内二名の方が新しく選任された。評議員は五十の支部と八連合会から各一名の五十八名の方が理事会で推薦されて会長が任命、猟能研究部委員は十名の方が会長から委嘱された。審査部長と審査部の委員は六月の審査部会で選出されることになるが、新しく選ばれたこれらの方々によって向こう二年間、当会の運営がされる。

暖冬傾向が続き東京の桜が彼岸前に咲き出した。桜前線は南から北上するものとされているが、近頃は都市化の影響で自然の営みも部分的に変異をおこしているようである。春らんまんのこの季節、アメリカ大リーグのヤンキースとデビルレイズが東京ドームで開幕試合を行い、消費税は総額表示制が導入された。

新しい日保本部賞の贈与基準のもとで二年目の展覧会が開かれている。四月末日までに四十七の支部が、そして五月に入って三カ所で開催される。出陳犬のレベルは向上し伯仲している。が、完全という犬はいない。この不足する部分を飼育者は補い、完成に向けて補整の努力をすることになるのだが、飼育管理による矯正が可能なものと不可能なものとがある。

つい先日高知競馬で連敗記録を伸ばしているハルウララという話題の馬に中央の一流騎手が騎乗した。そして又負けた。根本的に能力不足なのだろう。でもレース後のこの騎手のコメントは、ちょっと脚が遅いだけ、というものであった。馬に対する愛情を感じさせるもので、負け続けてはいるが、この馬はこれから後も幸せな生活を送れることだろう。

展覧会や競馬、野球やサッカーそして今夏のオリンピック等、暮らしの中には勝ち組と負け組が存在する。勝ち負けは人生の縮図みたいなものがあるから、人はこれにこだわって熱くなるのかも知れない。でも負け組が不幸だとは短絡には論じられない部分があって、結果はそれとして、人は目標に向かって行動しているときが一番ハッピーな心境に浸っているのである。衣食住が足りている現代の日本社会は、横並びの形式主義から個の確立を優先する自分探しの時代に移行する風潮をみせている。将来の目標を持って納得のいく犬を作り出すこと、勝ち負けを超越したそんな飼い方を実践する愛犬家が徐々にではあるが増えているように思う。

（平成16年4月25日　発行）

147　平成16年（2004）3号

梅雨入り前の季節は天気予報が難しいというが、富山での猟能研究会は雨の予報で雨具を用意したもののまずまずの天候だった。この日、五月末だというのに関東以西の各地では三十度を越える真夏日で、今夏は暑いらしいと気象庁は長期予報を出した。

今年のゴールデンウィークは曜日の配列がうまく並んで、休みの取り様では大型連休となった。日保は暦どおりの業務であったが、家内が娘の所へ出掛けて十一日間一人暮らしをした。とはいえ犬や猫がいるので結構忙しい毎日だったが、休みを利用して好きな骨董市巡りをした。東京は好事家が多いのか、年中どこかで何かの催しや市が開かれている。時々出掛けて日本犬に関する古物を捜すものの、お目にかかることは少ない。が、今回ハチ公の小さな銅製の置物を手に入れた。一体となっている台座に照、1933と制作者の文字が刻んである。長さ25センチほどの大きさで左耳は垂れリラックスして横座りに伏せている。八公、照と箱書きもある。照とは安藤照(しょう)のことで一九三四年、渋谷駅の最初のハチ公像の作者で、現在のハチ公は戦後にご子息の士(たけし)さんが制作したものである。この手の買い物はいつも衝動的に買い込んで家に帰って嘆息反省することしきりだが、このハチ公、ひと月が経つが日増しに味わい深く鎮座して、静かにその存在感を増している。まめに動けばたまにはいいものに当たることがあるものだ。

春季展も終わり成績と審査個評の整理の直中である。開催地から送られてくる成績表を見て思うが、近頃は種犬が多様化している。以前は有名犬に集中するきらいがあったが、現代の犬達は質的に向上して完成度が高く平均化していて、突出して人気のある種犬は少ないように思う。繁殖者が思考する中で、それぞれの台雌に適合するだろうという種犬を選定するようになっている。このことは、個性ある質の高い日本犬の作出に取り組む層が増えているということでもある。バブル以来地道な生活を余儀なくされている社会の中で、個性ある本質感のある犬を作るという意識の高まりは、とりもなおさず犬飼の究極の夢だろう。

(平成16年6月25日　発行)

148　平成16年（２００４）４号

平成十六年度春季展の成績がまとまった。全国五十の会場で支部展が四十二、支部展併催の連合展が八会場であった。出陳犬総数は八九一九頭で、内訳は小型犬六八八四頭、中型犬一九六七頭、大型犬八頭、参考犬六七頭。

昨年から導入された日保本部賞贈与基準改正による、午前九時までの欠席数は小型犬四三三頭、中型犬一二三頭、受付けはしたがその後審査を受けず欠席となったもの小型犬七〇六頭、中型犬一三八頭であった。棄権は小型犬一三六三頭、中型犬一二六頭である。本部派遣の審査員はのべ一四九名で、日保本部賞の授賞数は三一二個であった。

とにかく暑い。今年の梅雨は東京ではほとんど雨が降らなかった。甲府では観測史上二番目に高い40・5度を記録したというが、残暑も厳しいと気象庁は予報している。

秋季展の日程が発表された。五十の支部展と併催の八連合会がすべて開催する。九月に入って五日の福島展が最初になるが、九月上旬の展覧会は暑さとの戦いにもなるだろう。今年は早くから台風が上陸したり、北信越地方の大雨による大変な被害等、気候がおかしい。これ以上の天変はお断りである。八月の中旬からアテネでオリンピックが開かれる。スポーツ界においては女性の進出が目覚しくテレビ観戦も倍して楽しめそうだ。日本犬の社会も総じてメス犬のレベルが高くオス犬をしのいでいるように思うが、秋季展にはどんな名犬がみられるだろうかこれも楽しみである。

この暑さいつまで続くのかと嘆息しきりであるが人はまだクーラーがあるからいい。願うは多くの犬達の健康ばかりである。

（平成16年8月25日　発行）

149　平成16年（２００４）５号

大阪や東京を始め全国十数ヵ所の地で今年の真夏日が観測史上最多の日数を記録したという。本当に暑い夏だった。九月五日から始まった展覧会は三週目の十九日までは人も犬も暑さで大変だったが彼岸を過ぎたころから朝夕やっと涼しくなってきた。今年も四分の三の月日が過ぎた。登録数は平成十二年以来五年連続して前年を上まわっている。世のペットブームは続いて犬の輸入も増加して昨年は一万七千頭を越す犬が入国したという。こんな中で農水省は中国やアジアを含めた世界の国々で発生している狂犬病に対し生後十ヶ月未満の犬の輸入を原則禁止することを発表した。狂犬病は人獣共通感染症で世界中で毎年三万五千から五万人が死亡しているとされる恐ろしい伝染病である。我が国でも飼い犬への予防接種が義務づけられているが接種率は低く五割を下回っているというのが実状である。日本犬は輸入されることは少なく輸出されている犬種なので直接的には関係ないように思えるが常に危機意識を持って対応していかなければならないと思う。

オリンピック発祥の地アテネで参加二〇二ヵ国・地域で一万人以上の選手を集めて巨大なオリンピックが開催された。日本の選手団は女性選手が初めて男性選手の数を上まわり大活躍をして楽しませてくれた。メダルの獲得数は過去最高であった。女性の進出は各界で広がりを見せているが日本犬の展覧会でも確実に増えている。以前この欄に書いたが近い将来女性審査員の出現もあるだろうと思う。

プロ野球界では球界の再編を巡り七〇年の歴史の中で選手会が初めてストライキを決行した。アメリカ大リーグではイチロー選手が84年振りに一シーズンの最多安打数を二六二本に塗り変えるという大記録を達成。これを報じる写真の中の一枚にイチロー選手と奥さんの間に赤毛の柴犬が誇らしげに座って写っていた。名前を〝一弓〟と言うそうだがご自分と奥様から一字ずつ取って名付けたようで愛育されている様子が目に浮かぶ。

今年は台風が幾度となく上陸したが21号が九州、四国、本州を縦断するという中、第二次小泉連立改造内閣が発足した。

（平成16年10月25日　発行）

150　平成16年（２００４）６号

もうすぐ新年。去年は冷夏、今年は酷暑、台風が10個も上陸し、新潟県の中越地震、秋には里にクマが次々とでてくるという、まさに異常な気象が続いた自然災害の一年だったといえるだろう。11月の平均気温は全国的に高かったといい今年は暖冬らしい。静岡で開催された全国展も一日目は暑いくらいだった。全国展といえばテントの中は炭火や石油ストーブで暖をとるというのが常だったが、ここ何年も火の気の世話になっていない。12月に入っても本部事務所はまだ暖房を入れていないほどである。暖かいのはありがたいが、四季の移ろいは緩慢になって、本部前の栃の木の並木道もさえない黄葉である。

今年も登録数が増えている。五年連続である。秋季展は50の会場で八一四四頭が、全国展には一一〇〇頭がそれぞれエントリーした。全国展では今年から賞制が一部改正され、成犬組の出陳頭数が多い柴犬は五頭が準最高賞を受賞した。日本犬を飼うようになって随分と展覧会場へと足を運んでいるが、近年富に女性の日本犬ファンが増えている。全国展の入賞を喜ぶ原稿の中には、飼育を始めて間もない人や、女性が上位入賞してその喜びを記したものもある。唯々夢中のたまもので得た無欲への贈り物といえるだろう。一方この社会に長くいる人達は、自分の都合のいいように飼育犬を見てしまうきらいがある。どの犬も良い所と欠点がある。欠点を見つけてはすぐにあきらめてしまう人が多いように思う。オリンピックの水泳選手が発した「チョー気持いい」が流行語大賞になったが、チョー一流犬はめったにはいない。これ以外の犬は毎日の飼育管理に力を注ぐしかない。「努力に勝る天才はなし」というが、現代の犬達の多くは管理次第で高い目標に達することができるほどにレベルが高く、横並びで伯仲していると思う。展覧会を楽しむなら犬が本来的に備えている資質を最大限に発揮できるような管理と努力が大事だろう。

世の中はチョー、スピードの時代は終わり、老人が増えてゆっくりズムのチョースロー感覚の時代へと移行しつつあるように思う。浮世の風はそれとして、年末年始ご愛犬とゆっくりお過ごしください。来年もよい年になりますように。

（平成16年12月25日　発行）

151　平成17年（2005）1号

平成十六年度秋季展の成績がまとまった。五十支部が八つの連合展を併催して開催した。出陳総数八一四四頭、参考犬八一頭、小型犬六二二〇頭、中型犬一八四六頭、大型犬七頭、最終評価を得た犬は五四〇五頭で本部派遣審査員はのべ一四二名であった。

全国展は第一〇一回展で審査犬一〇九五頭を集め静岡県島田市大井川緑地広場で開催された。各々の出陳は小型犬（柴犬）が七五七頭、中型犬（紀州犬）一八三頭、（四国犬）一四九頭、（甲斐犬）五頭、大型犬（秋田犬）一頭であった。最終評価を得た犬は六六二頭、各型犬賞は一三四頭が受賞、担当した審査員は四十一名であった。

この冬は暖冬といわれていたが結構寒い日が続いている。昨年末のインドネシア、スマトラ島沖地震ではインド洋沿岸の国々を大津波が襲い、三十万人余の人々が犠牲になった。現地の動物たちにも被害が及んだことだろうと思うが、人的被害があまりにも大きく動物の動向についての報道は少ない。動物は人間には感知できない特殊なテレパシーで異変を感じ取り、いち早く安全地帯に逃げたのかも知れない。

昨年十一月、二十年振りに一万円、五千円、千円の三種の紙幣が発行された。ハイテク技術を随所に駆使して偽造防止対策がほどこされているというが、今のうちにというのか旧札の偽造紙幣が全国的に発見され、連日のように報道されている。

新しい年を迎えたが、正月になると今年はどんな年になるのかと新たな気持になる。気持は新たになるが、やることは変わらずで朝夕の運動は欠かせない。初参りの人とあいさつを交わしながら思うが、犬とその社会は私を育ててくれた第二の親みたいな所がある。最初の頃、目にした犬が皆よく見えた時代、血統にはまった時代、賞歴を優先し惑わされた時代、そのどの時代も年を経て思うと無駄ではなく知識となって蓄積されている。間違いだらけに歩んだような気持になることもあるが、究極にあるのは自分の目の確かさだけである。犬識を高めるには実践するしかない。が、唯犬を飼い続けても失敗を重ねるだけである。具体的な目標を定めて実践することである。それでよい犬が作れるのかというと保証はできないが、経験を積み重ね数をかけただけ犬を見る目が養われて目も肥える。自分なりに、これだ！という日本犬観がまとまれば人の思惑に左右されることなく自分の犬のよい所を楽しむ余裕ができる。答えはひとつだけではなく楽しみ方はいろいろがいい。こんなことを思い返した正月だった。

（平成17年2月25日　発行）

152　平成17年（２００５）2号

春、四月、国の年度変わりでいろんな制度が新しく施行されている。個人情報保護法、ペイオフの全面凍結解除。雇用保険料率や国民年金保険料の引き上げ等々、直接生活に関連する改正だからだろうか、何故か経済面のお金にからむ制度の変更ばかりが目に付くように思う。このところ年々の暖冬傾向で東京の桜はいつも早く咲いて彼岸の頃には見頃になっていることが多かったが、今年は四月に入ってから咲き出した。自然の営みは時として気まぐれなもので待ち焦がれてやっとという感じである。この季節になると杉や檜の花粉が飛び交うが、今年は昨年夏の猛暑の影響で特に多いといい、家の犬も運動中にクシュンクシュンと咳き込むとこのせいかと思ってしまう。

展覧会も中盤に差しかかったが出陳数が今ひとつ伸びないようである。小型犬はそれなりの頭数が集まるが、中型犬がさみしい。洋犬種を含めた国内の犬事情は様変わりして、純血種の飼育犬の全体の割合を見ると、小型犬が90％位を占める情況である。人口配分が高齢化して、中型犬や大型犬を飼う層が少なくなっているのも一因なのかも知れない。これからはますますそんな傾向が強まっていくと思う。犬好きであれば、歳をとっても側に犬を置きたいと思うのは常の気持ちである。柴犬の登録がここ数年増加しているのも、ひとつにはこんな理由があるのではないかと思う。唯飼育目的がペットだから展覧会へ出陳しようとする意思は薄く、伴として朝夕の散歩や家族との団らんの中での安穏とした生活を過ごすため、というスタイルが増えているのも実情である。勝手な推測だが案外と的を射た分析ではないかと思う。

（平成17年4月25日　発行）

153　平成17年（２００５）３号

ペットフード工業会が昨年10月インターネットで調査したところによると、単身者で犬猫を飼う人が増える傾向にある、ということがわかった。一方全国の世帯で飼育されている犬猫は、推計で犬は約１２４６万頭、猫は１１６４万匹という。このうち室内飼育犬は6割強、猫は7割を越えるという。生活様式が変化して畳の部屋が減りフローリング主体の家が増えて室内の飼育が容易になったからだろうが、この数字は更に大きくなると思う。日本犬はというと、平均的寿命をやや短めとは思うが10歳位と仮説してみると、この間の日保の登録犬数は約36万頭で、他の複数の団体の日本犬の登録数はあわせて約20万頭である。プラスして推計するとその数約56万頭になり日本犬種は全国の飼育犬総数の4．5パーセントほどを占めることになる。この比率をみて日本犬が多いか少ないかということはそれぞれの感じ方だが、これが日本犬事情である。

こんな犬世相の中で先頃、近親繁殖について別々に数回にわたって女性から問い合わせがあった。今までにもたまにはあったが今度のような強烈なのは初めてである。繁殖の方法論について、純化や好ましい形質の固定等のために行われることがあると、意を尽くして説明したが「許されないこと。おかしい」の一点張りである。こちらの話は聞く耳持たずで理解してもらえない。完全に人間に置き換えての論法である。罪悪とまで言い切る。犬猫のペット化が高じて擬人化してしまっているといえるだろう。これからはこんな事例が増えるだろうが、新しい飼い主には血統についてその内容を事前に説明することが必要なことだろうと思う。

春季展が終了した。審査出陳犬数は８５１５頭で昨春季展に比べると３４４頭少なかった。一胎子犬の五月末日までの登録数は昨年同期に比べ６年越しで増えている。喜ばしいことである。

気象庁は三月から五月までの気温は平均的なものであったと発表し、今年の夏は昨年のような猛暑にはならないだろうと予報した。中央官庁では夏の軽装化、クールビズが実施されてノーネクタイ、ノー上着が奨励されている。とはいえ梅雨どきから夏にかけての高温多湿は人も犬も大変である。ご愛犬の健康管理には充分に気をつけてやって欲しい。

（平成17年6月25日　発行）

154　平成17年（２００５）４号

平成十七年度春季展の成績がまとまった。全国50の会場で支部展が42カ所、支部展併催の連合展が８カ所である。出陳犬総数は８５６３頭で内訳は小型犬６６２１頭、中型犬１８８７頭、大型犬７頭、参考犬４８

頭であった。そのうち欠席は小型犬１０１９頭、中型犬２３１頭、大型犬１頭で、棄権は小型犬１３３頭、中型犬１５４頭である。本部派遣の審査員はのべ１４６名で、日保本部賞の授賞数は３０２個であった。

今年の梅雨の降雨量は昨年に続いて全国的に少なかった。東京の夏は昨年ほど気温は上がらないだろうという長期予報である。台風７号が千葉県へ上陸した大雨の日、阿部審査部長、金指、門田副部長が本部で秋季展の審査員担当割り振りを決めた。全国展は広島県呉市で開催される。どんな名犬に会えるか楽しみなことである。

九月第２週から秋季展が始まる。昔と違って犬に関する参考図書はたくさん出版されるようになったが、管理の方法についての考え方は様々である。飼育経験の深浅の度合いや感じ方にもよるだろうが、日本犬に対する感情や主張は個人毎に異なっていて飼育概念は様々に違うと思う。この辺りのこだわりがそれぞれの飼育形態を確立させ、その犬舎特有の持ち味や特徴を備えた犬の輩出となるのだが、その域に達するには相当な時間と経験の積み重ねが必要だろう。近頃の犬は本当に良く管理されていて美しい。が、素朴さや野生的表現が少なくなっているように思う。日本犬は人工的でない自然美の追究である。普段の食事だけでは不安なのか、やれビタミンだミネフルだと補助食品に頼る向きが多いのは人間と同様である。何事もほどほどが肝腎と思うが、このサプリメントの何が利いたのか無駄だったのか、分からず仕舞で終わることが多いだろう。犬の飼い方は俗説も多く、現代の感覚では眉をひそめたくなるようなものもある。管理方法の選択はそれぞれの思考の中で自由なだけに、尚更に難しい。

七月下旬の土曜日の夕方、震度５強の地震が関東を襲った。揺れる直前に家の中で柴犬が階段を何回も昇り降りするほどの興奮状態だった。予期せぬ異変を感じたのだろうか、自然の驚異に彼女なりに敏感に反応してみせたのである。

総務省は平成十六年度の人口動向調査で男性の人口が初めて減少したと発表。日本人が男性から、いよいよ減り始めたということが現実の数字となって表われた。

平成（17年8月25日　発行）

155

平成17年（２００５）５号

長期予報では今年の夏は涼しそうだということだったが、昨年同様で今年も熱かった。九月十一日から秋季展が始まったが彼岸前の展覧会は相当な暑さだったようである。十一月に開催される全国展は広島県である。今年は戦後六十年。意識して設定した訳ではないが奇しくもかつての軍港、呉市である。広島での開催は二十一年振りで現地では着々と準備が進められている。

昨年の全国展で会場警備の一部について不適切ではないかという指摘がされた。現場での早急な対応が必要だったのだろうが遺憾なことであった。全国展は全国各地で開かれているがいつもあの点やこの点を、と反省すべきことは多い。その度に原因を解明し改善策を講じて次に備えているが参加者に不信や不安を感じさせないように配慮するのは運営側の責務であろう。日保の社会的評価は各種の行事を通した運営と会員の活動状況によって位置付けられている。

昨年、第百一回の全国展の出陳目録の表紙に後援 文化庁と記したのをご記憶の方もいらっしゃると思うが後援名義の使用が許可されたのは日保が長い歴史の中で培った活動が一定の評価を得たということで公的な価値を高めたということでもある。それぞれの犬種団体はそれぞれの理念のもとで活動しているが、日保には日保特有のアマチュアリズムがあり、それが基本となり積年の中で会風となり社会的性格を形作っている。この精神は連綿と浸透して代々の会員が認めているところでもある。日本犬を介して日保そのものの質的向上を計り良き会風を皆で育てたいと思う。

国の特別天然記念物コウノトリが野生復帰を目指して絶滅した地、兵庫県豊岡市で五羽が放鳥され増殖作戦が開始された。郵政民営化を唱えた小泉内閣総理大臣は八月八日衆議院を解散し、改革を進めるというスローガンで九月十一日の総選挙で圧勝、自民、公明両党による第三次小泉内閣が発足、十月一日には道路4

公団が６分割されて、民営化への第一歩を踏み出した。九月末、現在の登録数は昨年同期より少数乍ら増えている。

（平成17年10月25日　発行）

156　平成17年（２００５）６号

来年は戌年、古代中国で作られた十二支は時刻や方角を示す用語として使われてきた。後年、子はネズミ、丑はウシ、寅はトラ、卯はウサギ等というふうに獣を充てはめて戌は犬と呼ぶようになった。何はともあれ、あと幾日かで戌年である。その年々の干支の動物は注目の的になる。戌年を迎えるにあたって本部には様々な問い合わせが来る。年賀切手の柴犬の図案の作成について相談を受けた。鎌倉の鶴岡八幡宮からは、正月の催しに当会が所蔵する北條高時犬合戦図、他数点を展示したいと申し入れがあった。戌年だからと言って犬を飼う人達が増えるとは思わないが、少なくとも様々な犬のグッズがあふれる中で、日本犬に関心を持ってもらえたらと思う。

広島県呉市で開催された全国展は天候にも恵まれ、全国から九七四頭の審査出陳犬が集まり、運営者、審査員、出陳者が渾然として整う中で覇を競った。山と海を望む広く明媚な会場とともに、記憶に残るよい展覧会だった。

今年十一月までの登録数は横ばいである。平成十一年以来五年間にわたり累計で五千五百頭ほど増えているが、展覧会に出陳する犬は減少傾向で、今秋季の支部・連合展の出陳犬は七千頭台になった。価値観の多様性を裏付ける数字で、皆が皆展覧会を楽しむということではない。私の住む街も柴犬は多いが、日々の生活を共にして楽しんでいる。かつて日本犬は男の犬だったと思うが、これからの飼育犬種の選択は女性の意見が重んじられるようになるだろうから、日本犬を日本犬らしく保っていくということは今後の大きな課題でもある。日本犬を飼う人達はこだわりの強い人が多い。が、現代の日本人の思考は、日常の生活の中で変化をみせて旧来の日本的な感覚が薄れていると思う。この中で昔のままの性格を保持させていくということの難しさは、現代人の欲する日本犬像とかい離するものがあると思う。そして日本犬のあるべき姿は、徐々にではあるがその社会環境の中で変化しているのではないか。理想と現実の違い、そんなことを思いつつの一年だった。

社会はどんどん姿を変えている。長らく果物の購入量のトップにいた日本のミカンは、輸入品のバナナに取って代わられた。マンションやホテル等建造物の耐震強度の偽造工作は、その被害を全国に及ばせて、社会問題の様相を呈している。

戌年にさきがけて今年の事業の中で計画した日本犬の啓発の本が、会誌『日本犬』の増刊号として副題に〝日本犬のすべて〟と銘打って発行した。会員の皆さんには喜んでもらえると思う。

今年も暮れる。来年も我が家の犬達は変わることなく、日々の暮らしの中で心の杖になってくれるだろう。よいお年を。


（平成17年12月25日　発行）

157　平成18年（２００６）１号

平成17年度秋季展の成績がまとまった。広島県呉市で開催された第１０２回の全国展へは審査出陳犬９７４頭が集まった。小型犬（柴犬）６５７頭、中型犬（紀州犬）１３８頭、（四国犬）１７５頭、（甲斐犬）３頭、（北海道犬）１頭である。最終評価を得た犬は５９３頭、各型犬賞は１１２頭、棄権２３５頭、欠席１４６頭であった。評価を得た犬は61％である。担当した審査員は39名であった。支部・連合展は50の支部が８つの連合展をそれぞれに併催して開催した。出陳総数７６９９頭、内、参考犬88頭、小型犬５９３７頭、中型犬１６７１頭、大型犬３頭で最終評価を得た犬は５０６１頭、本部派遣審査員はのべ１３９名であった。

戌の年が明けた。去年より今年のほうが豊かでありたい、と年頭には誰しもが思う。ひと口に豊かさというが物質的なものもあれば精神的なものもある。このところ物質面を追い過ぎるという社会的な風評があるが、その尺度は人それぞれに異なる。番犬時代と違い近頃の犬を飼う人達の目的は、日々の生活の中にうるおいを持たせ心を満たしたいという癒しの気持ちが多分にある。つい先頃紀州犬をお世話した知り合いのところで、初めての子犬が産まれた。70歳を越えるこの飼主から、子供のような弾んだ声で感激の電話があった。犬を飼う喜びというものが自然な感情となって表わされた部分である。展覧会は出陳してよい評価を得るということで、精神的な優越を満たすことにつながる。ある意味では物質的な豊かさをもたらしてもいる。日本犬の質の向上は犬質を競うという競争原理によって計られてきたが、このことは斯界の歴史からも明らかである。犬種が発展する過程の中では、物質的な分野を否定することはできない。日本犬を問わず飼育管理の容易でないものや、付加価値の低い犬種は衰退している。犬質の善しあしは別にして現実の厳しさでもある。

一時ニュースになった犬型ロボット、アイボは不採算を理由に生産を中止したという。犬の型はしていても生きた犬のように心のやりとりができない、というのが飽きられた原因だろう。数年来犬を飼う人は増えているが、その多くは小型の愛玩犬である。日本犬は愛玩的要素が少ない犬種であり、中でも中型犬や大型犬の前途は厳しいものがある。だからといって愛玩犬にしていいということはない。日本犬としての本質は一義のものであり、譲れない部分である。この一号誌が届くとすぐに春季展が始まる。多くの方々が参加され て、楽しまれるよう願っています。

（平成18年2月25日　発行）

158　平成18年（2006）2号

二年に一度の役員改選の年。一月中に五〇の支部が総会を開き十八の支部が新しい支部長を選出した。二月には定款を改正して初めてとなる社員による本部の定時総会が開催された。役員は今回も定員から一名減らして二十二名とし再任を含めて新しく六名の方が選任された。猟能研究部委員は猟能研究部規程の第三条により一〇名の方が推薦され会長が委嘱した。代議員は三月に入り各支部及び各連合会毎に代表者一名が選出され五十八名の方が会長から委嘱された。審査部の人事は六月の部会となるが新しく選ばれた方々の任期は二年間である。日本犬の保存事業と組織の活性化に向けてご尽力賜わりたい。

日本各地の自治体で平成の大合併が進み今春に一段落するという。六年前の三月末に三千二百三十二を数えた市町村は今年三月末までに千八百二十に併合されて市が百ほど増えたという。会員の皆さんからも実際に住む場所は同じでも新しい地名の住所表示の報告が届いている。春分の日の二十一日、平年より一週間早く東京都心や横浜で桜が開花した。この日米国カリフォルニア州・サンディエゴで地域別対抗戦ワールド・ベースボール・クラシック（ＷＢＣ）の決勝戦が行われ、日本がキューバを破り初代の世界一に輝いた。春分の日の休日だったのでテレビ観戦で心地よく興奮した。テレビのおかげであらゆる分野の画像が見られるようになった昨今、特にスポーツ等は現実の厳しさ世界の強さを目の当りにすることができる。イタリア、トリノで開催された第二〇回冬季オリンピックの日本勢の成績は前評判ほどには振るわず低迷したが唯一のメダルそれも金メダルを女子フィギュア荒川静香選手が勝ちとったのは圧巻だった。最近の展覧会を見て思うが会員の皆さんも数多くの会場へ足を運んでみる目は強くなっている。私も一審をみて予想をするが結果が異なることは間々にある。見る人のレベルによっても個体毎から受ける感じ方は違うが、目を養うということはよい犬を見分ける力を持つということにつながる。数を重ねて審査の結果を分析することができるようになれば展覧会も別な観点から楽しく見ることができるだろう。

（平成18年4月25日　発行）

159　平成18年（２００６）３号

二月二十六日から始まった春季展は五月七日までに全国五十の会場で開催された。審査出陳犬総数は八五五四頭であった。内、東北地区の出陳数は九三三頭で欠席率は約一六％、棄権率は約一六％であった。同じく関東は二一一四頭で一七％と二三％、中部は一三七一頭で二三％と二七％、北陸は六二〇頭で一九％と一四％、近畿は九八七頭で九％と二二％、中国は八二八頭で一九％と一六％、四国は六七五頭で一一％と一六％、九州は一〇二六頭で八％と一六％であった。欠席と棄権の多寡を推し量ると地域の所柄が垣間に見えるようで興味のある数字である。

展覧会を含めて犬を見る機会は多い。日本犬は日本犬標準が制定されて以来その標準に近づける努力が繰り返されてきた。柴犬、紀州犬、四国犬、甲斐犬、北海道犬等の日本犬は祖犬を探れば数頭の犬にたどり着く。性格、風貌、骨格、体質、被毛等々は親の資質を受け継いで代を重ねてきた。後天的には日常の管理が加えられるが個々の違いを表すのは血統構成である。洋犬種のように目的別に作られた犬種は別にして、保存初期には数少ない祖犬で近親交配を重ねたという歴史的事実からしても遺伝形質は近いといえるだろう。世界中には多くの犬種が存在するが、日本犬は優劣が少ないといわれる由縁であり、展覧会を見ていても均一性の高い犬種であるとつくづくと思う。

おとなりの台湾、台北市ではマナーの悪い飼い主が多いということでフンを処理しなかった人は日本円に換算して二万円強、ペットを捨てると三十五万円の罰金を課すという。通報者には二割の報奨金を出すというがこの辺りがお国柄ということか。時代はどんどんと進む。六月に入って迷惑駐車の目立つ路線や地域の時間帯を重点的にした駐車違反の取り締りが民間に委託されて始まった。心なし路上駐車が減ったように思う。この号が届く頃はドイツでサッカーのワールドカップがたけなわである。日本チーム、ジーコジャパンはどうなっているだろう。

（平成18年6月25日　発行）

160　平成18年（２００６）４号

今年は五月から晴間が少なく、長期間の梅雨空だった。末期には局地的に大雨が降り、九州南部や長野県等地域によっては大きな土砂災害に見舞われたが、七月末になってやっと夏になった。

平成18年度春季展の成績がまとまった。支部展が42カ所、支部展併催の連合展が８カ所、合計して50の会場で開催された。出陳犬総数は８６２２頭で内訳は小型犬６８００頭、中型犬１７５０頭、大型犬４頭、参考犬68頭であった。そのうち欠席は小型犬１０８４頭、中型犬２６２頭で、棄権は小型犬１３５９頭、中型犬83頭である。最終評価を得た犬は５７６６頭であった。本部派遣の審査員はのべ１４８名で、日保本部賞の授賞は３１０頭を数えた。

六月の審査部会で、二年に一度の部長及び委員選任の人事があった。平成十二年六月以来三期六年の任期を満了した阿部賢二審査部長が退任され、新部長に門田忠夫審査員が満場一致で選任された。四国地区から初めての選出である。副部長には高木、菅沼両審査員が選出された。理事会は阿部賢二前審査部長の特別の功労を認め、名誉会員に推薦した。

先月、犬の運動中、道端に立派な百科事典がたばになって捨てられていた。一時期多くの家の書架にでんと並べられていたのをよく見かけたが、近頃はインターネットの急速な普及で、あらゆる調べものや情報の収集が容易になり、不要の品扱いとなってしまったのかも知れない。7月25日門田部長と両副部長で秋季展の会場と審査員の担当を決定し、各支部へ一覧表を送付するとともにインターネットへも掲載した。近頃はこのおかげで、本部への問い合わせも随分と減ったように思う。

中東で又紛争が起きた。ガソリンが急騰してリッター１４０円を超えたが、まだまだ値上がりするような気配である。展覧会の出足にひびかなければよいがと思うし、早く終結し平和になることを願うばかりである。

（平成18年8月25日　発行）

161　平成18年（２００６）５号

ある大学で男と女どちらが先に恋の告白をするか、と調べたところ女性からというのが多かったという。個人差はあるだろうが現代の男女意識の様相を物語る逸話としておもしろい。一般的に動物社会のこの分野の行動は直情的といわれるが文明の進んだ人間社会の表現様式は多様化してきているようである。男性ホルモンの総称はアンドロゲンで力強さや瞬発力を、女性ホルモンはエストロゲンで柔軟性とか優しさを支配する特徴を持つというが、今のところ日本犬達の行動に変わりはなく、雄は雄らしく雌は雌らしいという要素は姿態も性格もそのままに変わることはないだろう。

今年の夏の高校野球は若いはつらつとした気合を充分に見せハンカチ王子等というスターも出現して話題となった。両校が譲らぬ決勝戦は引き分けて再試合となったが素晴らしい投手戦だった。秋の兵庫国体でも再び両校が決勝戦をするというおまけまでついた。夏は七夕や花火で夜空を見上げることが多いが太陽系九番目の惑星だった冥王星が小さいという理由で外されることになった。景気は徐々に上向いているといい政府は五年半ぶりにデフレの文言を削除、三大都市圏では十六年ぶりに基準地価が上昇したことを報じた。国会は小泉首相の退任により衆参両院は第九十代安倍晋三首相を選出し、新内閣が発足した。

秋季展が始まった九月十日、平成五年生まれの十四歳になる中型犬が死んだ。三ケ月程前から徐々に食が細り最後の二週間程は私の手からしか食べなかった。死因は老衰であった。どこを痛がる訳でなく認知症の兆候も見られず気はしっかりしていたが最後の日の朝は声を出して呼んだ。静かな幕切れだった。発情が来るのは一年に一度で五胎十六頭の子を生んだが本部賞を受賞した犬もいて少しは保存に寄与したかとも思う。地味で飾り気のない犬だったが晩年は犬種特有の風情を印象づけるかのように見せてくれた。今年の全国展は長野県で三十年ぶりの開催である。千曲川沿いの山々に囲まれた会場は紅葉も美しいことだろう。是非お出掛けを。

（平成18年10月25日　発行）

162　平成18年（２００６）６号

日一日と日脚が短くなり夕暮が早い。今年は戌年だということで年の始めには様々な問い合わせがあった。会の雰囲気も例年にないほどの意気込みが伝わってきたが、余す所あと数日である。一年が経ち、政府は今年の景気拡大は六十五年から七十年のいざなぎ景気を超えて戦後最長になったと表明したが、ガソリンの高騰もあったりして街からの好況感はあまり聞かれない。九月には秋篠宮家に御長男、悠仁親王が誕生された。プロ野球では西武・阪神の選手が六十億円、三十億円というとてつもない金額で、アメリカメジャーの球団がそれぞれの独占交渉権を得たと報じている。

長野県で三十年振り四度目の全国展が開催された。二日目の開会式では、県知事ご夫妻のご出席を賜わりご挨拶をいただいた。支部長が準備した子犬を抱っこされる等、ひとときを楽しまれた。この日は雨交じりの天候で、平成に入っての全国展では久方に火のお世話になるほどの冷え込みだった。地元の人は「これが信州の寒さだよ」と事も無げに話されていたが、千曲川畔の紅葉した山々に囲まれた自然郷の会場は素晴しかった。支部主体の運営は若い人達が多く、活気のある中で整然と統一されて印象的だった。信州の寒さはこれから本番というが、今日の全国展に出陳している柴犬達も祖先をたどればこの地にたどり着く。この底冷えのする厳しい寒さの中で育まれてきたのである。柴犬の故郷での全国展はヨーロッパ、カナダ、アメリカ、台湾等々外国からの参観者もあって盛会だった。

全国展を筆頭に展覧会は様々な光景が展開する。展覧会を見て思うが、近頃は日本犬としての基本を満たす犬が多くなった。平均的な質の向上は誰しもが認めることだろう。そしてより日本犬的資質を備えた個体が上位に並ぶ。勝つことは嬉しいが勝ち負けはその日の結果である。成績に一喜一憂することは仕方がないが、日本犬の本質の追究は日々の暮らしの中で犬に接し肌で感じて、研さんを積むことに尽きると思う。そしてその中で稟性を見極める力を養うことが、犬を知るための近道といえるだろう。展覧会はよいものを保存していくということが前提にある。そして毎年繰り返されて現在に至っているが、これでよいということは永劫にない。来年も理想の姿を求めて反復されていくのである。よいお年を。

（平成18年12月25日　発行）

163　平成19年（２００７）１号

平成十八年度秋季展の成績がまとまった。長野県千曲市で開催された第１０３回全国展の出陳数は１１０５頭であった。参考犬は６頭、審査出陳犬は一日目は17リングを使い中型犬（紀州犬）１６４頭、（四国犬）１３６頭、（甲斐犬）７頭、大型犬（秋田犬）２頭、二日目は20リングで小型犬（柴犬）７９０頭である。最終評価を得た犬は６５０頭、各型犬賞は１３４頭、棄権は３０６頭、欠席は１４３頭、担当した審査員は42名であった。この日は長野県知事村井仁ご夫妻がお見えになられ、ひとときの忙中の閑を楽しまれた。

支部・連合展は50の支部が、８カ所の連合展をそれぞれに併催して開催した。出陳総数７７６８頭、内参考犬85頭、小型犬６０９４頭、中型犬１５８４頭、大型犬５頭で最終評価を得た犬は４６１７頭である。日保本部賞は２９０頭が受賞、本部派遣の審査員はのべ１３５名であった。

中・小型犬の出陳比率は全国展では約28％と72％、支部・連合展においては21％と79％である。平成十八年度の登録犬の比率、中型犬4％、小型犬96％を見ると中型犬の出陳比率は高い。とはいえ絶対数を増やす努力が必要である。

新しい年を迎え、一月中には各支部が総会を開き日保の活動が始まった。昨冬は豪雪だったが、今冬は予想のとおり暖冬である。東京では11日早く梅が咲いたと報じられた。私の家の水鉢も今年は未だに氷は張らず、浮草が枯れずに青く水面を覆っている。スキー場は雪不足といい、こんなことだと夏の水不足が今から心配である。昨年末から今年にかけて改正教育基本法が成立し、防衛庁は防衛省に昇格した。人口が減り始め、子供の数も減り続けている。数字の上では全員が大学に入学できるようになり、団塊の世代が順次定年を迎えるという時代に入った。この方々が誕生した戦後の一時期、犬の社会は秋田犬が流行の先端にいた。戦争が終わり大きな犬を飼えることがステータスであり象徴でもあった。そして現代は、犬種を問わず小型犬が全盛である。何をするにも家族間で相談することが多くなり、高齢者も増えている。犬の飼育形態は多様化しているが、六～七割は室内飼いという統計があり、小型犬が増える要因は余り有る。減ることはないだろう。日本犬のオリジナルといわれた中型犬の減少はこんな世相が一因にあると思うが、如何に手立てを講じて反転さすべきか、蓋(けだ)し難問である。

春季展の日程が発表された。日本犬ファンにとって楽しい季節はすぐそこである。

164　平成19年（２００７）２号

（平成19年2月25日　発行）

今年は記録的な暖冬だった。三月に入っていくらか寒の戻りがあって、桜の開花は平年並みになったようである。春季展覧会も中盤となり、各地からその様子が伝わってくる。総体的な出陳頭数はいつもの年と同じようで、五月の連休最終日まで熱くくり広げられる。この春季展の頃子犬の数は例年のごとくで、二月から六月頃までの登録数は少なくなる。新学期の四月は陽気もよくなり、子犬の需要は増えるのだがその絶対数が少ないということで、子犬が足りなくなるのが通例である。

多くの企業や学校は四月に新年度を迎える。同じ春でも社会へ出て行く若人と社会から出て行く団塊世代の人達とでは、その心境は大きく違うだろう。人口構成が変わり始めて、各地の病院で産科や小児科が診療を中止したり、縮小するということが報道されている。先日のことである。定年を控えた人が会社を離れ、念願の柴犬を飼いたいと訪れてきた。「心配なのは犬の寿命のことで、自分の年齢や健康を考えると最後まで面倒をみてやれるか」というのである。若ければこんな思いで煩うことはないのだろうが「そんな先のことまで心配することはないでしょう」としか言えなかった。年を重ねるということは個人差もあるだろうが、諸々が消極的になっていくのかも知れない。人口が減り始めたとはいえ、絶対的な総人口に大きな変化はないが、若者と高齢者とでは物事に対する意欲が違う。熟年人口は増加しているが、このことが経済が伸びないという大きな要因でもあるだろう。これからの日本はすべからく、今までの経験や数値では推し量り得ない人口構造の中で生きて行くのだと思う。日保もしかりで例外ではない。

以前にも書いたが「子犬を飼って血統書を見たら近親繁殖で将来が心配だ」という問い合わせが増えている。近頃は犬を擬人化してみる傾向が強まっていて、抗議もあれば明日にでも遺伝に絡む病気になるのではないかという悲観的推論までが、様々である。繁殖は個々の作出計画の中で行なわれるが、もしも増やさんがためだけのものだとしたら許されることではない。犬種の盛衰は、その稟性をいかに向上させるかにある。故に日本犬の社会では、繁殖を敢えて作出という語句を使っている。作出の方法はそれぞれの考えであり、それはそれでいい。でも近親繁殖は、それ自体に説明ができるような論理的なものでなければならないし、そうであって欲しい。

（平成19年4月25日　発行）

165　平成19年（２００７）３号

自分の身の周りにおきた出来事ぐらいしかわからなかった昔に比べ、現代社会の情報源は世界に及び、知らなくてもいいような情報が学校でも職場でも入り過ぎて人は汲々と振り回されている。多くの犬や猫はそんな人間社会の喧騒にお構いなく朝夕の運動や遊びをせがみエサを貰い平々暢々と暮らしている。こんな様子が現代人にとっては羨ましく写るのだろうか、理由は何であれ、癒しを求めて飼育数の増加にもつながっているのだろう。韓国が米国と自由貿易協定を結んだという。世界的な流れなのだろうが、日本も早晩に同様の協定を結んで外国との交易は制限なく盛んになり、骨董品のような不変の物は別にしておよそ日本的というものは姿を変えていくことだろう。日本犬も保存当初の頃から比べたらその姿は標準に近づいてきたと思う。が、その稟性は日本人の日本的意識の変化にともなって変わってきているように思う。近代文化の影響を避けることができないのはある趣仕方のないことは理解せざるを得ないが如何に日本犬としての本質を維持し保存していくかということが課題である。五月末の日曜日滋賀県で本部主催の猟能研究会が催された。三十二頭のエントリーの中、紀州犬が多く二十二頭を数えた。内実猟経験のある紀州犬の参加は十一頭で所柄を思わせる。この研究会でいつも思うのは日本犬の出発点は使役犬であるということ。現代の犬達はその血統の純粋性を継承してきたということである。経年し、姿、形は精美の域に近く保存という初期の目的は達成しているやに思うが使役犬としての質的能力の保持はなおざりにされてきたきらいがある。日本犬としていざという時に役に立つ犬ということは、常に心に留めて置く事柄であろう。即、実猟犬として使えということではないが、日本犬としての原点を大切にして飼育し管理し作出を心掛けて欲しい。

地球温暖化のためか、今年の夏はラニーニャ現象で赤道域の海面水温が低くなる予想がされて日本は猛暑と渇水で水不足が心配されている。夏は繁殖の季節を迎える。日本犬は既存の遺伝因子群の枠内の繁殖である。他犬種や異血の混入はできない。特に中型犬の飼育者の方々にお願いしたい。絶対数の減少はその犬種の衰退に他ならない。優秀犬を増やすには出産数を増やすしかないのである。

（平成19年6月25日　発行）

166　平成19年（２００７）４号

平成十九年度春季展の成績がまとまった。２月25日を皮切りに５月６日まで支部展が42カ所、支部展併催の連合展が８カ所、合計して50の会場で催された。出陳犬総頭数は８４１１頭、内訳は小型犬６６４９頭、中型犬１７０５頭、大型犬５頭、参考犬52頭であった。そのうち欠席犬は小型犬９３６頭、中型犬２４８頭、大型犬１頭で棄権は小型犬１４５９頭、中型犬１１３頭、最終評価を得た犬は５６０２頭であった。本部派遣の審査員はのべ１４２名、日保本部賞の授賞は３１０頭である。外国展はアメリカ西部と東部へ各1回、台湾へ２回で４名の審査員が派遣された。

今年の関東の梅雨は昨年に比べて雨が少なかったが、西日本は豪雨で相当な被害をもたらしている。七月には記録を更新する大型台風４号が鹿児島県南部に上陸し、本州を掠めて北上した。気象庁は今年の夏は猛暑になると長期予報を出したが、平年並みと訂正し、関東・甲信・北陸・東北地方は八月に入って梅雨が明けた。

新潟県柏崎を中心に震度6強の新潟県中越沖地震が起き、柏崎刈羽原発では所内で火災が発生し、稼動は全面停止に追い込まれた。その安全性をめぐり試合会場はずっと離れた三カ所だというのに、イタリアのサッカーチームは放射能漏れを心配して来日を取り止めた。アメリカでは中国産原料を使ったペットフードで、犬や猫が死んだということが報道された。日本でもメード・イン・チャイナの品々の中から抗菌剤などの有害物質が検出されて、そこここで問題になっている。その他の国々からの輸入品も時々ニュースになるが、日本の食品に対する安全基準は高く、それらの物品が即人体に影響を与えるというほど神経質になることはないという。先のサッカーチームの話と同様に怖いのは、必要以上の風評である。でも直接口に入れるものとなると、人間だって犬だって同じことで心配するに越した事はない。こんななかで第21回参議院議員の選挙が行われた。野党の民主党が議席を増やして圧勝、与党の自民党は結党以来参議院での第一党の座から降りた。

9月2日から秋季展が始まる。掉尾を飾る全国展は熊本県で開催される。九州で三十年振り二度目の事である。地元熊本支部は着々と準備を進めている。今年は加藤清正が築城した熊本城が築城四百年を迎えた記念の年で、お城まわりも整備されたという。今年はどんな名犬達が出陳するのか、今から楽しみなことである。

（平成19年8月25日　発行）

167　平成19年（2007）5号

夏の気象予報が、七月に入り猛暑から平年並みと訂正されたが、その後埼玉県熊谷市と岐阜県多治見市で観測史上最高の四〇・九度を示すなど、全国的に記録的な暑さとなった。連日の猛暑日で夜中になってもセミが鳴き、東京にはいなかったクマゼミが繁殖しているという。こんな調子で年々気温が上昇したら自然界に及ぼす影響は計り知れないものがあるだろう。それでも季節は巡り、夕暮時には虫の音が聞こえ、真上からの日差しもいつしか南の方角へ傾き始め日陰が増している。

今年の全国展は三十年ぶりに九州で開催されるが、熊本へ行く飛行機のチケットをパソコンで予約購入した。座席まで自由に指定できるのである。電気製品や車など、当り前になった利便さがすべて地球温暖化につながっているのかと思うと複雑な気持ちになる。だからといってこの便利さを放棄するなどということはもうできない。口では省エネと建前をいうが人間とは身勝手なものだと思う。

今年はオリンピックの前年で様々な国際大会が開かれている。世界を相手にした競技の様子が報道されるが女性の活躍が目覚ましく、男性のそれを上まわっているように思う。犬の展覧会も外国や洋犬種の間では女性の審査員やハンドラーが絶対的に多いが、日本犬の展覧会も女性のハンドラーが増えている。世の中の流れは着実に進んで、女性が放つエネルギーは計り知れないものがある。日本犬も猟犬から始まり番犬の時代、ステータスの時代などを経て今に至っているが、柴犬の雑誌がファッションを競うかのように洋服を着せた犬達を登場させる。日本犬は本質の追究を至上課題としてきたが、過剰とも思える愛玩を対象とした飼育形態のギャップはどう理解したらよいのか。日本犬としての理想と現実の狭間に途惑いを感じているのは私だけではないと思う。

続投の意欲をみせていた安倍首相が臨時国会の所信表明演説の後、突如辞任して総辞職。福田康夫内閣が発足した。十月に入り日本郵政公社が民営、分社化されて営業を開始。直接的には振替や為替などの諸料金が一般企業に準拠して上がった。気象庁は地震の発生を事前に知らせる緊急地震速報をテレビ、ラジオで流すという。あわてずに対処できるように心構えをしなければと思う。九月二日に始まった秋季展、中盤にかかりやっとすがすがしい中での開催となった。各地から順調な推移の模様が伝えられている。

(平成19年10月25日　発行)

168　平成19年(2007)6号

時の過ぎ行くことの何と早いことか。今年も指呼の間となった。誰もが誓う年頭の目標もこの時期に顧みてみると達成感にはほど遠いことが多いが、歳を重ねるに従いまずまずであればと妥協してしまう。年末になるといつも目に止まるのは、今年の十大ニュースやトピックスである。会員の皆さんもそれぞれの生活の中で嬉しいこと、楽しいこと、哀しいこと、辛いこと等、様々にいろんなことがあったかと思う。

世はペットブームで犬と猫をあわせて想定した頭数は、15歳未満の人間の数を上まわっているという。それぞれが個々の生活の中に犬や猫を飼って楽しむという時代になっているのである。

年度末になると気になるのは会員数と登録数である。人口の構成比率で若い人が減少する中、会員数も減っている。今年の会員数は一万人を僅かだが上まわり、一〇二三〇余名である。10年前の平成9年の会員数は一四三五七名であった。この年、春、秋あわせた展覧会の出陳数は一九六〇七頭で、今年は一六八八二頭である。会員一名あたりの出陳数は10年前は1・4頭で今年は1・6頭、会員数に対する出陳率は高くなっている。登録数は会員一名あたり9年は2・6頭で今年は3・3頭とこちらも比率は高くなっている。長い期間の統計数値を見ていると、ある程度は先の数字が見えてくるが、来年は80周年の記念の年でもあり、こころあたりを底入れにしたいと念じている。会員の皆さんのご協力をお願いします。

11月の初旬、三重の元副会長中根時五郎先生の奥様から電話があった。主人が大切にしていた遺品の犬の彫刻を寄贈したいとのお話である。日展作家、小俣正孝の作で体高は42センチほど。差尾のケヤキの立像で首を左に向けて表情豊かである。有難く御礼の書面を差しあげていただいた。今、本部事務所を守るかのように入り口に向かって立込んでいる。昨年の秋には、宮崎の星子哲彦前支部長が所有していた戦前の名犬写真のアルバム3冊が寄贈された。戦前の写真家で当会員でもあった平島藤寿氏の力作であり、四国犬の大家古城九州男先生の所有であったものを星子先生が引継がれていたものである。戦前の犬の多くの写真はこのアルバムから転写されたものと思う。残念なことにこのアルバムを寄贈された翌日、星子先生は帰らぬ人となった。古い写真や文物は興味がなければガラクタ同然に扱われることが多い。散逸しないようにしたい。

九州熊本で30年振りの全国展は二日目は寒かったものの、天候にも恵まれ広い会場、役員の皆さんの熱心な運営で大成功であった。特筆すべきはいつも遠路東上する九州地区の皆さんにとっては、待ちに待った全国展であったであろう。九州全土から二百余頭が出陳した。日本犬保存会の一年も振り返れば、概ねよい年であったと思う。来年もよい年でありますように。

（平成19年12月25日　発行）

169　平成20年（２００８）１号

平成十九年度秋季展の成績がまとまった。熊本県熊本市で開催された第１０４回全国展の出陳は７７９頭であった。参考犬は２頭、審査出陳犬は一日目は17リングを使い小型犬（柴犬）５４８頭、二日目も17リングで中型犬（紀州犬）80頭、（四国犬）１４５頭、（甲斐犬）４頭であった。最終評価を得た犬は５０８頭、各型犬賞は97頭、棄権は１７２頭、欠席は97頭、担当した審査員は39名であった。

支部・連合展は50の支部が連合展８ケ所をそれぞれに併催し、50会場で開催した。出陳総数は７６９２頭、内、参考犬71頭、小型犬５９９７頭、中型犬１６１７頭、大型犬７頭で最終評価を得た犬は４９７８頭日保本部賞は２９３頭が受賞、棄権は１３９１頭、欠席は１２５２頭、本部派遣の審査員はのべ１３３名であった。

地球温暖化が言われて久しいが、一月に入って寒い日が続いている。今年は十二支の一番目のネズミ年である。近頃はネズミが実験動物の大半を占めるというが、ネコを怖がらない遺伝子改変ネズミが開発されたという。ネコを嫌うのは学習でなく先天性だったというのである。遺伝子の改変も実験段階であればおもしろおかしく見たり聞いたりしていればよいが、実際の生活の中に徐々にとはいえ取り入れられているのをみると、先行きどんな動物や植物が出現するのか気掛かりなことである。犬の性格だってどのようにも変えられるということであり、おかしな方向に進まないよう人間の良心を信じるばかりである。

日本犬保存会が発足して今年は80年の記念の年を迎えた。昨年度末までの累計登録総数は二百十一万頭を超えた。年代的には昭和の始めの中型犬全盛期、戦後の大型犬、続いて小型犬の興隆である。その時々の世相を反映して育った会員の皆さんは、それぞれに犬に対する想いや概念は異なるだろう。日本犬は日本犬標準に添っての犬作りが奨励されて現在に至っているが、日本犬を論ずる皆さんの間で、時代背景をもとにした世代論があるように思う。展覧会で一席の犬は総合的に優れている。が、二席、三席あるいはもっと下位の犬が好きだという人もいる。そのどれもの論説に異論は出るだろうが、日本犬にかける想いはそれ程に深く、それでよいのだと思う。絶対はあり得ないし、抽象的芸術の目で見る部分が強調されても不思議ではない。成熟した社会意識があればこそ許される主張であり愛好家の見方、感じ方は自由である。

今年は四年に一度のうるう年で中国でオリンピックが開催される。出場をかけて各種目毎に熱い予選が行われている。審判の片寄りが問題となって再試合がされる種目等、勝負についてまわる不透明さが浮き彫りになっている。勝負の世界では審判への信頼がなくなった時、騒動がおこる。犬社会もしかりで、審査員は潔癖すぎる位で丁度よい。春季展覧会もすぐに始まる。桜の花の咲く下で日本犬を論じる楽しさは又、格別だろう。

(平成20年2月25日　発行)

170　平成20年（2008）2号

本部、支部ともに二年に一度の役員改選が行われた。一月中に五十の支部が総会を開催し十二の支部が新しい支部長を選出した。二月の本部の定時総会では各連合会毎にその会員数に応じた候補者を推薦し再任を含めて六名の方が交替し二十二名の役員が選任された。即日の新理事会で、会長、副会長、専務理事、常任理事及び常任監事が選任された。猟能研究部委員は本部役員、審査員及び各連合会から各一名で十名の方が推薦され会長が委嘱した。代議員は三月に入り各連合会及び各支部毎に一名が選出され五十八名の方が会長から委嘱された。審査部の人事は六月の審査部会で改選となるが新たに選任された方々の任期は二年間である。

昨年は記録的な暖冬と猛暑だったせいか今年二月の寒さは何故か厳しく感じたが、三月に入り暖かい日が続いて東京では二十二日に桜の開花宣言となった。二月末に始まった春季展は半ばを過ぎた。集まりはよいようである。平成十五年から実施された九時現在の受付終了時の出席犬数による日保本部賞数を算出する方法は五年が経過し、昨年末に見直しがされ再度の改正がされて今春季展から実施された。新基準は審査出陳犬申込総数により授賞数を決めるが基本的には元に戻す方法だから容易に定着するだろう。

四月に入り官公庁や企業の多くが新年度を迎えた。人口減や高齢化社会で否応なく拡大社会から縮小社会への移行を余儀無くされているが、国を始め全国の自治体が負担軽減を図って各種事業の民営化への道を模索している。この社会現象の中で七十五歳以上を対象とした後期高齢者医療制度がスタートした。保険料は都道府県毎に設定されるというが今までに経験したことのないこの新制度、どんな方向へ進むのだろう。昨年の参院選で衆・参のねじれ現象が発生し政治は混迷し停滞している。三十年以上も続いたガソリン税等の道路特定財源の暫定税率が期限切れとなりガソリンの値段が下がった。円高、ドル安、株安に加え地方財政のひっぱくもからみ政情が定まらない。先の読めない流れの中で不安感の払拭が先決だと思う。

今年も花粉が飛散した。例年に比べ最初に飛んだ日は遅かったようであるが、こんな年の夏は暑くなると言われている。犬達にとって好ましくない情況が予測されるが早目に綿毛（アンダーコート）を取り除いてやったり犬舎周辺の環境を整えてやる等今から暑さ対策を考えて準備してやって欲しい。

（平成20年4月25日　発行）

171　平成20年（２００８）３号

春季展が終了した。成績一覧は次回４号となるが出陳総数は八三六〇頭、昨年同季に比べ51頭の減であった。今春季展から本部賞授与基準が改正され実施された。出陳申込数でその数を決めるが、のべ２８９個の本部賞が授与された。

展覧会は春と秋の二シーズン、各々50の会場で開催されている。毎年積み重ねて日保の伝統を形作っているが、ベテランがいて新人がいる。両者は混在しているが犬に対する見方や理解度は一定でなく、一律に語ることはできない。その難易には差異が生ずるし、新人が日本犬の良さを知るには相応の時間がかかるのは、どの習い事とも共通するものがある。人は良き縁があれば伸びるものであり、その感覚を知るための遅速はベテランの導き次第といえるだろう。たとえどんなに良い犬を所有してもその盛りは短い。常に上位をキープするには、並外れた努力と反復する継続の心が大切である。

今年の八月、中国の北京市を中心にオリンピックが開催されるが、パンダで有名な四川省で大地震が起きた。10万人を越えるという人的被害の大惨事である。先の冷凍ギョーザによる中毒事件が解決をみないなか、チベット騒乱や聖火リレーの妨害等も報道されている。世界中が注目する4年に一度のオリンピックが物情騒然とする中での開催となるが、主催国としては大変なことだと思う。

身近な話題としては、道路特定財源の暫定税率が1カ月余で復活し、原油高もあってガソリン1リットルが170円を越えるのも時間の問題といわれている。心なしか都心の車が減っているようにも思う。六月からは後部座席のシートベルトの着用が義務付けられた。展覧会への行き来等、車は必需となっているだけに気軽に使えることが最善だと思うし、そうあって欲しい。

展覧会とは趣が変わるが、本部主催の猟能研究会が茨城県で行われた。日本犬の原点を探るということからも、有意義な催しである。折からの雨ではあったがその分涼しく、犬達にとっては動き易かったろうと思う。この催しも回を重ねて見る側の目も肥えてきたように思うが、参加する犬達の質的レベルも年々上がっている。理想とする姿芸両全の域に近づくのも訓練次第と感じさせる、頼もしいものも散見されるようになってきた。すべての日本犬に課すものではないが、本部の主催は毎年五月末、他には連合会で開催するところもある。本性を探求し呼び起こす猟能研究会、愛犬の違った一面が見られると思う。是非の参加をお勧めしたい。

（平成20年6月25日　発行）

172　平成20年（２００８）４号

平成二十年度春季展がまとまった。2月24日に始まり、5月11日まで連合展の併催8カ所を含めて合計50の会場で催された。今春は土・日に天気が崩れることが多かったようである。出陳犬総頭数は８３６０頭、内訳は参考犬54頭、小型犬６６７５頭、中型犬１６２４頭、大型犬7頭であった。そのうち欠席犬は小型犬１１１４頭、中型犬１９９頭、棄権は小型犬１４９４頭、中型犬１０３頭、最終評価を得た犬は５３９６頭であった。本部派遣の審査員はのべ１４４名、日保本部賞の授賞は２８９個である。外国展はアメリカ西部と東部及び台湾へ各1回で3名の審査員が派遣された。

今年の上半期が終わった。昨年に比べ小型犬登録数は増えているが、中型犬は減っている。会員数は減少傾向にある。この所、公益法人関連のニュースが目立っているように思う。一般には社団と財団があり国の所管が七千弱、都道府県の所管が一万八千強で、合わせて約二万五千の法人が存在する。うち国所管の社団法人は三千七百弱で、この中に日保がある。明治29年の民法制定とともに始まったこの制度の法人改革が今年末から5年をかけて実施される。

七月に入り暑い日が続いている。梅雨の降雨量は全国的に少なかったようだが、梅雨のない北海道の洞爺湖でサミットが開催された。日本には環境保全技術を大切にする精神風土があるというが、温暖化対策を始めアフリカ支援等「環境問題」がメーンのテーマであったという。6月には岩手宮城内陸地震が発生し山間部に深いつめあとを残したが、続いて7月末には岩手県沿岸北部を震源とする地震が起きた。東北地方で相次いでの発生は不安なことである。

夏は換毛の季節である。犬は春夏秋冬の四季毎にその様相を変える。仕上がった犬の評価をするのはそれ程難しいものではないが、表現や外貌をあからさまにするこの時節の裸同然の体様は、その犬本来の姿を見極める好期でもある。愛犬家が同じ角度から犬を見ても、卓越した眼力がある人と普通の眼で見たのとでは、その評価に誤差が生ずるのは仕方がない。飼育目的はそれぞれが異なるから、犬を見て接する感覚に差異が生ずるのは当然のことであり、理想はあくまでも見てよし使ってよしが飼い味のよい事につながっていくのだが、そんな犬は少なく、言う程にはうまくいかないものである。

石油製品の値上げで消費者物価指数が大幅に上がっているという。ガソリンも更に値上げがされるようである。秋季展覧会の出足に影響が少ないことを祈りたい。

(平成20年8月25日　発行)

173　平成20年（２００８）５号（創立八十周年記念号）

今年の夏は東シベリアの気温が高く偏西風が蛇行して、ゲリラ豪雨や記録的猛暑等の異常気象であった。本当に暑い夏だった。度々の稲妻と、雷のゴロゴロは犬達にとってもいやな空模様だったと思う。八月には北京でオリンピック、パラリンピックが開催され、レスリングやソフトボール、柔道等女性の活躍が目を引く大会であった。九月に入ると例年のとおり敬老週間である。高齢者が増え70歳以上の人口が二千万人を越えたというが、平和な時代なればこそでおめでたいことである。びっくりしたのは福田康夫内閣総理大臣が初の内閣改造をした後一カ月余で突然の辞任、麻生太郎首相が自民・公明の連立内閣を発足させた。報道によると衆議院の選挙が近いようである。食品の安全を脅かす偽装事件は後を絶たず、ドッグフードにも混入が心配されている。食に関するまやかしは人も犬も健康に直結するだけに、あってはならないことである。

日本犬保存会は今年創立八十周年の年を迎えた。当初の頃の犬は写真と文章でしか知ることはできない。過去の犬については限られた資料の中で論評はできるが、記憶の彼方に存在するだけで直接にその血統を活かす方法はない。長い歴史の中で日本犬標準を手本としてその時々の人が思いを込めて犬を作り、その子孫が現代の犬達である。ああやっていれば、こうやっていれば、あの犬の血をもっと使っていればと後で悔いることは誰しもが一度や二度は経験していることだろうが、これからの犬は今現在の犬からしか作り出すことはできない現実がある。要は日本犬として良い犬を後世に残すということが前提にあって、如何にその血脈を連綿と未来に繋げていくかということが求められるのである。

日本犬の出発点は主には獣猟犬や鳥猟犬であり、山に残存した犬達であった。時代の要請で里に降り一般愛犬家の間で飼われるようになった。獣猟犬でなければ日本犬でないという論述は根強いものがあるが、現代人にとって犬を飼う目的はそれだけではない。もしそれに限定していたなら今の隆盛はなかったと思う。番犬であったり、子供の友であったり、家族の一員であったりもして飼育形態は多様化して、すべてくるめて日本犬である。

日本犬は原始的犬種ではあるが、野生動物ではない。畜養動物として飼い主とその家族の傍らで生活するのを幸せと感ずるＤＮＡを他の犬種より強く受け継いでいる特異性がある。が、単に愛玩犬を増やせばよいというのではない。日本犬標準の範疇の中で考え姿芸不岐の根本を忘れずに、いざという時に役に立つ犬ということを念頭に置きながらも、時々の飼育を楽しむゆとりは欲しい。日本犬愛好家は使役犬としての優秀性に加え、更に味わい等という日本特有の芸術美を追究してきたが、様々な飼育形態の中でいままでも、これからも日本犬を飼う上での幅を広げ、多様な豊かさを日々深めていくことが肝要と思う。

日本犬を保存するための指針は日本犬標準である。昭和九年（一九三四）に作られ日本犬の性格と形体を熟語を随所に使い語調軽やかな短文の中に巧みに言い表わしている。特に「本質と其の表現」はまさに至言である。以来ほんの一部に手直しを加えたが累代の会員はそれを肯定し、今では世界中の日本犬を扱う団体が規範としている。

人は自分が生きてきた時代の教えや風習を観念的に常識とすることが多いが、犬の飼育形態も例外ではない。時代は常に新しさを求める傾向にあるがこれからの日本犬を考えた時、現代に育った若者達の日本犬に対する考えや感性は無視することはできないまでも、本質的要素の継承は優先されなければならない事柄である。日本犬の歴史は遠く縄文の時代に遡るが、放し飼いから犬舎飼いになったのは昭和の時代も戦後後半のわずか四十年位前のことでしかない。時代が移り変わる中で、私が知る限りの短い間でも日本犬の性格は様々に変化をみせている。昔のままの性格そのままにという想いは懐古的にはあるが、中々に難しい問題である。八十周年の節目の年は通過点であるが、これからの日本犬の本質を再度考える為のよい機会になればと思う。

10年をひとつの区切りにして考えると、この10年は会員の皆さんの協力で組織的にも略安定した運営であったと思う。今号に記載された20年以上の継続会員の方は参千名を越えている。優に会員の三割である。其の道で20年といえば立派にプロフェッショナルであり専門家といえるだろう。これらの人をピラミッドの先端にしてその裾野は広い。日本犬に魅せられた人達のこの数を見て思うのは、これだけ多くの人達を魅了する日本犬が如何に素晴らしい犬種であるかということである。昭和七年（一九三二）からの犬舎号登録数は八万件に近く、累積の登録犬数は２１３万頭を越えている。

生活水準の高まりとともに生活様式は大きく変貌し、女性の社会進出は目覚しい。その昔日本の文化の多くは男性が形作ってきたものが多いが、男女の関わりは昔のようではない。犬一頭飼うにしても、女性の意見をないがしろにすることはできないほどに大きなものがある。よい犬を作るにはよい体験を増やすことである。交通の便がよくなり、熱意さえあれば全国どこへ行くのも容易になった。展覧会は全国50の支部が春、秋に百会場で開催している。犬を知るためのテンポは昔と比べ早いと思うし、犬そのものを見極める勘を養うにはよい経験を集積することであり努力次第である。近頃は机上の空論ならぬ機上（インターネット）の空論も多いが、犬を知るには作出したり展覧会を観たりの実践が大切である。創立90周年に向けてこれからの10年が、会員の皆さんにとって充実したものになることを祈念したい。

（平成20年10月25日　発行）

174　平成20年（２００８）６号

早いものでこの号が届くころは新しい年まであと数日である。今年は昨年から続く年金問題や世界的な金融不安でドル安、円高に加え安値圏で推移する株安等の経済不安が師走の街を被っている。ガソリンは十一月に入り安くなってきたのはありがたい。こんな中で東京で開催された全国展は九二八頭のエントリーがあった。初日の午前中は寒かったものの二日目は汗ばむほどの好天だった。会場は東京湾にゴミを埋めたてて作ったとは思えぬほどの木立や緑に包まれた一帯で、公園や運動場として広域的に活用されている。それだけに環境保全に対する東京都の厳しい規制があり、出陳者の皆さんには駐車場から会場への行き来等を含めて大変だったと思う。東京支部と関係者の方々には精一杯の運営、本当にご苦労様でした。

近頃は規模の違いこそあれ全国各地で開催される支部展や連合展の会場の確保については、環境問題等を申し訳にしてその借用自体が難しい時代になっている。多くは公共の公園やイベント広場、駐車場などを借りるのだが貸す側も出陳犬の糞尿の後始末や参加者の出すゴミ処理等の規制は厳しく、運営に当たる皆さんのご苦労は計り知れないほどに大きい。展覧会の運営は基本的に会員のボランティアで成り立っているが、運営に当たる人も出陳する人も、立場こそ違え同じ会員であり日本犬の愛好者である。展覧会は犬を介して友好を暖め、かつ日本犬種の健全な発展を期するために必要にして欠かせない行事であり、互助の精神を持ち寄ってこそ良い展覧会になると思う。よき会風を育むためのマナーの向上は不可欠の要件といえるだろう。

今年は一号誌から巻頭の写真をカラー化したが好評である。会誌は会員の皆さんの原稿を中心にして編集し、本部からのお知らせや決まりごとを巻末に記載している。会誌の充実については古くて新しい課題でもあるが投稿が少ない。会誌原稿の募集要項で随時お願いしているが、専門的な内容のものばかりでなく日常にあったホットな話題もあったらと思う。

今年一年我が家の犬三頭と猫二匹は元気に過ごしている。健康に感謝である。寒くなってきたが朝夕の運動が大好きな犬達でもある。中型犬は系統を変えながら飼っているが、柴犬は代々同じ系統である。系統にこだわるか否かは理論や学説に左右されるということではなく、飼い主の考え方次第といえるだろう。自分なりのオリジナルなものが作り出せないものかといつも思うが、犬作りとはかくも難しいものよ。と勝手に得心して今年も暮れる。来年もよい年でありますように。

（平成20年12月25日　発行）

175　平成21年（２００９）１号

平成二〇年度秋季展の成績をお届けする。東京都夢の島東地区競技場で開催された第１０５回日本犬全国展覧会は九二八頭の出陳があった。参考犬は２頭、審査犬は一日目は15リングで中型犬は紀州犬１３７頭、四国犬１１５頭、甲斐犬７頭、大型犬は秋田犬１頭であった。二日目の小型犬、柴犬は18リングで６６６頭であった。最終評価を得た犬は５９１頭、各型犬賞は１１２頭、棄権は２２６頭、欠席は１０９頭、担当した審査員は40名であった。

支部・連合展は一支部が中止、49の支部が連合展８カ所をそれぞれに併催して49会場で開催した。出陳総数は７２９７頭、内、参考犬73頭、小型犬５６５７頭、中型犬１５６１頭、大型犬６頭で最終評価を得た犬は４６５０頭、日保本部賞は２６７頭が受賞、棄権は１２９８頭、欠席は１２７６頭、本部派遣の審査員はのべ１２９名であった。

アメリカの金融危機に端を発した１００年に一度という経済不安は世界中を巻き込んでいる。日本も例外ではなく企業は雇用人員を削減し、円高そして株価暴落を招いている。年頭のテレビ等で行われた経済予想もコメンテーターの歯切れは悪く、見通しが立たないほどの混乱模様である。こんな経済世相の中で企業のスポーツ部門は撤退や休廃部を次々と発表している。本業を優先し本体以外の分野の削減を余儀なくされる厳しい経済状況なのである。そんな折、アメリカではオバマ新大統領が誕生し、首都ワシントンの就任式には２００万人の人達が集まったという。人々が寄せる期待は如何ばかりに大きいかということだろう。

81年目を迎えた日保にとっても今年はどんな年になるのか心配がない訳ではない。創立以来国からの補助金はなく、その経費は主には会員の皆さんの会費と登録料で賄う自前の運営である。大変な年になるのだろうが、悪い時は悪いなりに対処して乗り切らねばと思う。昨年の登録は一昨年に比べ柴犬がわずかだがその数を増やしているが、中型犬は減っている。柴犬が登録数の96％強である。街では室内飼いの犬が増え洋犬種を含めた小型犬は全犬種の90％を占めるといい、中型犬種以上の大きな犬はあわせて10％程度なのである。高齢者が増加する人口形態の中で、小型犬優先の構造はこの先変わることはないだろう。中型犬の振興策についてはこの欄でも幾度となくお願いしているが、現状を維持し伸展する手立てを構築すべき時にあると強く思う。

春季展の日程が発表され展覧会が始まった。犬をどう楽しむかは皆さん各々で飼う原点が異なると思う。展覧会を楽しむのも家庭の一員として友にするのもそれぞれであるが、そのよさを次世代に継続できなければ日本犬種の振張はない。本質と其の表現を大切にした作出を期待したい。

（平成21年2月25日　発行）

176　平成21年（２００９）２号

近所にある都立の有名な商業高校が三月に廃校になった。生徒数の減少によるものというが運動の途次に学生達と犬を題材に会話を交わしていただけにさみしい。人口構成の変化は学校の存続すらも許さない状況になっている。ＮＨＫの料理番組でも一世帯の平均人数が二人台になったこと等から四十四年振りに材料の目安を四人分から二人分に減らして放映するという。大家族から核家族へ、更に減少して二人暮らしや一人世帯が増えている。いきおい犬や猫を身近において相手をさせるという時代色を生んでいる。室内飼いが増えているのもこんな因由を含んでいるのだと思う。暖冬傾向は今年も変わらずで当たり前になってきた。我が家の犬達の食器の水も一度も凍ることがなかった。東京では彼岸前に桜が咲いた。

イギリスＫＣが公認犬種の約半数の七十六犬種の標準改訂を発表した。洋犬種団体が審査基準を見直すのはそれほど珍しいことではないというが、その主眼となったのはイギリスを代表するブルドッグだという。芥川賞作家で戦前からの会員であった近藤啓太郎氏（平成14年歿）は講談社発行の「日本犬」（昭和47年）の巻頭文に〝愛犬家で中途半端を嫌う性格の者は日本犬かブルドッグのいずれかを飼う。……その理由は世界の犬種の中で最も原始的なものは日本犬、最も人工的なものがブルドッグだからである。……〟と述べている。愛犬思想の強いイギリスが行き過ぎた作為による特異な面相と体形により発生した健康不安を払拭するために方向を転じたようである。日本犬種は昭和九年（一九三四）に標準を制定して以来それを堅持し、体高の調整程度の見直しをした位で大きく変わっていない。人工的な改良犬種と保存を目的とする原始的な犬種を扱う団体の間には理念の違いがあり、その見解はおのずと分かれるところである。

春季展も中盤となった。会場への行き来は今は殆んどが車である。ＥＴＣ搭載の自家用車を対象にして大都市圏以外の高速道路が土日祝日に限りどこへ行っても上限千円になった。展覧会で利用する人にとっては嬉しいことである。かつて古い会員が全国展行等で使った九州と東京駅を結んだ寝台特急ブルートレインは長い歴史に終止符を打ち廃止になった。新旧会員の皆さんにとっても所思こもごもの年度変わりだろう。

日銀の短観で企業の景気判断は過去最悪というが、ロサンゼルスで行われた第二回ワールド・ベースボール・クラッシック（ＷＢＣ）では日本が韓国に勝って二連覇を達成した。定額給付金の支給も始まりかなりの経済効果をもたらすようだから、暖かさとともに新しく犬を飼おうという気運が盛りあがってくれればと思う。

（平成21年4月25日　発行）

177　平成21年（２００９）３号

草木の緑が日々濃さを増して美しい。春季展が終了した。出陳総数は七七八四頭、昨年同季に比べ五七六頭の減である。日保本部賞はのべ二七四個が授与された。詳細は次回の四号誌で報告する。

四月末メキシコで発生した新型の豚インフルエンザは人から人への感染で世界中に広がりをみせている。日本でも感染者が確認された。例年六月に行なわれる審査部夏季研究会も一時は開催を危ぶんだが予定どおり行う手筈となった。今の所この新型インフルエンザに効くワクチンはない。防ぐ手だては手洗やうがい等の健康管理に努めることだという。狂犬病やかつて不治の病といわれたジステンパー、比較的に新しいパルボ等のウイルスによる感染症はワクチンの開発により予防できるようになった。これからも新しいウイルスが発見される度毎にその対処方法が騒がしく論じられることだろう。

展覧会も終え各支部からの成績表や審査員からの個評が届く。概評の中に〝柴犬に育ち過ぎの犬が多くなった事……作出に一考を……〟という一節が目にとまった。この短い文言の意図を推し測ったとき、柴犬の将来に対する危惧と深い思い込みを感じずにはいられなかった。日本犬は各犬種毎に特有の〝らしさ〟を大切にしているが柴犬らしさが薄れてきている現状を示す手段として雄犬にありがちな伸びのよい体高や太めの体躯から看取した様子を、便宜的方便で育ち過ぎ……と形容し言い表わしたのだろう。

理想的な柴犬らしさの表現は標準体高に近いものに多いと思う。大きめの犬は堂々として立派ではあるが柴犬らしさに欠けるきらいがある。育ち過ぎ、作出に一考、とは時宜を得て巧みな言い様である。個体の識別をする展覧会は外界から見た感覚であり、作出は理論をもとにして事実や資料を組み立てて実践されるが、理論、理屈ばかりが先行して実体が伴なわず落胆することは往々にして起こる。特に雄犬は大きくなる傾向があり注意を要する、とはこの道の定論である。この所雌犬のレベルが雄犬を凌いでいると言われているのもこの当たりに一因があるのかも知れない。どんな道も追求すると喜利がない。日本犬に魅せられた喜利のない人達は多いが好きな道なればこそその深究心には計り知れないものがある。人に無意味と言われても自分の意志で種犬を選んで作出すればいずれ何等かの糧になると思う。経験が一番の先生であり、自分なりの物差しを作ることが大切である。

これから夏、作出のシーズンを迎える。種犬の選定は誰しもが悩み、迷って思考するが昔のように限られた有名犬に集中することは少ない。出陣目録を見ても多様化しているのは明らかである。成績も目安になるが現代の犬は総じて高いレベルにあり各部位は相当に精微されている。原点を考え標準に示す本質と其の表現、を重視し標準体高に近いものを種犬に選び柴犬らしい子犬の作出を心掛けることをお勧めしたい。

(平成21年6月25日　発行)

178　平成21年（２００９）４号

平成二十一年度春季展の成績がまとまった。二月二十二日に始まり、五月十日まで併催八ヵ所の連合展を含めて合計五十の会場で開催された。出陳犬総頭数は七七八四頭、内訳は参考犬四二頭、小型犬六二一七頭、中型犬一五二二頭、大型犬三頭であった。欠席犬は小型犬九六二頭、中型犬一七二頭、棄権は小型犬一三九九頭、中型犬八五頭、最終評価を得た犬は五一一四頭であった。昨年同季展に比べ五七六頭の出陳減である。本部派遣の審査員はのべ一三五名、日保本部賞の授賞は二七四個であった。外国展はアメリカ西部（ロサンゼルス）と東部（ヴァージニア）へ各一回中華民国台湾へ三回でのべ五名の審査員が海を越えて派遣された。

今年も上半期が終った。運営は順調であったが世界的な金融経済不況の中で会員数、登録数ともに減少傾向である。昨年秋に発足した麻生政権は選挙管理内閣等と言われすぐにでも総選挙があるやに報道されたが、実質的には任期満了の様相を呈して七月二十一日に解散し八月三十日の投票となった。この号が届く頃は選挙戦真っ只中だろう。

月が変われば秋季展覧会がすぐに始まる。数年前から甲斐犬が参展し出陳するようになった。この審査については平成十八年の審査部会で基本的には日本犬標準と日保の審査基準の中で犬種の特徴を考慮して対処する。ということが申し合わされていたが、今年の六月の審査部会で、体高、舌斑、被毛について具体的に数値や文言が定められて一定の見解が示された。日保草創の頃の記録をみると甲斐犬や北海道犬、その関係者との交流は深く頻繁であったことが窺えるが、昭和九（一九三四）年に日本犬標準が制定され日本犬を保存する指針が示されると両者は距離を置くようになり疎遠になった。日本犬標準は日本犬が世界に比肩すべきものとして犬種の基準を示して作られたものであることは当時の会誌から推測することは容易である。当初は日本各地に散在する日本犬を犬種別ではなく大・中・小の三型三犬種に統一する心算であったようであるが、中型犬愛好家はその方針に反しそれぞれの地方色を優先して紀州、四国、甲斐、北海道及び越ノ犬の固定を意図したのである。歴史的経過の中で紀州犬と四国犬は犬種の特徴を残しながら中型犬としての地位を確立したが甲斐犬と北海道犬は離脱し越ノ犬は絶滅したのは周知のことである。日本犬を保存する根本は日本犬標準である。制定以来七十五年が経つが、歴史的にも権威があり軽々に変更するべきことではないし、できるものでもない。犬種団体は本質の向上を図り理想を追求することを旨としているが甲斐犬はあるがままを是認してきたきらいがある。同じ日本犬とはいえ他の犬種団体で育まれその表現や趣を異にしてきたものを当会の尺度で審査するのである。難しいのは当然のことである。この現状を考慮し先の審査部会で甲斐犬、北海道犬の規準を一部緩めたのである。但し当分の間と注解を付けた。犬の世代交代は早い。少しでも早く日本犬標準に近付き同化して欲しいと思う。甲斐犬の参展は日本犬界再編の序章かも知れないが日保には創立以来の理念があり日本犬の総括団体としての自負もある。よい形で切磋できればと思う。

（平成21年8月25日　発行）

179　平成21年（２００９）５号

去年も一昨年も猛暑だったのに今年はペルー沖のエルニーニョ現象が影響したのだろうか、日照時間も少なく、中国、北陸、東北地方では梅雨明けも特定できず日本列島の夏は短かった。気象庁はこんな年は冬型の気圧配置も強まりにくく暖冬傾向になるとの見通しを発表した。八月に入り裁判員裁判がスタートした。国民が参加して裁判官とともに判決をする制度である。そしていつ選挙があるのかともどかしく思っていた第四十五回の衆議院の選挙は政権選択を主な焦点として行われ、ほぼ半世紀にわたった自民党の支配が終えんした。民主党が歴史的な大勝を収めて第九十三代鳩山由紀夫内閣が発足した。新型のインフルエンザは衰えることなく国内で初の死者が出た。人が集まる所は要注意というが、冬に向け流行が心配である。十一月の全国展に影響が出なければと思う。

犬及び猫用のフードを対象にしたペットフード安全法「愛玩動物用飼料の安全性に関する法律」が施行さ

れた。これまでは（社）ペットフード協会の自主基準をもとにフード内容や販売方法を定めていたが、農水省と環境省が共管してペットの飼料として販売されるすべての商品について成分規格や製造方法等の基準を定め名称、原材料名、賞味期限、製造業者、原産国等の表示を義務付けた。これに反した場合は廃棄や回収等、必要な措置を講ずるという。ドッグフードが流通するようになって久しいが、当初はその内容を不安視する向きは多かった。それでも便利さを優先させたことについては否めないものがあった。近頃は年齢別や用途別にカロリー調整をしたものが種々様々に商品化されている。ドッグフードの出現により多くの人達が餌作りから解放されるようになった。餌の材質や作り方が話題の中心になったのも今は昔のことである。今では多種多様な商品がありすぎて購入にとまどうほどである。一般的に高いフードはカロリーが高く安いフードはカロリーが低い。フードの選定は主にはこのカロリーの高低で決めるのだが太り過ぎは往々にしてこのカロリーが高いのである。必要以上のカロリーで太った身体を運動で調節するのは容易ではない。適切なカロリーで給餌することが肝要である。餌は飼育管理の基本でもありないがしろにしては良い身体は作れない。その昔、日本犬の理想的体形は〝岩肌に和紙を貼り付けたような身体〟と形容されていた。

秋季展も中盤をむかえている。街の経済動向もあまりかんばしくないが、まずまずの出足というところである。京都で開催される全国展が紅葉に映えてどんな名犬に会えるかなと思うと今から楽しみなことである。

（平成21年10月25日　発行）

180　平成21年（２００９）６号

今年はどんな年だったのだろうかと、師走の月になると種々思うことが多くなった。この号が届く頃皆さんは、あと幾日かで正月を迎えるという多忙な日々であると思う。アメリカに端を発した経済不況の波は世界中を振り回し、円高、ドル安、ユーロ安を招きデフレになった。政権は自民党から民主党に変わり、政府の行政刷新会議による新年度予算の概算要求では、無駄を洗い出す事業仕分けという作業が行なわれ連日報道された。予算を削られる側にとっては大変なことであろう。当会のように国から公共の補助金がない団体は従来どおり自己資金の運営である。経費の節減に努めながらの活動になることは、これからも変わりはない。

28年振りの京都での全国展はこの不況や新型のインフルエンザの影響で出足が心配されたが、昨年レベルの出陳頭数があった。自然を借景にしたかのような明媚な会場には日本各地からたくさんの参加者が集まり、日本犬の祭典にふさわしく盛会であった。

近頃は支部展を含めて会場の確保が難しく、運営に当たる側にとっては頭の痛いことである。公園や多目的広場等の公共の施設は、夜の入場制限をしている自治体が多い。展覧会に集まる皆さんにとっては不満もあるだろうが、治安という観点から見れば事故の発生を未然に防ぐということで、仕方がないのだろうと思う部分もある。これまでもこれからも、運営に当たる方々のご苦労は計り知れないほどに大きい。出陳される皆さんにはこのあたりの状況をでき得る限り理解いただき、協力をお願いしたい。このことは今回の全国展を含めたどの展覧会にも共通していることであり、出陳者、運営者が一体になってこそ日保の発展があり、日本犬の向上が図られるのだと思う。

年が明けて一月には支部規程により支部総会が開かれる。来年は役員改選の年であり、新しい執行部が選出される。日保に限ったことではないが人事については事前、事後を問わず様々な飛語の類を聞くが、改選後の支部運営に不協和音を落とすようなことは避けたいものである。犬の社会は人の社会でもある。日本犬が好きという理由で入会した同好の士女が集まって組織を構成するが、運営に携わる人達は基本的にボランティア活動である。好きな道だからこそできることであり、本当にご苦労なことと思う。人的交流がうまく行かなければ、斯界の発展は望めない。犬達は人間を疑うすべを知らないが、こんな犬達の行動を羨ましく思う時さえある。飼い主に見せる日本犬の表情は、他の犬種にはない自然美と豊かさを醸し出して世間の憂さ等関係ないよ、と語りかけているかのようである。

来年も厳しい世相になるのだろうが、日本犬を飼ってよかったという年にしたい。来年もよい年になりますように。

（平成21年12月25日　発行）

181　平成22年（２０１０）１号

平成21年度秋季展の成績をお届けする。第１０６回日本犬全国展覧会は、京都府の丹波自然運動公園球技場で９２５頭の出陣をみて開催された。参考犬は2頭、審査犬は一日目は小型犬、柴犬で18リングを使い６４０頭であった。二日目の中・大型犬は16リングで紀州犬１５５頭、四国犬１２０頭、甲斐犬７頭、秋田犬１頭であった。最終評価を得た犬は５６０頭、各型犬賞は１１１頭が受賞、棄権は２６９頭、欠席は94頭、担当した審査員は審査部長を含めて39名であった。

支部展は一支部が否開催であったが49会場で開催、連合展は全国八地区に分かれたそれぞれに所属する中の一支部が併開催をして行われた。出陳総数は７３８８頭、参考犬55頭、小型犬５７８６頭、中型犬１５４３頭、大型犬４頭であった。最終評価を得た犬は４７３２頭、日保本部賞は２６４頭が受賞、棄権は１３７２頭、欠席は１２２９頭、本部派遣の審査員はのべ１２７名であった。この厚い展覧会号は一号（二月）と四号（八月）の刊行である。会誌はどの号も巻頭に写真が掲載されるが、全国展、連合展、最優良称号（チャンピオン）認定犬の写真は平成20年からカラー化された。当初は色具合を心配したが杞憂に過ぎなく鮮明である。全国展の写真は今年の一号分から、フィルムだけでなくデジタルカメラで撮影したものも含まれている。デジカメの普及は犬を撮影するのも容易にした。写したその場で良否の判定ができる。便利なことこの上ない。犬体の大きさは適宜調節して、全犬がほぼ同じ大きさになるように拡大や縮小をして掲載している。本来は犬が主体の写真だから犬だけが写っているのが好ましいが、多くは飼い主の足が入ってしまう。審査決議事項の中に〃ハンドラーの行為として〃ハンドラーは犬の後方に位置しリングでの立たせ方は、その犬のもつ自然的な姿勢をとらせる。特に頸の釣り上げによって不自然で窮屈な姿勢をとらせたり……とあるが、これがなかなかに難しいようだ。まず首環の付け位置である。あご下の咽喉部にかけるのは好ましいものではない。結果的に頸つりのハンドリングになる。首環は頸礎にかけ背線に対して45度位の角度で引くのが理想である。犬自身が前へ出やすい引き方で、ハンドラーの立ち位置は自然に犬の後方になる。個々の条件が異なるから一概には言えないが、総体的に見るとよい立ち姿勢を見せるのは四国犬に多い。人犬が一体になったハンドリングは見ていて好ましいし、ハンドラーも気持がいいだろう。犬体の写真撮影での表と裏はというと、巻尾の犬は尾先が見える側が表になる。差尾の犬はこの限りではない。写真は表側からの撮影が好ましい。

政治経済ともに混とんとして落ち着かない新春である。気象庁は桜の開花予想を今年から中止したという。早速民間会社が東京の開花は3月24日頃と予想を出した。東京展の4月4日は満開?　だろう。全国各地の展覧会日程が発表された。誘い合って楽しんでほしい。

(平成22年2月25日　発行)

182　平成22年（2010）2号

本部、支部ともに二年に一度の役員改選が行われた。五十の支部が一月に総会を開催し、十二の支部が新しい支部長を選出した。二月十四日の本部の定時総会では各連合会毎に候補者が推薦され再任を含めて三名の方が交替、前期に比べ一名を減じて二十一名の役員が選任された。同日中に新理事会が開催され会長、副会長、専務理事、常任理事及び常任監事の役職を決めた。猟能研究部委員は本部役員、審査部及び各連合会から各一名を推薦し十名の方が承認された。代議員は各連合会および各支部から一名が選出され五十八名の方が会長から委嘱された。審査部長等の人事は六月の審査部会で行われる。新たに選任された方々の任期は二年間である。

カナダ、バンクーバーで冬季五輪とパラリンピックが開催された。ご多分にもれず日本選手の活躍をあきずに見た。デジタル放送の美しい画面は臨場感一杯であった。四月からは高校の授業料が実質無償化、子供手当法も決まって施行されることになった。年度変わりは様々な変改があって新たな気持になる。桜が咲き始めた後、東京は花冷えで冬のような寒い日が続いた。

デフレや不況が長引き大河ドラマ「龍馬伝」が人気を博する中、春季展は中盤を迎えた。関東地区の会場へ足を運んで楽しんでいるが、ある会場で目に留まる犬が居た。足捌き（さば）がよく動きがよい。部分的な短所はあるが補って余りある。単に私の好みというだけであるが、こんな日は何か得をしたようで一日気分がよかった。展覧会はたくさんの犬が集合する。犬を知るためには一番の催しである。そしてその地域特有の全体像を見ることができる。地域の特異性は昔と比べ少なくはなっているが、それなりに存在する。それは微妙な異なりではあるが、それぞれに長短がある。地域が持つ理念の違いなのか種犬によるものなのだろうか、各々に主張が感じられて興味深い。

日本犬は総体的に質の高い犬種といわれている。数ある犬種の中で展覧会用と一般に飼育される家庭犬との差異の少ない犬種である。それは長年の日本犬愛好家の積み重ねてきた努力の賜でもある。日本人は完璧主義的な考えを持つ者が多いが、日本犬に携わる方々には尚それを強く感ずる。血統にこだわりを持つ人が多いのも同根にあるといえるだろう。犬を判別する難しさは誰でもが経験する。血統書を優先するか、現物かは論の分かれるところでもある。血統書は系統を知るためには大切ではあるが、現実の犬の判断をすることとは別のものと考えるべきで血統の流れの確認をするものと思う。特に家庭犬として飼う犬を求めるときに大事なのは気性である。展覧会は日本犬標準に添って評価をする。よい成績のものはよい家庭犬であることが理想であるが、中々うまくはいかない。飼い易さは別のものと考えてよいだろう。犬種の盛衰は姿、形も大切な要素にはなるが、要は性格で決まると思う。

(平成22年4月25日　発行)

183　平成22年（２０１０）３号

日本列島は梅雨を迎え青葉が美しい。春季展は記録的な多雨と日照不足の影響があって前半は雪や雨が降り寒い日が多かった。出陳頭数は七八二〇頭を数え昨年同季に比べて36頭の増、日保本部賞はのべ２７７個が授与された。詳細は次回の４号誌で報告する。

大西洋北極圏に近いアイスランドで2世紀ぶりという大規模な火山の噴火がおきた。ヨーロッパ上空一帯に火山灰が広がり各国飛行場は離着陸を停止。空の便は大混乱となった。昨年4月メキシコで発生した新型の豚インフルエンザは人にも感染するということで世界中に恐怖を与えたことは記憶に新しい。が、今度は人には感染しないが主に偶蹄類が罹患するという口蹄疫が10年ぶりに国内で発生した。ウィルスによる伝染病でいまのところ収まる気配はなく拡大の様相をみせているという。関係者にとっては大変なことだろう。一刻も早い収束を祈るばかりである。

五月半ばアメリカイリノイ州からある柴犬が18歳7カ月の命を閉じたというメールが届いた。年に一度開催されている東部の柴クラシックショーの数日前のことである。この展覧会は一九九二（平成四）年に東部のコネティカット州で始まった。途中で名称を変えたが今年19回目を迎えたコロニアル柴クラブ主催の柴犬展である。会場はコネティカット州を皮切りにメリーランド州、テネシー州、ヴァージニア州、オハイオ州へと移してイリノイ州に至っている。アメリカの柴犬界は西部で米国柴犬愛好会（ＢＳＡ）が先導してすでに活動していた。曲折もあったがその了解を得て東部での開催にこぎつけたのである。18年前の頃アメリカ東部との人的交流は少なく必然的に犬質もそれなりで玉石混交の状況であった。そしてこの第一回展にあわせてある会員の方が東部の柴犬発展のためにと日本から雄・雌の若犬を贈ったのである。この二頭、渡米の前夜私の家で一泊したのでよく覚えていた。メールの犬はこの雄犬である。アメリカでの飼主はＨさんで柴犬の愛好家であると同時に本を作ったり啓発に務められていた。メールはこう綴っていた。「老衰の兆候もなく元気であったこと。緑内障で両眼を摘出したが日常の生活には支障がなかったこと等々。日々平穏に過ごしていたが五月に入り自分で立つことができなくなりトイレが困難になってひどく動揺している様子をみせたという。今まででで最高に可愛い一頭であった。彼の行動は誇り高く勝利者でもあった……」と結んでいる。千思万考の末のことだろう。彼にとって最善と思える方法を選んだようである。日本から遠く離れた地での生活、故里の風景を思い出したことがあったかも知れない。アメリカの柴犬の発展の一翼をも担ったであろうこの犬へ、追福の気持を表したい。

（平成22年6月25日　発行）

184　平成22年（2010）4号

平成22年度春季展の成績をお届けする。2月21日に始まり5月9日まで、併催した八カ所の連合展を含めて五十の支部がすべて開催した。出陳総頭数は七八二〇頭、内訳は参考犬四八頭、小型犬六二一四頭、中型犬一五四九頭、大型犬九頭であった。欠席犬は小型犬九八六頭、中型犬二二八頭、棄権は小型犬一三八三頭、中型犬九八頭、最終評価を得た犬は五〇七七頭であった。昨年同季展に比べ三六頭の増である。本部派遣審査員はのべ一三四名。日保本部賞の授賞は二七七個であった。外国展はアメリカ西部（ロサンゼルス）と東部（トリード）へ各一回、中華民国台湾へ二回、そしてイタリア（リェーティ）へ初めての派遣をしてのべ五名の審査員が海を渡った。

名誉会員、和歌山の樋口多喜男先生が亡くなった。昭和61年秋、神奈川で開催された全国展での紛争の翌年3月、時の審査部長が引責辞任した後をうけ6月の審査部会で部長に就任された。この騒動は日保の運営そのものを考える機会にもなった事件であった。そして本部役員と審査員の兼務の廃止や審査員の定年制の導入等の機構の改革がされて、ほぼ現在の運営体制が整えられたのである。審査部に対する風当たりは強いものがあったが、新しい流れをつくるための懸命な努力がされた。徐々にではあるが催し事も軌道に乗り始めた頃の平成2年3月、樋口審査部長は米国柴犬愛好会第五回展に出張、私もお供をした。ロサンゼルスで日本犬を紹介するテレビ出演をしたり、講演をしたりでお元気そのものであった。平成8年2月まで5期10年になんなんとする間、審査部長としてその任にあたられた。筆舌ともに巧みで難しい時代の舵取りには最適の方であった。その後副会長を3期6年努められ平成14年2月に引退された。全国展紛争後の混乱期を持ち前のバイタリティで導かれた手腕は永く評価されるだろう。

年の初めには樋口部長の副委員長を務められた群馬の森戸正先生が旅立たれた。全国展では中・小型犬ともに成犬組を担当される等オールマイティの人であった。私は審査員になりたての頃、随分とご指導をいただいた。「小さな欠点にこだわると大きなミスを呼ぶ、全体の把握が大切」といわれたのが印象に残っている。

これを書いているさ中、上野動物園長他を歴任した増井光子さんが、イギリスで客死したとの報道がされた。昭和30年代後半から日保に在籍されたことがあり、紀州犬の愛好家でもあった。平成11年の審査部会で日本犬とニホンオオカミというテーマでお話をいただいたが、その時の内容は会誌増刊号の日本犬のすべてに収録されている。この時、樋口先生と紀州犬のことを楽しそうに話されていたのが目に浮かぶ。斯界の先達も順々と遠くへ行ってしまわれ、思い出だけになっていく。

梅雨明けとともに暑い。とにかく暑い。政権が民主党に変わって8カ月、鳩山内閣総理大臣が退陣、管直人内閣が発足。7月に入り参議院通常選挙で民主党は議席を減らし、衆・参がねじれ現象となった。円高もデフレも収まらない。難しい世相である。

秋季展の日程と審査員が発表された。秋はもうすぐそこにある。日本犬を楽しもう。


（平成22年8月25日　発行）

185　平成22年（２０１０）５号

先の四号誌で暑い。とにかく暑いと書いた。昨年は梅雨明けを特定できない地域もあって日照時間は少なく短い夏だったが今年は倍返しのような猛暑。気象庁は平均気温が統計に残る一三三年間で最高と発表。全国の暑い記録をぬり変えて更新するほどの暑気であった。熱中症は人だけでなく犬の訃報も随分と聞いた。いずれは涼しくなるからと週間天気の気温情報を見ながらもう少しもう一寸と毎日自分に言い聞かせて汗びっしょりで犬と歩いた。この暑い中、民主党の代表選挙が行われた。菅直人首相が再選され第二次改造内閣が発足した。九月に入り秋季展が始まった。記録的な暑さに加え景気の低迷も影響しているのか中盤になっても出陳頭数が伸びないようである。

彼岸を界に一気に涼しくなった。富士山が昨年より十二日も早く初冠雪。駆け足で冬の装いを見せ始めているようである。今年の冬の気温はどうなるのだろう。気にかかることである。日保がインターネットでホームページを開設して十二年が経つ。創立七〇周年の年だった。記念品に当時全盛であったテレホンカードを作ったが、その後急速に携帯電話が普及して今では多くの公衆電話が街中から姿を消した。ＩＴ関連の進歩は目覚しくインターネットは生活を一変させるほどに便利な機器である。国境を意識することなく世界中のどこへでもビデオ通話をすることができるし、犬の飼育方法や病気のこと等あらゆる情報が特別な料金もかからずに瞬時に写し出すことができる。犬の販売方法も変わりつつあって、子犬も愛らしい写真入りで広告されている。店舗販売と違い対面でないから犬の性格まではわからない。このあたりがネックになっている。家庭犬として飼う一番大切な性格がおざなりになっているのではないか。そんな気でみるからなのだろうが運動で出会う小型の洋犬種にシャイ気味な犬が増えているように思う。犬は物品とは違う。明朗で活発でなければ飼う楽しさは半減するだろう。

インターネットは上手に使えばこんな便利なものはない。が、匿名で何でも書き込むことができる危険性があってこれによる被害が広がっている。発信元の捜索は難しく、見えないことをいいことに特定個人や審査員を名指しで誹謗し中傷する事例がでていることを見聞きするが、恥ずかしい限りである。この文明の利器も使い方次第。良心に添って日本犬文化を楽しんで欲しい。

（平成22年10月25日　発行）

186　平成22年（２０１０）６号

様々な想いを残して今年も暮れる。毎年一月から十二月まで、総会に始まり春季展、秋季展、全国展と一年を通してあらましは同じことの繰り返しなのだが過ぎてみるとその内容は毎年異なる。自分自身も去年今年と少しは成長しているのだろうかと年の瀬にはいつも思う。時世は円高、デフレによる不況とやらで企業の求人が減り来春の新卒予定の学生の就職は超氷河期という。犬社会もここ数年国内の犬種団体は押し並べて会員数、登録数を減じている。ペットブームとはいわれているが現実の数字は右肩下がりである。秋季展の出陳数も心配されたがほぼ昨年同季並みの数の出陳があったし愛知開催の全国展は僅かではあるが昨年の出陳頭数を上回った。雨が心配されたが明ければ二日間とも快晴で汗ばむほどの陽気だった。枯芝の会場は展覧会には最高の立地であり、底力のある愛知支部の総合力と相まって素晴らしい全国展だった。米国柴犬愛好会の代表勝本价爾ご夫妻も国際空港として三十二年ぶりに国際定期便を復活させた羽田空港を利用され日本の柴犬を堪能された。

　自然界では夏の酷暑の影響で山に食料が不足し例年になく熊や鹿、猪や猿が山すその街へ出没してその被害が報じられている。その対応もそれぞれの地の猟友会が主になっているようだが会員の減少や高齢化でその駆除もままならないようである。これから毎年人口減少が続き老人も増え今までに経験したことのない生産年齢人口減の時代を迎える。思いもかけないような社会現象が出来（しゅったい）するかも知れない。日保の運営もこの社会情勢に対処できる強い体力をつけていかなければと思う。

　国は平成二十年十二月より公益法人制度改革関連三法を施行した。従来の公益法人は新制度施行後五年以内に公益社団・財団法人の認定申請をするか、一般社団・財団法人への移行認可の申請、あるいは解散するかである。全国の約二万五千の公益法人に対して明治以来の公益法人形態の抜本的な見直しが迫られている。

当会も新しい法律のもと移行認定に向けて準備に取り組んでいるところである。

十月七日職員の仲文恵さんが亡くなった。三年弱の勤務ではあったが、明るく真面目な人だった。半年余の闘病生活の後三十八歳の若さで浄土へと旅立たれた。今年一番の悲しみであった。

来年もよい年になりますように。


（平成22年12月25日　発行）

187　平成23年（2011）1号

平成22年度秋季展の成績がまとまった。第107回日本犬全国展覧会は愛知県蒲郡市のラグーナ蒲郡・海陽多目的広場で開催された。出陳総頭数963頭、参考犬は4頭、一日目は中・大型犬282頭で17リングを使い紀州犬158頭、四国犬114頭、甲斐犬6頭、秋田犬4頭であった。二日目は小型犬677頭で前日同様の17リングであった。最終評価を得た犬は549頭、各型犬賞は121頭が受賞、棄権は310頭、欠席は100頭、審査員は審査部長以下37名であった。

支部展は50会場で開催、連合展は全国八地区の連合会がそれぞれ併催して行われた。出陳総頭数は7113頭、参考犬53頭、小型犬は5584頭、中型犬1467頭、大型犬9頭であった。最終評価を得た犬は4

５０２頭、日保本部賞は２６０頭が受賞、棄権は１３２１頭、欠席は１２３７頭、本部派遣の審査員はのべ１２９名であった。

昨年夏の酷暑が妙になつかしく思えるほどに今年の冬は寒い。日本海側は記録的な大雪、太平洋側はカラカラ天気で連日の乾燥注意報である。新しい卯の年を迎えても変わらず運動に出るが、雪国の皆さんの犬の管理は本当に大変だろうと想像する。

日本経済も悪循環をしているようで昭和43年（一九六八）以来の世界第二位の経済大国の座を昨年末に中国に渡した。経済発展を期して家電製品や自動車等にエコポイントを付け景気拡大を図っているが、中々には上向かないようである。

平成20年12月に始まった公益法人制度改革が三年目に入った。全国で約二万四千を数える公益法人は25年11月までに、公益か一般か解散するかのどれかを選ばなければならない。いずれにしても明治29年（一八九六）に公益法人制度が施行されて以来の大改革である。日保は昭和12年（一九三七）三月に社団法人の認可を受けたが、その時の社会情勢を考えるととても大変なことであったと思う。そして今、公益社団法人認定を目指して準備作業に入っている。この先も国の天然記念物日本犬を保存する団体としての自覚、を会員全体で考えていかなければと思う。

人口が減り始め、経済が縮小する中で将来の日本の動向を予測しさぐることは難しいが、その時々で日保としてのベターの選択をして維持発展を心掛けていかなければならない。

今年も新しい審査員三名が委嘱された。新人はベテランとは異なる斬新な気持で審査に当たるだろう。期待したい。

（平成23年2月25日　発行）

188　平成23年（2011）2号

平成20年12月、公益法人制度改革関連三法が施行されてから三年目を迎えた。従来の公益法人の制度は、民法第34条により明治29年から一世紀を越えてその役割を果たしてきたが、従前の主務官庁の監督制を廃止して内閣府あるいは各都道府県毎に一本化するという、公益法人に対する制度改革である。この改革に際し日保は国の天然記念物日本犬を保存する団体として、公益認定に向けて数年前から法人法、認定法、整備法からなる法律のもとで諸規定の整備等々に取り組んできた。そして二月の本部総会で公益認定のための新定款案が承認され、三月末、多様な添付書類を整え内閣府公益認定等委員会へ電子による申請をした。今しばらくは役所との折衝となるが、新定款は認定された後、登記を済ませてから施行される運びとなる。

青森から鹿児島まで約二千キロが新幹線の鉄路でつながった。通しての乗車時間は10時間台になるという。遠方の展覧会への往来は重宝になることだろう。

野球トバクに端を発した相撲界の八百長問題は混沌として3月の春場所は中止、5月の夏場所も通常の開催が危ぶまれている。海外ではエジプトやリビア等の中東一帯の産油国の政治情勢が混乱と緊迫の度を加えている。ガソリン価格の高騰は当分続くのだろうか。

春季展の序盤が終わった3月11日14時46分、マグニチュード9・0という日本の観測史上最大の地震が東日本一帯を襲った。テレビで観る限りだが大津波で沿岸一帯は波にさらわれ、原子力発電所もトラブルが発生した。あまりにも広域にわたった途轍もない大震災に、筆舌で表わすには感情が錯綜して、小欄でコメントするには物怖じるばかり。それ程に「恐ろしい」という一語に尽きる光景である。死者、行方不明者は日を追って増えている。復興への道程は並大抵のことではないだろう。ただただ被災された方々の、心安らかなことを祈るばかりである。あまりにも人的被害の大きな災害であったからなのだろうが、犬や猫の被災情報が伝わってこない。被災地からは離れてはいるが、我が家の犬や猫も余震の度に不安そうな表情を見せて寄ってくる。現地では動物達の被害も相当なものがあるだろう。胸の痛むことである。4月1日、文化庁から『節電協力のお願い』という書面が届いた。末尾は「国民に元気を届けるためにも、ぜひ工夫していただきながら、より一層の活動の活性化をお願いいたします」と結んでいる。

（平成23年4月25日　発行）

189　平成23年（２０１１）３号

春の展覧会が順調にスタートして二週が過ぎた金曜日の昼下がり、東日本大震災が発生した。地震、津波に伴う原発事故も起きて未だ復興の道筋がはっきりと見えて来ない。大変な出来事である。春季展は自粛すべきだとの声もあったが、主催する支部に判断をゆだね15支部が中止を表明した。二号誌51頁のとおりである。35支部が5連合展を併催し出陳頭数は五〇〇三頭。昨年同季に比べ二八一七頭の減であった。15の中止支部の出陳頭数を差し引いて比較すると一四七頭の減である。日保本部賞はのべ１６３個で１１４個の減。同様に比較すると24個の減である。詳細は次回の展覧会号で報告する。

東日本大震災による原発事故で、夏の電力不足が心配されている。昨年は記録的な猛暑であった。今年も五月に入り早々と夏日になる地域も出て気がかりなことである。東日本以西の梅雨入りは例年に比べ、十数日早いと報道された。梅雨前線も活発というが、自然の動きを長期に予測するのは至難なことと思う。企業の中には始業時間を早めるサマータイムの導入をする所もあって、電力不足をいかに満たすかが問われている。心配な夏になりそうである。

毎年五月の最終日曜日に行なわれる本部主催の猟能研究会。八ブロックを巡回して今年は四国松山市での開催であった。使役犬として日本犬の本質の維持向上を目的とする機関として組織された猟能研究部。発足は昭和60年（一九八五）であった。当初は実猟部と称し競技会を開いたが一度だけで、後は日本犬の本質を追究するための研究部として活動している。四国地区は熱心な会員も多く参加犬は済々である。展覧会と異なり、追い綱から放たれ身ひとつになった犬達の内面的感情の表われを、つぶさに看取することもできて興味は尽きない。この日台風2号が四国沖を進み、いつになく雨が降り風が吹いた。人間の目からみれば最悪の条件ではあるが、我が愛すべき犬達はずぶ濡れになりながら果敢に挑むものもいれば、飼い主の期待とは裏腹に動くものもいる。囲いの中とはいえ犬達にとっては真剣勝負である。本能的な行動は無意識の意識となって猪に対峙するのだと思う。その昔、狩猟犬として存在した日本犬達の潜在する本能を引き出してやることは、犬達にとっても悦びの時間であるだろうと勝手に想う。日本犬の本質を見極めるこの催しは飼育する者にとって「日本犬とは」という原点を探り、種の方向性を考えるためにもとても参考になる行事と思う。

帰途、ザアザア降りの雨の中、参加された方々の犬達に目をやる慈しみのお顔が次々と浮かんで、よい一日であった。

190　平成23年（２０１１）４号

平成23年度春季展の成績をお届けする。2月27日に始まり5月8日まで併催する八カ所の連合展を含めて五十の支部が開催する予定であった。が、3月11日突然の東日本大震災。13日開催の5支部は不安のうちにも開催したが、その後東北、関東、北陸の中で、15支部が中止した。開催を決めた35支部の出陳総数は五〇〇三頭、内訳は、参考犬24頭、小型犬三九九〇頭、中型犬九八三頭、大型犬六頭であった。欠席犬は小型犬六一四頭、中型犬一六九頭、棄権は、小型犬九〇八頭、中型犬四九頭、最終評価を得た犬は三二三九頭であった。本部派遣審査員はのべ89名、日保本部賞の授賞は一六三個であった。外国展はアメリカ西部（ロサンゼルス）と東部（トリード）へ各一回、中華民国台湾へ二回、そしてイタリア（リェーティ）へ二度目の派遣をして、のべ五名の審査員が渡航した。

ドイツで開催されたサッカー女子ワールドカップで、日本代表のなでしこジャパンが世界ランク一位のアメリカをＰＫ戦へ持ち込んで優勝した。アジアのサッカー界にとって初の快挙という。政府はチームに対して国民栄誉賞の授与を決めた。地上波のテレビ放送がアナログ放送を終え、東日本大震災の岩手、宮城、福島の被災3県を除いて7月24日正午、地上デジタル放送に移行した。草創期の白黒テレビで育った私にとっては、鮮明なカラー映像は今更ながらに感嘆するばかりである。

今年の夏も変わりなく暑い。3月に公益社団法人への申請をして4カ月が経つ。内閣府の公益認定等委員会との折衝も重なって尚更に暑さを感ずる。日保が設立されて83年、社団法人の認可を受けて74年、創始の運営に携わった方々は新組織の構築に全力を傾注し、事業開始時の活動態勢は意気盛んであったことと思う。この度の公益法人改革についてはどのように対処し継続するかであった。公益団体か一般団体か、あるいは解散かの三者択一である。日保の根幹の事業が公益に結びついて、社会一般の利益になっているかという公益性の有無が焦点となっている。何せ明治29年以来の国の大改革である。現在の会員の皆さんが創立時の方々と違うのは、事業の継続者であるというところにある。日保の活動は終点のない駅伝のようなもので、如何によい形で後世へタスキをつないでいくかということに尽きる。七月末には今年の定時総会で承認した新定款の修正のための臨時総会も開催した。内閣府との折衝も質問の内容から大詰めに差し掛かっていることを感ずる。

秋季展の日程が発表された。9月11日から11月6日まで50支部すべてが開催する。全国展は11月19、20日、兵庫県姫路市で開催。たくさんの名犬にあえるのが今から楽しみである。

（平成23年8月25日　発行）

191　平成23年（２０１１）５号

昭和12年（一九三七）の会誌4月号巻末の本部報告に「社団法人認可なる。昨年7月に申請せる社団法人改組に就いては、去る3月10日附を以て内務大臣の認可を得た」と枠囲いで報告されている。同号の後記には〝待ちに待った社団法人の認可もようやく実現した。これで堅実な進運も、新らしい発足への嘱望もいよいよ期待してよいと思います……〟と前途を見据えての喜びが記されている。それから74年の歳月がたち明治29年の公益法人の制度が施行されて以来、従来の社団法人あるいは財団法人は、平成20年12月から25年11月までの5年の間に更に公益性を高めて公益法人に移行するか、官の制約から離れて自由な運営を求める一般法人かあるいは解散かの何れかを決めなければならない、という国の大きな機構改革である。この新制度の施行に伴い、それぞれの団体はまず自らの組織を冷静に見極めなければならないことになった。設立当初の理念を勘考したとき、現在の活動内容が初期にかかげた理想のとおりに運営されているかどうか。運営側の思惑だけではない大方の会員の考えはどうなのだろうかということも大きな判断要素であったが、将来に向けた活動の方途を探るということを含めて公益社団法人の認定に向けて作業を進めた。そして8月26日、内閣総理大臣から移行認定の報が届いた。９月１日法務局へ法人登記を済ませて改めて公益社団法人日本犬保存会の出発である。昨日と同じ事務所、ほぼ同じ形態の業務であるが何故か空気が違うように感ずる。これから社会の目は今以上に厳しくなるだろうが、側面から推測すれば登録犬の付加価値は時事として増していくものと思う。

現在日本の犬種団体で社団法人として活動する団体は、私の知る限りでは10団体ほどである。その中で日本犬のみを扱う団体は当会を含めて５団体、日本犬を含んでいる全犬種の団体は２団体、あとは洋犬種の団体である。今の所これらの団体が、この制度改革で移行認定あるいは認可を受けたということは聞知していない。この度の公益法人制度改革で、公益社団法人日本犬保存会として認定されて段落はしたがこれでよいということではない。更に向上する気概を持って進展せねばと思う。

（平成23年10月25日　発行）

192　平成23年（２０１１）６号

この号が届く頃は今年もあと数日。平成23年卯の年が終わる。年の暮れになるといつも思うのは、一年の出来事である。３月の東日本大震災、９月に入って台風12号、続く15号の記録的な集中豪雨。それにしても記憶に残るほどの災害の多い年であった。

11月の全国展初日の19日は今年を象徴するかのような土砂降りで、午後の比較審査では一部のリングを変更せざるを得ないほどの悪天候であった。直接の運営にあたられた兵庫支部の方々、近畿連合会の皆さんには大雨の中本当にご苦労様でした。翌20日は打って変わっての晴天、足元は悪かったものの印象に残る素晴らしい全国展であった。

9月には内閣総理大臣が菅直人首相から野田佳彦首相に変わった。円は75円台という最高値を更新し、株安は収まらずデフレが続き、TPP（環太平洋経済連携協定）の交渉参加問題では、関係者を含め大わらわの様相である。世界に目をやれば北アフリカのアラブ諸国の政情不安、ヨーロッパの経済危機、タイの長期にわたる大洪水と目まぐるしい。日本の人口は減少しているが、世界の人口が10月31日には70億人に達すると報じられた。この後も増えていくという。

こんな中での日保の一年、特筆すべきは公益社団法人に認定されたことであろう。運営自体はこれまで同様に大きな変化はない。ほぼ安定していたと思う。11月までの同時期比は会員数は5％ほど減じているが、登録数では2％ほどの増である。柴犬は安定的に頭数を確保している。日本犬を飼うということについては目的意識の多様化が進み、好ましいとは言えないが柴犬に洋服を着せる愛犬雑誌等が出版されているほどである。現代は種々様々な飼育形態があり、いろいろな楽しみ方があって一概にこれを否定することはできない風潮があり難しさがある。

11月に入ると今年亡くなった方々の喪中の葉書が届く。一寸前まではご交誼いただいた方の御両親や縁者の方が多かったが、この所直接の友人や知人の訃報が交じってきた。自身歳をとったのだが、犬談義に明け暮れた彼も逝ってしまったかと、生前の好誼を思い浮かべて寂然にかられることもしばしばにある。

明けて正月を迎えると、新しい年に期待を寄せる年賀状が届く。三六五日の始まりは誰彼なく希望に満ちた心地になるだろう。昨年の秋以降に生まれた子犬は一万二千頭余り、正月のこの頃が飼い主の想いを一杯に受けて育まれ成長する時期でもある。辰年がよい年になりますように。

（平成23年12月25日　発行）

193　平成24年（２０１２）１号

春季展の日程が発表された。昨年の春季展は東日本大震災により、二カ所の連合展を含めて十五の支部が中止した。今春は五十の支部が所属する八連合会の併催を含めて、すべてが開催する。展覧会は日本犬の質の向上を目的にしているが、全部の登録犬が参加するということではない。展覧会への出陳可能な年齢を生後半年位から七歳前後と仮定すると、その間の登録数は20万頭前後になる。ここ数年の平均した出陣頭数は春、秋あわせて延べ二万頭弱であるから展覧会に出陳する犬はそう多くはない。

日本犬はペット用と展覧会用の垣根の低い犬種といわれているが、街を行くこれらの犬の外見からもそれを感じることができる。戦後の秋田犬に始まり中型犬の興隆、現代は柴犬が多数を占める。昔の犬達と比べると外見のまとまりは格段に向上しているが、内容は伴っているのだろうか。識者はよく本質が大切という。日本犬の本質とは、生まれながらにして備わった欠くことのできない根本の性質・要素に要約されるといわれるが、日本犬の大切な見所とされる持ち味は年齢とともに加味されて、日本的な上品な顔貌の中に渋さをみせるようになる。成熟した日本社会の中で日本犬が時々の流行犬種と異なる人気を得ている大きな要因であろう。柴犬は海外でも人気を博しているが、その因由は性格であると思う。外見のきりっとした立耳・巻尾の姿は世界中の愛犬家の誰もが好ましい共通項として理解するだろうが、顔貌の趣を看取するには相当な経験を必要とするだろう。だとすれば外見だけではない飼い易さということがポイントとなって、人気の基になっているのだと思う。内外で飽きることのない要因は、外見だけではないこの内面のよさにあると思う。展覧会だけの賞歴を追い、それのみで犬を作るのには危惧を感じるが、外貌だけでない内面的なよさを加味した飼い味のよい性格のものを残していかなければならないと思う。

昨年末からの寒波は正月になっても続いて、いつになく寒い冬である。日本海側は大雪、東京は記録的な乾燥した日々が続いた。

今年は支部・本部ともに二年に一度の役員改選の年である。この号が届く頃は新しい執行部による運営が始まり、春季展の準備に掛かっていることでしょう。昨年は災害が多く大変な年であった。締め括ってみると会員は５・４％の減であったが、登録は２％の増であった。公益社団法人の認定を受けた後、初の定時総会は２月12日である。

一月中旬、野田内閣総理大臣は通常国会に先立ち改造内閣を発足させた。経済不況もあり政情は大変な様相をみせている。国立社会保障・人口問題研究所は二〇六〇年には日本の人口推計は三分の二に減じると発表。65歳以上の人達が40％を占める高齢化社会になると伝えている。趣味・道楽の世界は世の変容を敏に反映していくというが、誰もが欲しくなるような健全な日本犬の子孫を残していかなければと、強く年頭に思う。

（平成24年２月25日　発行）

194　平成24年（２０１２）２号

公益社団法人に認定されて初の定時総会が開催された。今年は役員改選の年で十八名の理事と二名の監事が選任された。直後の理事会で会長、副会長、専務理事、常任理事が決まった。任期二年間、会員の皆さんと共に新しい日保の歴史を積み重ねてゆく。

今年は全国的に寒い冬だった。関東や近畿、東海地方では立春から春分までに吹く南風、春一番は吹かず仕舞だった。東京の桜は彼岸の頃に満開になる暖かい年もあるのに今年は3月31日になっての開花宣言である。私事になるが今年一月に11歳の犬が、三月には20歳になる猫があの世へ行った。家の中で飼いいつもまとわりついていていただけに、住空間に透き間ができたように静かになって物寂しい。犬や猫の寿命は長くなったとはいえ、人から見れば五分の一程度である。短い一生の中で幼い頃の頬ずりをしたくなるような可愛さに始まり、思春期もあれば老年期もあって十数年の間に人間がたどるあれやこれやを縮尺し、身を持って暗示するかのように振舞う。長い間に見送った犬達の中には、また逢いたいと思う記憶に残るものも少なくない。会員の皆さんもそれぞれの想いのなかで飼育されているのだが、長い年月を振り返ると様々な思いが錯綜する。犬を飼う目的は多様であるが、私自身若い頃は形から入ったと思う。顔貌が良い、毛が良い、体形が良い等と展覧会に向けた外観の良さを優先していた。成績もよく飼い味もよいというのが理想なのだが、これが中々に難しい。よい成績を収めたのに飼いにくいということはままあることである。
つい先日、古い友人からまた犬をお世話いただきたい、と電話があった。15年飼った先の柴犬がとても利口だったからという理由で同じ系統の犬を、とのこと。反面、飼いにくい犬の矯正方法はないか、どうしたらいいか、と訊ねてくる電話もある。気の毒と思える内容もあるが一般的に犬種の盛衰は性格にあると思う。東京上野動物園のジャイアントパンダが繁殖行動に入り、佐渡では特別天然記念物のトキが複数個所で営巣し、抱卵が確認されたという。希少動物の生命の誕生は誰もが望んでいることだろうが、種の保存が第一で性格等は二の次だろう。犬はたくさんの種がある。飼いにくかった犬種を再び飼うという人はいないと思う。そうならないよう本質的に優れたものを残していくよう、作出には思案して欲しいと思う。犬は一年を通して出産するが、統計的には初夏の頃から秋にかけてが繁殖シーズンといえる程に多くなる。中型犬は出産数が減っている。中型犬飼育の皆さんには、是非にも作出を心掛けていただくようにお願いしたい。

（平成24年4月25日　発行）

195　平成24年（２０１２）３号

毎年五月に行われる猟能研究会が、今年は北陸地方の富山で開催された。この催しは、全国八連合会を巡回している。近畿や四国地方では中型犬の参加が多いが、今回は小型犬が半数を越えた。新緑の美しい環境の中での研究会、本部賞完成犬の出犬もあり展覧会とは違った本質の発露に、参加犬の所有者や見学の皆さん達も普段見せない犬達の表情や姿に目を輝かせていた。

誠文堂新光社の月刊誌「愛犬の友」の五月号に、60周年を迎えたという見出しが載った。あわせて七月から隔月刊になるというお知らせ文が掲載された。「愛犬の友」は、敗戦後の犬界を元気付けた先駆けの商業雑誌であった。臨時増刊の日本犬大観や各犬種の単行本等、会員の皆さんも一度は手にしたことがあると思う。愛犬家への情報を提供した功績は高く、日本犬に関する記事も毎号のようにあった。その後幾多の愛犬雑誌が発刊されたが、専門的な内容は群を抜いて犬界を代表する雑誌であったと思う。商業誌をこんなに褒めてという筋もあろうかと思うが、それ程に貢献したと言っても言い過ぎではないだろう。私自身日本犬の記事を切り取ってストックした頁はたくさんあるが、執筆した斯界の先輩方のお名前も今は懐かしい。ここ数年愛犬雑誌を含む街の様々な業界の専門雑誌が、休刊や廃刊を余儀無くされている。インターネットの出現が要因のひとつにあげられるだろうが「愛犬の友」も最近は内容も希薄気味になって頁数も減り、たくさんあった売犬広告も殆ど見なくなった。さみしく思っていたが、隔月刊の内容充実のお知らせに期待したいと思う。

時代の流れと言ってしまえばそれまでだが、時世は容赦なく社会の構造を変貌させて、従来になく前途が見えない不透明な世上になっている。自然界では佐渡で放鳥されたトキが繁殖し、38年振りに巣立ちを見せた。兵庫県ではコウノトリが自然回帰への取り組みで三世が巣立ったという。自然との共生が言われる中で、この傾向がどこまで続くか行く手を案じつつも先が楽しみである。イギリス・ロンドンで開催されるオリンピックが間近に迫った。時差は9時間。世界のアスリートが競う姿は眠気を上回る魅力があって、早朝の実況放送で寝不足になるのは必定だろう。話題に事欠くことのない昨今、地上デジタル放送などを送信する電波塔「東京スカイツリー」が、東京近辺の旧国名「武蔵の国」の語呂に合わせて６３４ｍの世界一のタワーとして開業した。周辺の地域のにぎわいは相当らしい。久方の金環食もあった。

春季展が七四〇一頭のエントリー数のもとで終了した。日保本部賞の授賞は二六四個であった。詳細は次号でお届けする。

（平成24年6月25日　発行）

196　平成24年（２０１２）４号

平成24年度春季展の成績がまとまった。2月26日に始まり5月13日まで2カ月半に亘り八カ所の連合展を含めて五十の会場で開催された。出陳総数七四〇一頭、内訳は、参考犬二六頭、小型犬六〇四九頭、中型犬一三一五頭、大型犬十一頭であった。欠席犬は小型犬一〇八二頭、中型犬二五〇頭、棄権は小型犬一三二頭、中型犬八五頭、最終評価を得た犬は四六四六頭であった。本部派遣審査員はのべ一三三名、日保本部賞は二六四個が授賞された。外国展はアメリカ西部（ロサンゼルス）と中華民国台湾へ二回、三名の審査員が海を渡った。毎年五月に開かれるアメリカ東部のコロニアル柴クラブ主催の柴クラシックは、受入先の都合で今年は中止となった。

六月の審査部会で平成18年6月以来三期六年、審査部長を努められた門田忠夫審査員が辞任された。新しい審査部長に菅沼朋禮審査員が満場一致で選任された。氏は親子二代に亘る日本犬愛好家で小型犬にも造詣が深く昭和49年（一九七四）春の全国展で雌部若犬賞を受賞されている。副部長には岩佐和明、福瀧京一両審査員が選出された。理事会は門田忠夫前審査部長の特別な功労を認め名誉会員に推薦した。

イギリス、ロンドンで17日間に渡るオリンピックが開催された。これまで女子の参加をみなかった国が禁を解き、参集した二〇四の国と地域のすべてで女子が出場するという初の大会になった。26競技、３０２種目で世界の一流アスリートの競技が展開される。選手の様子はマスコミ等による世評からしか知る術はないが、開会して未だ数日間だが、その成績をみると予想どおりにはいかないようである。選手はこの４年に一度の大会に照準をあわせて体を造り技を練り心を鍛えて調整して臨むのだろうが、世界のトップクラスの選手の集まりである。玄妙な調整ミスや心の持ち方が大きな差となって表われるようだ。金メダル確実といわれた選手が予想外の結果に終わる等、見ているだけだが勝負は厳しい。若者が多いこの大会、大写しになったテレビの中で彼等の精神状態を読みとるのも平素にはない刺激があって競技をみる興趣は尽きない。出場者が皆、悔いの残らぬよう最高の力が出せればと思う。

この号が届くとすぐに秋季展が始まる。開催日にあわせて体調を整えることの難しさは、何れの世界も皆同じということだろう。暑い夏、ご愛犬を健やかに過ごさせてやれるのも、飼育管理にかける飼い主の気持次第である。シラスウナギの不漁が続き、いつになくウナギの蒲焼が高い。大リーグのイチロー選手が電撃的なトレードでニューヨークヤンキースに移籍した。今年の夏も話題に事を欠かないほど厳しく暑い。

（平成24年8月25日　発行）

197　平成24年（２０１２）５号

暦の上では立秋が過ぎたというのに北日本、東日本は記録的な残暑の日々であった。東京の街の中、いつもの蝉に加えて時折熊蝉のしゃあしゃあと鳴く声を耳にするようになったのは、何時の頃からだろうか。この熊蟬、東京以西の暖地を生息域としているというが、温暖化は確実に進んでその生息範囲を北上させている。やけに暑さを感じさせる賑やかな声色である。九月も末になって酷暑からようやく解放されたが、我が家の犬も涼しい場所を求めて大変な様相だった。運動も朝は日の出前に、夕は日暮れてから、それでも暑く長い夏だった。春夏秋冬の四季のなか、夏には冬を想い冬には夏を懐かしむような想いにかられるが、人間の感覚を以ってすれば犬だって外歩きは春と秋がいいと思っているに違いない。

展覧会たけなわの秋季、紀州犬や四国犬が減少傾向、甲斐犬が少しずつ増えているが柴犬が全盛である。その昔、柴犬は四国犬や紀州犬のような系統的な裏付けは少ない犬種であったが、血統登録の経年により系統を読めるようになって来た。良い個体は良い血統系列の中から作出される確立が高い。そして次の世代に良く継承されるようになってきているように思う。犬作りも血統登録の進捗により、それぞれの想いの中で作出がされるようになってきた。では良い血統とは何を指していうのかということになるが、ここでは本質の向上のために行われる展覧会の成績が一応の目安になるというのが、一般的な見解といえるだろう。展覧会の成績は総合的な判断のもとで付けられている。平均的に見れば、上位に位置付けられた犬は欠点の少ないものが多い。犬を観るときこれに対照して、味わいという言葉が使われている。元来に備わった犬種特有の風格や趣を指す言葉で大切な要素である。これらの個体の表現は誰がみても比較的容易に看取できるものであるが、内在する遺伝子の識別は一部の病気を除いては未だ犬社会では解明されていないのが実情である。作出は暗中を手探るような感覚であるが、展覧会の成績だけでなく各犬種の味わいを考慮して、種犬あるいは台雌を組み合わせる試みは推知を越えて楽しいことだと思う。

環境省はニホンカワウソを絶滅種に指定、最後の目撃情報は30年余り前の高知県須崎市であった。10月に入り、東京駅丸の内駅舎が大正３年の創建当時の姿に復元された。ゆっくりと見てきたが、赤レンガの何とも言えない味わい深い雰囲気充分の建造物である。国会は野田第3次改造内閣を発足させた。11月17日、18日の全国展、今年はどんな名犬に出会えるのだろうか。今から楽しみである。

（平成24年10月25日　発行）

198　平成24年（２０１２）６号

12月2日の理事会で平成25年度の事業計画案と収支予算案が審議され、定款第四十一条によって決議し成立した。12月中に公益法人認定法第二十二条一項により、行政庁である内閣府へ諸書類とともに届け出て新しい年から施行される。この会誌がお手元に届く頃は今年もあと数日。一年の経つのが何と早いことかと思うが、近頃年齢時速という言葉が使われているということを聞いた。５歳なら人生を時速5キロ、70歳なら

70キロで進むというう意識の現象をいうらしい。日常の生活の中で高齢になるほどに、過ぎ行く日々の速度感覚が増すというのである。車社会なればこその言い回しで、何となくうなずける付言である。

栃木県で全国展が開催された。初日は雨を心配し、二日目は風が吹いたが、会場は熱気にあふれていた。今年はノルウェー、スペイン、ロシア等のヨーロッパの方々を始め、アメリカ、カナダ、オーストラリアや台湾、香港等東南アジアの国々からも参観者があった。来年は米国柴犬愛好会を始め台湾、イタリア、スウェーデン等への審査員の派遣が決まっているが、他の国々からの派遣要請も届いている。日本犬のよさが広く認識されだしているということだろう。

全国展が終わって二日目、インターネットの日保のホームページに全成績を掲載した。すでに会員の方々の心情一杯の文言がブログに入力されていた。その中に記された一部分を紹介したい。〝全国展は犬飼いの…一年の締め括り…終わったら又一年が始まります。帰りの車の中、ゆく年くる年をしながら帰りました。こんな先のわからない世の中だからいつまで展覧会を楽しめるかわからないからできる今は一日一日を精一杯…展覧会は悲喜こもごも…やれることを感謝して愛犬と歩いていきます。全国展の壁は高くて険しいけれど…見上げるだけでは駄目だからガンバルゾ！〟等々。こちらが励まされているようで、来年の大阪での開催も現地と協力して皆さんに喜んでもらえるような運営を心掛けねばと強く思う。

衆議院が解散され、12月16日が投票日となった。新しい年は新しく選ばれた議員によって、新たな政治が始まる。ほんの一寸の昔のこと、エコノミックアニマル等と言われた経済優先の時代があったが、今の日本を世界的な視野で見たとき、これほどに多様性のある自由な成熟した社会はないといわれている。日本特有のものらしい。心の持ち方如何なのだろうが良い時代なのかとも思う。会員の皆さんにとって来年も、日本犬を楽しめるよい年になりますように。

（平成24年12月25日　発行）

199　**平成25年（２０１３）１号**

平成24年度秋季支部・連合展の成績がまとまった。9月9日に始まり11月11日まで二カ月余りに亘り八カ所の連合展を含めて48会場で開催された。出陳総数六六七六頭、内訳は参考犬四五頭、小型犬五三四四頭、中型犬一二七九頭、大型犬八頭であった。欠席は小型犬一一〇二頭、中型犬二一七頭、棄権は小型犬一〇六二頭、中型犬八〇頭、最終評価を得た犬は四一七〇頭であった。日保本部賞は二四六個が授賞され、のべ一二二名の審査員が本部から派遣された。

全国展は11月17・18日の二日間栃木県足利市で七五七頭の出陳をみて開催された。最終評価を得た犬は四五五頭、担当した審査員は三三名であった。

年が明けた元日の朝、いつものように運動に出る。まだ暗い。日の出を待つ東の空は薄明るいが、中天よりやや西に傾く下弦の月が煌々と美しい。快晴。南の方角には防衛省の電波通信塔が、ひえびえとした大気の中で赤色灯を点滅させている。武骨な姿を見せるこの鉄塔、スカイツリーや東京タワーとは比べられないが東京で三番目の高さがあるという。いつもと同じ光景だが、年が変わるということで何か新しいことが始まるという感覚になる。人間だけのことで、犬達にはそんな感情はないだろう。いつものようにいつもどおりに歩く。随伴の犬は15歳を半年程越えた。歯牙と目はしっかりとしているが、耳は遠くなり足の運びは頼り無くなってきた。それでも運動が大好きで催促をする。ゆっくりと歩を進めるうちに初日の出。今年はどんな一年になるのだろうと物思う。昨年は前年に比べ会員は４％程減ったが、登録は引き続き２％程だが増えている。財務的にみれば横ばいで推移しているというところだろう。

昨年暮に政権が交替した。デフレからの脱却や景気が上向けば、斯界の動きにもよい影響がでてくることだろう。期待したい。

春季展の要項が発表された。近くの会場へ足を運ばれて、日本犬を楽しんでいただきたい。

（平成25年2月25日　発行）

200　平成25年（２０１３）２号

二月二十四日に始まった春季展は五月十九日に終了した。四十八会場の審査出陳犬総数は七二四七頭であった。関東地区の数か所の会場へはいつも足を運ぶ。犬は勿論だが人に会うのも楽しいことで時として何十年振りかの人に会うこともある。一度は離れたが忘れられずに又、という人が居ると思えば、ずっと続けている人も居る。共通の趣味というのは都合のよいもので積もる歳月は瞬時に埋まる。80歳を幾つか越えて紀州犬の雄を出陳していた新潟のAさん「止められません。」と細身の身体で屈託なく話す。私が知る限りで90歳を越えて出陳している人は今は居ないようだが80歳代の出陳者や観覧者はどこにもいらっしゃって元気のお手本になる。つい最近80歳で世界の最高峰エベレストへ登頂した人がいたが何事も目的意識を持って行動する人はたくましい。

このところ通貨は円安に振れて輸出企業に有利に働き株価を全面的に押し上げている。反面輸入品目の価格は上昇傾向にある。今年後半の経済はどんな風になるのだろうか。ガソリンの値上がりは展覧会の行き来にも影響することだろう。五月末ロシアの首都モスクワに次ぐ大都市サンクトペテルブルグでロシアの柴犬愛好家達が集まり日保の審査員を招いて初の展覧会を開催した。八月末にはスウェーデンの柴の会が30周年の記念展を開催することを決め10年振りに審査員が派遣される。イタリア北方犬クラブからは九月末に第四回の柴日保ショーを開催したいと連絡が入った。ヨーロッパ全域で柴犬の人気は高まりをみせている。派遣される審査員にとって海外の展覧会は長時間のフライトに加え言葉の不自由なこと等、精神的緊張は大変なものがある。が、海外に渡った犬達やその子孫の現状をつぶさに見て取ることができるという審査員冥利もある。

東京タワーから発せられていた地デジテレビ電波は、五月三十一日午前九時をもって東京スカイツリーから発せられた。六月前というのに西日本一帯から関東地方まで梅雨に入ったと気象庁は報じた。全国的に平年より早い梅雨入りである。ご愛犬共共健康に留意されたい。この頃から初秋にかけて多くの雌犬はシーズンを迎える。繁殖の季節である。減少傾向にある中型犬を飼育する皆さんにお願いしたいのはこの時季を逃さないで作出を心掛けて欲しい。

（平成25年4月25日　発行）

201　平成25年（２０１３）３号

気象庁は当初暖冬傾向とした予報を大きく修正、今年も寒い冬だった。三月に入り東京の天候は不順だったが気温の高い日が多く、桜の開花は予想より大分早まり春分の日は朝夕桜を見ながらの心地好い運動となった。

昨年の暮、衆議院選挙が行なわれ自民党の安倍首相が再登場となった。今年に入り円安が進み、株価は上昇し、デフレ情況は終わりそうな様相を見せている。

一月の理事会で、継続して在籍50年を迎えた会員の方を表彰することが決まった。最初の年になる今年は戦後再開してから昭和39年（一九六四）までに入会された方々とし、会誌五号（十月刊）でお名前を公表する。該当される方は今の所七十有余名を数える。来年からは50年を迎えた方々を毎年表彰する。この年東海道新幹線が走り出した。海外旅行が自由化され、羽田空港へのモノレールが開業し、東京オリンピックが開催された。日本の経済が大きく前進を始めた年であった。

50年前のその頃入会金は五百円、年会費は一千円、一胎子犬登録料は一頭五百円、犬舎号登録料は一千円であった。全国展の出陳犬は百八十頭ほどで会員数は四千八百名余り、この後会員、登録数ともに右肩上りにどんどんと増えていった。

厚労省の国立社会保障・人口問題研究所は27年後の二〇四〇年、全都道府県で10人に3～4人が65歳以上の高齢者になると発表した。経済関連の推測数値は他国との関係もあって確かさに欠けるが、人口形態の予測統計は国内の問題であり確かである。若者が減り高齢者が増えてゆく年齢構成の中で、日本犬は生きていくのだ。人口減少が進行する社会で、近頃は人間本来の豊かさや楽しさが日々の生活の中にこそ求められるべきである、という願望を諸処で目にすることが増えているように思うが、日本犬がその一助になればといつも考える。犬の飼育形態は多様化している。よいと思うものを自分で作るという気構え。その意識を持つことが大事と思うし、新しい芽生えを信じてやまない。五月末にはロシアの柴犬クラブからの要請で、日保の審査員が渡露し初の展覧会が開かれる。八月には10年振りのスウェーデン柴犬展である。日本犬、特に柴犬は世界の犬種として近年富に注目度は高い。

（平成25年6月25日　発行）

202　平成25年（２０１３）４号

会誌四号、展覧会特集号をお届けする。春季展は平成25年2月24日に始まり、5月19日まで13週間に亘り連合展八カ所を併催して四十八会場で開催された。出陳総数七二四七頭、内訳は参考犬十五頭、小型犬五九四九頭、中型犬一二七七頭、大型犬六頭であった。欠席犬は小型犬九九八頭、中型犬一九五頭、棄権は小型犬一三七三頭、中型犬七一頭、最終評価を得た犬は四五九五頭であった。本部派遣審査員はのべ一三〇名、日保本部賞は二五二個が授与された。外国展はアメリカ西部（ロサンゼルス）と東部（オハイオ）と中華民国台湾へ二回、ロシアへ一回、五名の審査員が渡航した。

七月に入り関東以西は例年になく梅雨明けが早く、猛暑の毎日となった。全国的にゲリラ豪雨が多発している。温帯といわれる国が亜熱帯の気候に移行しているかのようである。暑い中参議院議員選挙が行われ、安倍内閣が圧勝して長く続いた衆参のねじれは解消した。富士山が三保の松原を含めて、世界文化遺産に登録された。いつに加えて登山者が押し寄せているという。

日保がホームページを開設して15年、アクセス数（閲覧数）は7月半ばに１５０万人を越えた。

東日本大震災で大きな被害があった福島県。その相馬地方に昔から伝わり、国の重要無形民俗文化財に指定された〝相馬野馬追〟の行事を七月の最後の週末に参観した。日本古来の甲冑に身を固めた騎馬武者四百余騎が勇壮ないでたちで街中を行進、甲冑競馬や神旗争奪等の武技を見せた。馬上の会話は侍言葉を使い真剣そのもの、馬も感情の高ぶりを見せて落馬する者や怪我をする馬が目の当たりで、戦国の世を想わせる迫力は眼福を得るに十分であった。関係者によると騎馬武者の魅力は、はまり込んでしまう程の心地よさがあるといい、この為に馬を飼育する人も多いと云う。日本犬は生きた文化財と言われているが、野馬追の行事は動く文化財展と形容されている。僅かに表現は異なるが、継続した伝統の重みを加味した共通点は同根にあるといえるだろう。両者の意識の中には展覧会も野馬追も、参加するという感情については同じ部類の緊張感が存在するのだと思う。永年に亘る伝統の重みの尊さは、それぞれに日本特有の文化価値を有して歴史を積み重ねている。

九月八日秋季展が始まる。全国展は大阪の開催、たくさんの犬が集まる会場へ足を運び、日本犬を楽しんで欲しい。

（平成25年8月25日　発行）

203　平成25年（２０１３）５号

七年後の西暦２０２０年、夏季オリンピック、パラリンピックの開催が東京に決まった。オリンピックは56年振りの開催となる。第二次世界大戦以降で夏季オリンピックを二度開催する都市はロンドンと東京だけという。世界中から人々が集まるこの大会、今から楽しみである。前回の大会は戦後の復興期で私はまだ大学生だった。今度は成熟した日本の姿が全世界に紹介される。その昔、スポーツは神聖視され特権階級のものだったというが、今ではオリンピックは大衆化され商業化されている。こんな移り変わりは、日保も似た所がないではない。開催地や競技種目をめぐる委員間の駆け引きも激しかったようだ。それぞれに思惑を持ってのことだろうが、どんな大会になるのか待ち遠しくもある。

八月中旬の暑い日、高知の旧友Ｙさんから A４大の古い額縁入りの四国犬長春号の写真が届いた。「今は亡き西川芳道審査員から若い頃に頂いたものでずっと飾っていたが、八十歳を過ぎてこのままではゴミ箱行きになってしまうかも知れない。いつも目にする長春号でない柔和で品性豊かな写真です。もらって欲しい。」と結ばれていた。いつもの代表的な長春号の写真と同じ時に撮影した一枚と思われ、ほぼ同じ構成だが口を結び頭部を一寸こちらへ向けた顔貌が窺える。同じ写真が存在するだろうが、75年も前の姿は凛として隙がない。語り尽くせないほどに際限のない永遠の姿に、幾多の人が魅入られたのもむべなるかなである。いくら見ていても飽きないが、考慮の末本部に収めることにした。

日保も年々歴史を積み重ねて、入会以来継続50年になる方を表彰することを決めた。最初になる今年は、それ以前に入会された方も同時に表彰される。半世紀を越える長い会員歴の中で、それぞれがそれぞれの犬種に魅了されての歳月だろう。後世に伝えるべき古い時代の品々や資料もあるだろうが、次の世代に興味がなければ散逸してしまう。行く先を決めて大切にして欲しい。この号が届く頃には、大阪の全国展の出陳頭数もまとまっている。全国から、そして世界の国々からも日本犬ファンが集まる。一年の総決算のこの全国展、出陳者も観覧者も共に楽しんで欲しい。特有の雰囲気をかもす中、今年はどんな名犬に会えるのか興趣は尽きない。

(平成25年10月25日　発行)

204　平成25年（２０１３）６号

師走の声を聞くと今年の過ぎ去りし一年の日々を振り返って思う。日保の運営は不安定な難しい世相の中で特に大きな問題はなく推移した。只残念だったのは淡路支部の解散であった。要因を探れば主には会員数の減少であろう。会員の減少は全国どの支部も同じ状況にある。でも久方に新入会の方がわずかだが昨年より増えていることは喜ばしい。今年の夏は自然界に異変がおきているかのごとく梅雨時の渇水に始まり、ゲリラ豪雨、猛暑、熱中症等々、日本中で暑い記録を更新、高知県四万十市では国内での観測史上最高の四十一度を記録、日本一暑い街として報道された。この暑いさ中我が家では十六歳になる柴犬が逝った。孫達の格好の遊び相手で散歩でも歩調を合わすことができるような賢い犬だった。残念。

平成二十年十二月に施行された公益法人制度改革法は、この十一月末日で五年間の申請期間を終了した。

当会は二年前の平成二十三年九月に公益認定を受けて公益社団法人として活動を始めた。今の所、犬種団体で公益認定されたのは当会と日本シェパード犬登録協会、日本警察犬協会の三団体である。一般法人として認可されたのは北海道犬保存会とジャパンケネルクラブの二団体、他に現行の社団法人五団体については今の所認定、認可の情報はない。

秋口に入り一九七〇年以来のコメの減反政策が五年後を目途に廃止されるという発表があった。環太平洋経済連携協定（ＴＰＰ）交渉も進行してあらゆる分野で関税が撤廃されようとしている。オリンピック、パラリンピックが開催される七年後の日本は政治経済ともに大きく変貌していることだろう。

全国展が大阪で開催され、二日間共に小春日和に恵まれた。いつになく観覧者が多かったと思う。アメリカやヨーロッパからの参観も当たり前のようになり日本犬の広がりは留まるところを知らないほどである。十二月一日の理事会で来年度の事業計画案と収支予算案が承認された。今年度内に内閣府へ提出し新年度から施行する。年末年始を迎えるこの時季、秋から報道されてきた食品の偽装や誤表示の問題も落ち着いてきた。新しい年も指呼の間、今年は本当の表示の食品が提供されるだろう。ご愛犬ともども来年もよい年になりますように。

（平成25年12月25日　発行）

205　平成26年（２０１４）１号

平成25年度秋季支部・連合・全国展の成績をお届けする。9月8日に始まり11月10日まで二カ月余りの期間、八カ所の連合展を併せて48会場で開催された。出陳総数六六九〇頭、昨年の秋季に比べて十四頭多かった。その内訳は参考犬二三頭、小型犬五四二九頭、中型犬一二三五頭、大型犬三頭であった。欠席は小型犬九七一頭、中型犬二一九頭、棄権は小型犬一一一七頭、中型犬九四頭、最終評価を得た犬は四二六六頭であった。日本犬保存会賞は小型犬に一七九個、中型犬に六四個が授与され、本部派遣の審査員はのべ一二一名であった。

全国展は11月16・17日の二日間、大阪府泉大津市で八七〇頭の出陳をみて開催された。最終評価を得た犬は五三二頭、担当した審査員は三四名であった。

新しい年が始まった。一年三六五日の計は元旦にありというが、元日の朝は誰もが一年の過ごし方を考えるだろう。老若男女を問わず、正月は何かをやろうとする新たな気持を抱かせる不思議な力がある。日保会員の皆さんにとって、まずは愛犬のことが浮かぶだろう。さしずめ作出に力を入れるとか、展覧会へ出陳しようとか、その過ごし方を想うだろう。私も然りで、毎年同じことが意識の中に入って離れることはない。

「今年も又、変わりなく始まった」ということを認識して正月を過ごす。そして春夏秋冬の四季が当たり前に繰り返してゆく。

日保の今年は本部、支部ともに二年に一度の役員改選の年である。このための資料という意図もあって、平成13年から二年に一度10月に発行する会誌五号に主な決まりごとを記述した規程集を掲載しているが、日保で活動するための規範として常に参考にされるとよいと思う。

この所日本犬だけでなく洋犬種を含めて、中・大型犬の登録は減少傾向にある。国民の高齢化もその一因に数えられるだろうが、小型犬全盛と思える様相は今年も変わらないのだろう。

二月七日、黒海に面したロシアのソチで冬季オリンピックが開催される。時差5時間、日本からは海外の冬季五輪としては最多の選手団が編成され、女子選手数が初めて男子を上回った。磨き上げた極限の映像を堪能したい。

九日は日保の定時総会の開催日。平成十七年から二月の第二日曜日が定例日になっているが、この日東京都知事選挙の投票日と重なった。この号が届くと一斉に春季展の話題で盛り上がる。野球界では大リーグ入りした田中将大投手、七年間で１６０億円余という途方もない契約金。サッカーでは、本田圭佑選手のイタリアＡＣミランへの移籍等プロスポーツ界も世界と競合している。それぞれの活躍が楽しみな春の到来が待ち遠しい。

（平成26年2月25日　発行）

206　平成26年（２０１４）２号

下稲葉耕吉会長が、一月三十一日に体調を崩され二月十七日逝去された。一月二十二日の理事会へはいつものとおりご出席いただき、新しい年の抱負等を話されていた。秘書の方によれば、一月二十八日まで文京区にある下稲葉事務所へ普段どおりに出られていたというのに、残念でならない。先生は昭和六十三年（一九八八）会長に選任され、最初に取り組まれたお仕事が昭和六十一年の全国展騒乱後の混迷した日保の立て直しであった。就任翌年の平成元年には全国展を再開。四半世紀に渡り日保の舵取りをされた。謹厳な中にも思い遣りのある言行は、接した者達にとって心の底にいつまでも焼き付いて、折々の行事の都度にそのお姿を想起させることだろう。生命に限りがある以上仕方のないこととは思うが、移り行く世の流れは時として無情である。

本部総会の前日「南岸低気圧」による全国的な大雪で交通機関は大混乱、東京の積雪は27センチ、出席を見合わせざるを得ない方もおられた。一週間後に又も同様の大雪。特に関東甲信地方で積雪多く甲府市では

１１４センチにも達し、山間部においては交通網が寸断され物流が乱れて、生活への影響も広範囲に及んだ。農作物の被害も甚大と報じられた。事程左様に二月はとても寒かったが、黒海に面するロシアのソチで冬季オリンピックが開催され三月にはパラリンピックが開かれた。若者達の活躍は目覚しく、見る者を魅了して充分であり癒される時間でもあった。

三月十八日東京に春一番が吹き、彼岸の頃になってようやく気温が上がり一気に春らしい陽気になった。南から桜の便りが聞かれ東京では三月二十五日開花宣言があった。人間社会の喧騒等御構いなしに美しい。展覧会は出足もよく審査員の追加派遣も増えている。三月末、ジャンボの愛称で親しまれた大きな飛行機ボーイング７４７型機が、44年のフライトを終え国内線から姿を消した。年度変わりの四月は正月ほどではないが人の気持ちを新しくする季節でもある。社会保障分野に充てるという名目で十七年振りに消費税が５％から８％になった。日保ではすでにお知らせしているが、登録関連の改定は行なわず現行の料金体系で対処運営することを決めた。本部の諸経費についてはアップされた消費税が計上されるから、出費は確実に増える。

三月二十八日亀井静香新会長をお迎えした。日保の活動が停滞することなく、新会長のもと新たな気構えで前進を計らねばならない時と強く思う。

207　平成26年（２０１４）３号

（平成26年4月25日　発行）

下稲葉耕吉前会長を偲ぶ会が、四月二十八日（月）皇居半蔵門の前にあるグランドアーク半蔵門で開かれた。御出身の警察関係各位の発起によるもので亀井静香新会長も御名を連ね参列された。会場には前会長の生前の活動を示す写真が飾られ、天皇陛下のお供物も供えられていた。先生のご気性をおもんばかってのことか、セレモニーは無く白いカーネーションの献花のみの清清しいものであった。日保関係の人達も丸テーブルに着席して偲ぶ中、亀井新会長も同席されしばしの間前会長のこと、日保のこと等懇談された。前会長が作ってくれた貴重な時間であった。各界から集まった方々は八百名を超えたという。

三月二日に始まった春季展は五月十一日を最終として47会場で開催された。昨春比一会場少なく出陳犬総数は六九九一頭。二五六頭の減であった。最近は参考犬の出陳が少なく全国でわずか九頭であった。

東京で一九六四年（昭和三十九年）のオリンピックのメーン会場となった国立競技場が二〇二〇年の二度目のオリンピックに向けて新しく建設される。隣接する明治公園や日本青年館等を含めて付近一帯が再開発の対象となり、取りこわされることになった。明治公園は日保が昭和43・44・45年の秋の全国展の会場として使用し、東京支部が44年春から常時使ってきた思い出深い多目的広場であったが、このことで今春から使えなくなった。時々近くを通るが過ぎ去りし昔のことがよみがえる。熱くなった者にしか知覚できないほどの感傷的意識にとらわれるが、こんな感慨は私だけではないだろう。明治公園の展覧会に携わった者、出陣した者皆が回想することと思う。

この所ガソリンが高い。高速道路も土・日の割引が無くなるというから今秋季展に影響が出なければと思う。

今年は五年ぶりに南米ペルー沖に海面水温が高くなるエルニーニョ現象が起きているという。これとは別の現象というが、五月末から六月初めにかけて全国各地で記録的な猛暑日を観測した。夏の天候はどうなることだろう。心配である。登録数はほぼ前年並みというところだが、夏から秋にかけてシーズンを迎える雌犬は多い。特に中型犬飼育の皆さんには、是非に作出に専意していただくようにお願いしたい。

（平成26年6月25日　発行）

208　平成26年（２０１４）４号

会誌四号、展覧会特集号をお届けする。春季展は平成26年3月2日に始まり、5月11日までの12週間、八カ所の連合展を併催して47会場で開催された。出陳総数六九九一頭、内訳は参考犬九頭、小型犬五七九三頭、中型犬一一八六頭、大型犬三頭であった。出陳比率は小型犬83％、中型犬17％、欠席犬は小型犬一〇三七頭、中型犬二一四頭、棄権は小型犬一三四六頭、中型犬一〇二頭、最終評価を得た犬は四二八三頭。日保本部賞は二五〇個で小型犬に一九八個、中型犬に五十二個が授与された。本部派遣の審査員はのべ一二五名であった。外国展はアメリカ西部へ一回、中華民国台湾へ三回、ロシアへ一回で五名の審査員が渡航した。

4年に一度のサッカーワールドカップが、6月12日ブラジルで開催された。日本チームはアジア予選で優勝し前評判は良かったが、世界のレベルは高く予選で敗退した。他のアジア勢も一勝することができなかった。にわかサポーターも多かったと思うが、決勝までテレビ桟敷でついついの観戦と相成った。世界は強く迫力十分のゲームを見せてくれた。試合後に会場をきれいに掃除した日本人サポーターの行為を、世界のマスコミが称賛した。展覧会を含め催し物会場等へ行く時は、よい教訓として見習いたいものである。

近頃、健康寿命という言葉を目にする。元気に暮らせる年齢を表わすといい、国内の平均値は女性が73歳、男性が71歳あたりといい、平均寿命までは女性が約13年、男性が約9年あるという。犬を飼う人の健康寿命は、朝夕の運動で交わす会話や展覧会での緊張感がよい刺激になるだろうから、これより高いと思う。健康寿命を伸ばす秘訣は、人とのつながりや社会参加だという。展覧会場には年を経ても元気な方々が多く、よい手本になる。何事も、目的意識を持って行動する気が大切なのだと思う。

群馬支部展の会場から程近い所に富岡製糸場がある。１４２年前の姿をほぼ完全に保存した建造物と近代養蚕農家等４カ所が、世界の絹産業の技術発祥の地としてユネスコの世界文化遺産に登録された。近代日本の産業革新の基となった製糸場が、明治初頭の古きよきものとして保存され指定されたことは、日本犬の保存事業と相通ずる部分もあって、後世に残していかなければならないものは何かということを考えさせられる。展覧会の後、足をのばして一見する価値はあると思う。

あと半月余で秋季展が始まる。今年はエルニーニョ現象で冷夏になるのではといわれていたが、平年より暑い夏になりそう、と予想は修正された。朝夕の運動とて残暑厳しい地域は多い。ご愛犬共々熱中症には呉々も注意して欲しい。

（平成26年8月25日　発行）

209　平成26年（２０１４）５号

今年の夏も暑かった。熱中症のニュースは日本列島連日のことであった。以前はシトシトと形容されていた梅雨も、近頃は様変わりして一気にドシャッと来る。各地で大雨が降り広島市の土砂災害などの被害をもたらして、気象庁は「平成26年8月豪雨」と名づけた。

秋の気配は近年遅れ勝ちになっているが、彼岸にはようやく気持ちのよい陽気になった。九月に始まった秋季展は中盤を迎えている。いつもは出陳頭数増による審査員の追加担当が数カ所からあるのだが、何故か今季は要請がない。この号が届く頃は、連合展数カ所と長野県開催の全国展だけとなる。

昨年初めて実施された50年継続会員の表彰。今年は11名の方が御名前を連ねられた。思えば長い。生まれた子が50歳になるという歳月である。この間を何等かの形で日本犬に関与され、日保の一翼を担われてきたのである。様々な経験を通して培われた犬界人の思慮と知識を、よき伝統として後進にご教示賜わりたい。

今年産の米が安い。4人に1人が65歳を越えた時代、戦後の人口増による食べ盛りの形態と逆の現象が起きている。食の多様化もあって米を食べる量が減っているのも一因だろうし、過剰在庫も影響しているといぅ。昔、犬の主食であった米や麦も、今多くはドッグフードに変わっている。この分だって関連していると思う。世の中総てが高齢化に進む年齢構造は、米の消費の問題だけではない。多くの組織や団体は日保も含め、すべからくして今までに経験したことのない社会構造の中で、これから先の世界を構築していかなければならないという難しい社会的環境の下にある。

東京の公園で約70年振りに、蚊が媒介するというデング熱の国内感染が確認された。生死に関わることは少なく、空気感染もしないという。不安感をあおる風評も立たず終息に向かっているようである。
日本百名山に数えられる木曽の御嶽山が、有史以来35年振りに突然に2度目の噴火をした。戦後最悪の火山災害になって、大きな人的被害の報道がされている。
日本テレビの「天才！志村どうぶつ園」という番組がある。この中で〃日本犬六犬種を世界に発信する〃という日本犬のコーナーがある。関東地方は土曜日の十九時。中々におもしろい。この春先に親離れした同年齢の犬達が繰り成す動作は楽しく、幸せな気持ちにさせてくれる。今、育ち盛りの六カ月余りというところ。どんな犬に成長するのか、この先も興味をそそられるところである。

（平成26年10月25日　発行）

210

平成26年（２０１４）６号

午年が去り未の年を迎えようとしている年の暮れ。想いの深い一年であった。歳々年々人同じからず、とはいえ四半世紀にわたって会長を務められた下稲葉耕吉先生の二月十七日の急逝は、不惑の半ばからご指導をいただいた身には大きな打撃であった。感傷にひたる間とてなく亀井静香会長を迎えての一年、諸行事も事業計画に添って進捗し新しい年を迎える準備が整った。

昭和24年（一九四九）戦後初の本部展（昭和58年から全国展と呼称）は東京で開催されたが、次に開催地となったのが長野支部である。以来五度目となる第百十一回展を担当され、初日の中、大型犬の日は平成18年の前回同様に底冷えの厳しい寒さだった。翌日の小型犬は展覧会日和といえる程に良い日に恵まれた。支部の役員を中心とした皆さんの熱い運営は、心に残るほどの整然としたものであった。ロサンゼルスの米国柴犬愛好会の代表勝本价爾ご夫妻を始め、昨年に続いて参加された米国東部のコロニアルクラブ、ロシアニッポクラブの代表の方々等、日本犬の諸外国への広がりは着実に進展していることを感じさせる全国展であった。

一週間後の土曜日、長野県北部で長野県神城断層地震と名付けられた震度6弱の大地震が発生した。震源地はこの度の全国展の開催地千曲市からわずか30キロ余りの距離であった。幸いなことに人命の被害はなかったというが、自然災害はいつ起こるか予測がつかないだけに恐ろしい。

11月30日、平成27年度の事業計画案と収支予算案が理事会で承認された。公益法人認定法第21条により、今年度内に行政府の内閣府へ提出して新しい年度が始まる。来年の事業計画は例年とほぼ同じ規模となっている。

今年4月から消費税が5%から8%になった。秋には経済の動向をみて10%への可否を決めるということだったが、延期するということで衆議院は解散され12月14日が投票日となった。2年前の平成24年も衆議院は12月に解散し16日が投票日であった。

今年一年もいろいろのことがあったが、日本犬の楽しみ方はそれぞれだろう。展覧会の結果を至上とする方、家庭犬として日々の生活の中でその過程を楽しむという方、多様であろう。四季が移ろう折々の中で起こった一年のあれこれを振り返るこの時節、真っ白だった暦は今一杯の文字で埋められている。新しい暦は真っさらである。この暦も一年後には様々な文字で埋め尽くされることだろう。世の中の移り行くスピードは早い。そのままでいて欲しいと思うことも無常迅速に過ぎて行く。来年もご愛犬共々よい年でありますように。

(平成26年12月25日　発行)

211　平成27年(2015)1号

平成26年度秋季展の成績がまとまった。支部展は9月7日から11月9日までの二カ月余り、台風のため鹿児島支部展が中止されたが、全国八カ所の連合展を併催し47会場で開催した。出陳総数は六四五〇頭、昨年の秋季に比べ二四〇頭少なかった。その内訳は参考犬三四頭、小型犬五二六四頭、中型犬一一四三頭、大型犬九頭であった。棄権は小型犬一一七八頭、中型犬九八頭、欠席は小型犬一〇〇一頭、中型犬二〇一頭、最終評価を得た犬は三九三八頭であった。日保本部賞は小型犬に一七九個、中型犬に五八個、計二三七個が授与された。本部派遣の審査員はのべ一一四名、地元の担当は一名であった。

全国展は11月15、16日の二日間長野県千曲市で八三六頭の審査出陳犬をみて開催された。最終評価を得た犬は五三一頭、内訳は柴犬三七二頭、紀州犬八三頭、四国犬六七頭、甲斐犬六頭、秋田犬三頭、担当した審査員はのべ三四名であった。

昨年末、東京では平年より早い初雪が舞った日、第47回衆議院議員選挙が行われた。戦後最低の投票率であったというが、与党の自民、公明両党で定数の三分の二を越える圧勝。12月24日夜、第三次安倍内閣が発足した。

平成27年の新しい年が始まった。ユネスコの無形文化遺産に登録されている日本の伝統的な食文化である和食は、正月になるとふるさとの味、おふくろの味として強調される。この時とばかりに正月用の食品がピーアールされるが、犬達にとっては正月も基本的には普段の食餌(えさ)で変わりはない。近頃は正月気分も三カ日を過ぎると通常の生活に戻るように思うが、さすがに元日は一年の生活を考えさせる新鮮な響きがある。17世紀のフランスの思想家パスカルは〝人間は考える葦である〟と言ったが、３６５分の一のこの日は他の動物にはない人間だけが持つ思考感覚を刺激し、怠惰に流される日々の生活を改めさせるために設けられた一日ではないか、とさえ思わせる。

このところ円安傾向が続き株価は上昇している。原油は値下がりする等して、世界の経済は先行き不透明な状況にあるが、世の中の有り様はＩＴ関連全盛で、その進み方の変化は早く、大きく、進化というか発展というべきか、毎日の生活の中で末端機器の操作を覚えるのに精一杯の現状ではある。

春の展覧会日程が発表された。人はいつの時代も同好の友を求め、趣味や楽しみを共有できる人に出会いたいと思っている。犬を飼う中で近くに知り合いができ、展覧会で知人ができる。今年もこんな出会いが、いっぱいあればいいいなと思う。会員の皆さん、展覧会へ是非に足を運んでください。

（平成27年2月25日　発行）

212　平成27年（２０１５）２号

一月の各支部の総会に続いて、二月八日本部の定時総会が開かれ日保の一年が始まった。と思う間にもう四月、東京の桜は春分の日を過ぎてすぐに咲き出した。海外でも観桜はするが、飲食が伴う花見は日本独特のものらしい。南から日本列島を北上して咲き上がるこの桜の時節、春季展たけなわである。展覧会は一度にたくさんの犬を観ることができる勉強の場でもある。どんな風に成長するのだろうかと輝いている幼稚犬・幼犬組。溌剌として生気あふれる若犬組。完成間近を思わせる壮犬組。充実著しくより日本犬としての稟性を表現する成犬組。日本犬種として個々の表現には些少の異なりを見せるが、よくぞここまで純化されたものと思う。これが日本犬保存会の登録犬としてのブランドであり、海外でも日本犬ファンが増えているということを頷けさせることができる要因でもあろう。

東京開催のオリンピックが五年後となった今、諸外国の日本への関心は様々な分野で高まりを見せている。海外からの旅行者は年間一千万人を越えているというが、この中には犬好きも相当数いるだろう。滞在中、日本犬を目にすることもあるだろう。切っ掛けは何でもいい。我が国特有の日本犬種を知って欲しいと思う。

日本は今人口が減り始めている。一年間の出生人口は30年余り前に比べ半減して百万人余り、小・中学校の統廃合が進み、大手の予備校はその教場を減らしているのが現状である。こんな時代の中で、日本の犬種団体の血統書発行数は押しなべて減少している。10年余り前に比べ半減している団体もある。この流れの中で目立っているのは大型犬・中型犬の減少である。洋犬種は小型犬の登録総数が全体の90%を越えている。日保も例外ではなく、中型犬の登録数は減少している。犬質伝伝でないことは言うまでもないが、環境の変化は大きく市街地では犬も猫も室内飼いが増えて、小型犬に人気が集まっているのである。

3月14日、北陸新幹線が開通した。長野駅から延伸し東京から石川県金沢駅までの４５０キロ余りを最高2時間28分。東京・大阪間の所要時間と略同じである。首都圏とより近くなったが、最終的には日本海ルートの東京・大阪間として結ぶ計画という。

プロ野球が開幕した。アメリカ大リーグから元気なうちに日本へ、という男気で古巣広島カープに戻った黒田投手。近頃のスカッとする話題であった。日本で見られる現役大リーガーの技が楽しみである。今年の全国展は11月14・15日、広島県で開催される。今年は広島が熱い。

（平成27年4月25日　発行）

213　平成27年（２０１５）３号

今年は五月半ばで七つの台風が発生した。昭和二十六年の観測以来初めてのことであるらしい。早くも真夏日を記録したところもある。昨夏のエルニーニョ現象は終息せずに今も続いているようで、二期連続となるのはこれも観測史上初という。四月末のネパール大地震、箱根山大涌谷周辺の火山活動、その後に九州の口永良部島の噴火等天変地異は防ぎようがないだけに、常の心構えだけはしておかなければと思う。

三月一日の三会場を皮切りに開始された春季展は当初寒い日々であったが、五月十日の二会場をもって全日程を終了した。48会場で開催された出陳頭数は六八五九頭で、出陳比率は小型犬83％中型犬17％であった。この二カ月余りの間に桜は北上して咲いた。季節は進んで季語は初夏なのに一気に夏を迎えたような気候である。四季の中でそれぞれの風情を見せる春夏秋冬。気のせいかも知れないが近頃は春と秋が短くなっているのではないかと思う。

四月に行なわれた第18回統一地方選挙は過去最低の投票率であったと報じられた。人口減少により定数割れという所もあって、縮小社会へと進む現状を物語っているようである。

五月末猟能研究会が南紀白浜の近くで開催された。日本犬の本質を探究しその維持を目的に組織されて30年。遠くは岩手、宮城からの出犬参加があった。この催しは中型犬の参加が多く、今回は紀州犬に見るべきものが多かった。参加された方々にとって日本犬の原点を考えるという事に触れたことは、今後の作出活動に必ずやプラスになると思う。

平成20年5月末に事務局長に就かれた大村ヒサコさんが定年退職された。今でこそ女性会員も増えているが男社会であった日本犬の集団の中で40有余年間、原則を守ることが秩序維持のための最良の法則であるということを実践された。本当にご苦労様でした。

円安は久方に１２５円台まで進んだ。日本経済は為替差益で潤っているように見えるが実体はどうなのだろう。

これから秋にかけて繁殖のシーズンを迎える。子犬を作出することが将来に繋がる第一歩であるということは昔も今も変わりはない。

（平成27年6月25日　発行）

214　平成27年（２０１５）４号

平成27年度春季展の成績がまとまった。展覧会特集号をお届けする。平成27年3月1日に始まり5月10日までの11週間、八カ所の連合展を併催して48会場で開催された。出陳総数六八五九頭、昨春季に比べ１３２頭少なかった。その内訳は参考犬一四頭、小型犬五六九七頭、中型犬一一四二頭、大型犬六頭であった。欠席犬は小型犬一〇二〇頭、中型犬二一五頭、大型犬一頭、棄権は小型犬一二〇八頭、中型犬六五頭、最終評価を得た犬は四三三六頭であった。日保本部賞は２５１個で小型犬に２００個、中型犬に51個が授与された。本部派遣の審査員はのべ１１９名、地元の担当は１名であった。外国展はアメリカ西部へ１回、中華民国台湾へ３回、ロシアへ１回で５名の審査員が渡航した。

7月に入り中旬以降次々と梅雨が明けて、全国各所で連日の酷暑・猛暑のオンパレード。夏は好きな季節だが、流石に凌ぎ難いほどの極暑には参ってしまう。犬だってたまらないだろう。

今年は戦後70年、節目の夏に街ではあの時代を多岐に論じて検証している。日保は日米開戦前日の昭和16年12月7日、第10回本部展を２１３頭の出陳犬を集めて上野公園で開催している。翌17年は中止。会誌は昭和18年９月25日発行のものまでが保管されている。戦前最後の第11回本部展は昭和18年11月５日、大阪千里山遊園地で開かれたがこの時の記録は残っていない。昭和７年10月１日血統登録を開始して以来の自筆申請の犬籍簿や、ブロンズ製両狗対座像の文部大臣賞盃や両狗並座の日本犬保存会賞盃等は疎開して無事だった。今は日保本部に全て保管されている。大変なご苦労が忍ばれる時代であった。戦争が終わり昭和23年４月再建総会が開かれ、翌年４月第12回本部展が上野動物園正門前広場で94頭を集めて開催され、戦後が始まった。

僅か20年ほど前までは全国展の会場へ架設の公衆電話がずらっと並び、入賞の喜びを地元へ伝える人達等の利便を図っていた。今は誰もが携帯電話を持ち、インターネットやスマートフォンが普及している。日本犬に関する情報はあふれているが、個人の論説の中には客観性に乏しいものや無責任なものも散見される。日本犬の社会にとって隔世の感はあるが、迷論に惑わされない洞察力は培っておくべきだろう。

急激に浸透したＩＴは人間社会の営みを大きく変えさせ、流通機構をも変貌させている。このＩＴ万能を感じさせるような風潮の中で、日本犬が好きという想いや展覧会にかける人の心は戦後70年経っても変わっていないと思う。この号が届くとすぐに秋季展が始まる。支部展、連合展、そして広島の全国展へと楽しい季節の到来である。

（平成27年8月25日　発行）

215　平成27年（２０１５）５号

９月６日に始まった秋季展。この号が届く頃は支部、連合展数カ所と広島県呉市での全国展のみとなる。「今年の夏は暑かった」と毎年のように書いているが東京では連続して８日間の猛暑日を記録する等、年々厳しさが増している感がする。とはいえ、あれほど続いた熱気も八月下旬になると一気に去った。熱帯夜のぶり返しはなく秋を迎えた。この暑いさ中、２０２０年の東京オリンピック・パラリンピックの新国立競技場の建設計画が費用高騰を理由に白紙撤回。大会のエンブレムも使用中止が決定された。慣れないこととは言え大変なことである。

秋田犬協会が解散した。関東を中心に昭和30年に社団法人の許可を受けて活動していたが、平成20年12月からの公益法人制度改革による新組織への移行をしなかった。残余財産百十七万三千八百六十五円は、同会の定款により文部科学大臣の許可を経て当会へ寄附された。

秋田犬保存会は平成27年5月1日に、公益社団法人の認定を受けて活動を開始した。

共通番号（マイナンバー）制度が行政面の効率性と社会的な公平性ということで、10月から国内に住むすべての人に割り振られ、来年1月から使用が始まる。国が管理するこの12桁の個人情報や、9月19日に成立した安全保障関連法案等の新しい決まりごとは、思い違いも加わって定着するまで大変な時間を要するだろう。

秋分の日、敬老の日を含んだ4日間のシルバーウィーク。平均寿命が延び長寿社会を迎えて親の介護をしているうちに、される側の年齢に近づいている時代。この季節になると元気でいなければといつも思う。人だけではない犬だって年を取る。私の数軒先にいた雌の柴犬、16歳になって痴呆の症状がひどく今年一月に老犬ホームへ入所した。至れり尽くせりの看護を受けて飼養されていると聞く。とうとう寝たきりになってしまい飼い主が行っても見分けられないというが、それなりに元気であるという。費用も相当なものらしい。とやかくは言えないが犬にとって本当に幸せなのは何だろうかと考えさせられる。

10月に入ると台風の上陸は統計上少なくなるという。現今、気候のあり方が変わってきているというが先般の関東、東北の豪雨は線状降水帯という縦に伸びたもので、各地に大きな風水害をもたらした。この頃は毎年全国のどこかで自然災害が起きている。今秋季展もあとわずかになった。そして広島の全国展を迎える。楽しんで欲しい。

（平成27年10月25日　発行）

216　平成27年（２０１５）６号

10月から11月末にかけて事務局は一年で最も忙しい時季。登録申請数は毎年この頃にピークとなり、全国展の出陳受付けや諸々の準備も重なる。間違いがあってはならないのは当然のことだが、七人の職員も皆それぞれの部署で緊張してパソコンに向かっている。

日保の最大のイベントである全国展が開催された。初日は前夜からの大雨で会場は水浸し。急拠リング配置を変更し、定刻を10分遅らせて開会。亀井静香会長のご挨拶をいただいて、個体審査を開始した。雨は激しく降ったり、小降りになったりの泥んこ状態の一日であった。二日目の中・大型犬の日は打って変わっての晴天。足下は悪かったが11月中旬とは思えないほどに気温が上がり、上着を脱ぐほどだった。小・中型犬の出陳比率は74％と26％であった。出産数は近時小型犬が97％ほどであるから、中型犬の出陳比率は高い。これは支部・連合展にもいえることである。全国展は平成9年から、一年毎に東西を交互に開催するようになった。僅かではあるが東開催は小型犬が、西は中型犬の出陣率が高い。大荒れの天候、泥沼の様な悪条件の中で現地で運営に当たった開催地広島支部、中国連合会の皆さんの統率された活動には、改めて御礼を申し上げたい。

11月最終の土、日曜日、来年へ向けての年度末の会議が開かれた。土曜日は審査部委員会、日曜日は理事会で、新しい年の事業計画案と収支予算案が審議され承認された。公益認定法第22条1項により内閣府へ提出し、一月から施行する。

インターネットのホームページが11月リニューアルした。職員が仕事の時間をやり繰りしながらの作成である。専門業者が作る手法とは違うが、今後も少しずつ手を加えながら情報を提供していくよう調整している。インターネットの広がりは居ながらにして外界の情報を手にすることが容易になり、従来の商品の流通等世の中の仕組みを移し変えているように思う。アメリカではネット通販により、その流通機構が大きく変わり、実店舗の購入金額を越えたという。日本だって、数字こそ出てないが追随していると思う。商品購入の習慣は更に変化していくことだろう。

今年も日保への新聞やテレビ等、マスコミからの取材は多岐にわたっている。日本犬のことの予備知識すらない取材者が多く、単に目先の面白さや興味をそそるだけと思われることを求めてくるので、その対応は難しい。日本犬を知ってもらうことは大事なことだが、日保は90年に近い積み重ねた歴史があり理念がある。軽々には対応できない部分もある。日本犬は学術的にも貴重な犬種であり、これを伝え残すということは現代人の使命でもある。本質の維持は、絶対条件ではあるが、現代に生きる犬種としての柔軟性も求められるところであり、その互関の比重は簡単ではない。日本人の犬に対する意識は変化し、猫が犬の飼育数を凌駕するという今までにない現象が起きている。こんな中で日本犬の存在価値を知らしめるという時代を、今迎えている。この号が届く頃、お正月はすぐ目前。昔ほどではないものの、心持ちは押し詰まって忙しない。一夜明けて元日を迎えると、心身はリセットし引き締まる。犬にそんな感情はないが、人間は気の動物ということを最も感じるときでもある。来年もよい年でありますように。

(平成27年12月25日　発行)

217　平成28年(2016)1号

平成28年度の一号誌をお届けする。会誌は年間6冊、偶数月の25日が発行日で一号と四号は展覧会特集である。平成27年度秋季支部・連合・全国展の成績がまとまった。9月6日に始まり11月8日までの約二カ月間、八カ所の連合展を併催して48会場で開催された。支部・連合展をあわせて出陳総数は六三五九頭、昨年同季に比べ九一頭の減であった。内訳は参考犬二三頭、小型犬五二三五頭、中型犬一〇九七頭、大型犬四頭、棄権は小型犬一一三三頭、中型犬一〇四頭。欠席は小型犬九八六頭、中型犬一八三頭。最終評価を得た犬は三九三〇頭であった。日本犬保存会賞は小型犬へ一七九個、中型犬へ五八個、計二三七個が授与された。本部派遣の審査員はのべ一一四名であった。11月14・15日の二日間、広島県呉市で開催された全国展は、出陳犬八〇四頭。参考犬三頭、柴犬五九〇頭、紀州犬八九頭、四国犬一一七頭、甲斐犬三頭、北海道犬、秋田犬各一頭。数は少ないものの日本犬全六犬種が出陳した。最終評価を得た犬は四八八頭、各型犬賞は一〇〇個、審査員はのべ三四名であった。

新しい年が始まった。今年は二年に一度の役員改選の年である。一月中に支部総会が、二月十四日には本部総会が開かれ、それぞれの役員が選出される。審査部は六月の審査部会で部長と委員が決まる。

今年は暖冬といわれていたが、一月中旬頃から記録的大寒波が日本列島を縦断。沖縄本島では観測史上初の霙(みぞれ)が降ったという。日本中が雪に見舞われテレビ画面は雪、雪、雪であった。こんな時、犬の運動は大変だろう。雪の多い地域にとってはそれなりの知恵があるのだろうが、只々心配してしまう。

昨年末、飯島英昭副会長が浄土へ旅立たれた。長野の地で主に四国犬を中心に飼育され、常時十数頭を手元に置かれ楽しまれていた。誰彼なく平易に接する、悠揚迫らぬお人柄は周囲にいつも安心感を与えてくれる得難い人物で、私にとっては四十年来の知己であった。

一月末、日銀は当座預金の一部にマイナス金利を導入、ガソリンは百円を切っている。今年の経済はどんな風になるのだろう。

春季展覧会の日程が発表された。2月28日の三会場を皮切りに、47支部が五月中旬まで全国各地で開催される。外国では米国柴犬愛好会、台湾が三カ所、そして韓国が初の開催、ロシアではモスクワへ二名の審査員が派遣される。日本犬も国際的犬種になっている。今年はどんな名犬に逢えるだろう。楽しみなことである。


(平成28年2月25日　発行)

218　平成28年(2016)2号

春めいてきた3月初旬、朝早く散歩に出る。まだ暗い。東京の都心部のどこで冬を越しているのかと思うが、この季節になるとヒキガエルが道路に出てくる。一寸高い声で、ゲェー〳〵というよりホェー〳〵と、あちこちで呼び交わしている。恋の歌なのだろうか。随分と前になるが、運動中の犬が噛みついたことがある。何かの毒液を出すのだろう。ゲフ〳〵と口中泡を吹いて大騒ぎになったことを思い出す。寒かったり暖かかったりと、三月の天気は気温と共にめまぐるしく変化を見せたが、天気予報は昔と比べ格段と向上した。予定した春季展会場の気温や空模様も前もってわかるから、出掛ける準備もしやすい。桜の便りは順々と北上し、東京では九段の靖国神社の標準木を基に三月二十一日、開花が発表された。平年より早いという。春季展は約半数の会場が終了した。この号が届く頃はあと数ケ所だけとなる。

このところ近所で、犬を運動させている人が減っているように思う。一寸前まで犬に関連する産業は優良業種といわれていたが登録数は全体的に減少し、日本犬・洋犬を問わず中型犬以上の大きさの犬を見ることは少なくなってきた。当然ドッグフードの消費量や犬具等の絶対量も、この先減っていくのだろう。

北海道新幹線が昭和48年に計画されて43年、3月26日東京―新函館北斗間八六二・五キロを最速4時間2分で結び開業した。飛行機より時間はかかるが、北海道の展覧会を見に乗ってみたい。

先日のこと韓国で、世界的な囲碁界の強者とも云われる棋士が人工知能に負けたというニュース。日本では近い将来というより、すでに実験が始まっている運転手なしの自動走行等、人工知能はあらゆる分野に進出している。現に東京支部展の会場である東京臨海広域防災公園へ行く電車「ゆりかもめ」は、車輪はタイヤで運転手も車掌もいない。各駅の定位置に停車し、発車する。高い軌道を走る外の景色は、昔見た近未来を描いた鉄腕アトムの漫画のようで、林立する高層ビルのあい間に羽田空港からの飛行機が飛び、遠くにはスカイツリーがそびえて見える。まさにあの絵を見ているようだ。世の中の風潮は自然や情操という感覚を希薄にしているが、犬の審査にだって将来人工知能が使われる時代が来るかも知れない。全国どこでも画一的な審査ができるということになるだろうが味わいや、らしさまで見極める機能を備えられるのか。こんなことが簡単に起きるとは思えないが、人がする審査とは別な不協和音が生じるだろう。人工知能は未来に向けて加速進行していくだろうが、犬は可愛い、桜の花はきれいだ等と云う人の織りなす自然の感情とは別次元で現代人の中に入り込んでくるこの人工知能を、今後どのように捉えていくのか折り合いは人様々の感覚だろう。

（平成28年4月25日　発行）

219　平成28年（2016）3号

2月28日に始まった春季展は、5月22日の北陸連合（石川）展で終了した。一週間前の関東地区悼尾の連合展へ足を運んだ。三百三十余頭の出陳で中型犬も多く新緑美しい一日を楽しんだ。

4月14日夜、熊本県を中心に大地震が襲った。従来と様相を異にして、気象庁は本震は16日に起きたと発表。余震が何度も繰り返して被害は拡大した。熊本展は地震の五日前だったが、4月24日の九州連合（北九州）展は中止となった。

5月22日、日本犬追悼法要の催しが長野県の善光寺境内の大勧進「万善堂」で行なわれた。昨年広島の全国展で亀井会長が挨拶の中で、日本犬が今あるのは過去の犬達があってのことと話された。日保では初の試みだろうと思うが、柴犬の故郷ともいえる信州での催しに20名の方が出席された。善光寺貫主、他に僧侶5名が随伴して読経する厳かな追悼法要であった。式のあと貫主が控室まで来られ、自ら飼育する犬の経験談をされる等有意義な時を過ごした。参加された方々も順々に関わった犬達等の想いを話された。私自身も、入会した頃の唯々夢中で犬を追いかけたことや通り過ぎた犬達、写真でしか見ることのできなかった往古の犬影に想いを馳せることができて、すっきりとして帰京した。

この欄でも時々触れているが佐渡のトキのこと。平成15年日本産は絶滅、中国産で復活を計り平成20年放鳥を開始。中国産とはいうが、昔は遺伝的交流もあってその差異は個体間程度のもので、外来種ではないという。放鳥されたトキの間に、自然界生まれを両親として40年振りにヒナが生まれた。その昔、山出しの犬を基礎にしての犬造りを思うと、血統を重ねてほぼ安定した産子が得られるようになった今とは違い、それこそ生まれた子犬を見て一喜一憂しただろう往時がしのばれる。種はそれぞれの愛好家によって守られ、世代を継続させるという共通した強い意志の中で存続が計られている。

5月末の日曜日、今年も猟能研究会が開かれた。日本犬の保存対象となった多くの犬達は、狩猟犬として残存したものであった。時代が移り、薄れゆく猟性能を維持させ本質の優れた犬を保存しようという意図のもとで、昭和60年（一九八五）9月実猟部として発足した。平成元年（一九八九）、名称を猟能研究部と改称して現在に至っている。全国八連合会を巡回して、今年は関東地区茨城県土浦市で34回目の研究会が開かれた。展覧会とは違う角度で犬達の動向を探るが、その能力は生得的なものが大きいのだろうと思う。

主要七カ国の首脳会議、伊勢志摩サミットが開かれ終了後オバマ米国大統領が現職として初めて、広島平和記念公園を訪れ声明を発表した。来年4月に予定されていた消費税率10％への引き上げは、2年半の再延期が決まった。今年は梅雨前の5月に全国各地で真夏日が観測された。夏の暑さがおもいやられるが、ご愛犬の暑さ対策、健康管理は充分にされますように。

（平成28年6月25日　発行）

220　平成28年（２０１６）４号

平成28年度春季展覧会特集号をお届けする。2月28日に始まり5月22日までの12週間、熊本の大地震で九州連合（北九州）展が中止となり46会場で開催された。昨年の春季に比べ開催会場は二カ所少なくなって、出陳数は１２２頭の減であった。出陳総数は六七三七頭、内訳は参考犬一六頭、小型犬五六〇〇頭、中型犬一一一六頭、大型犬五頭であった。欠席犬は小型犬一〇五八頭、中型犬二一〇頭、棄権は小型犬一一七二頭、中型犬五五頭、最終評価を得た犬は四二二六頭であった。日保本部賞は２４３個で小型犬に１９６個、中型犬に47個が授与された。本部派遣の審査員はのべ１１３名、地元担当は2名であった。外国展はアメリカ西部、東部に各1回、中華民国台湾へ3回、ロシアへ1回（2名）新たに韓国、中国へ各1回で9名の審査員が渡航した。

七月に入ると梅雨空の毎日暑い日が続いた。九州地方では前半に大雨、関東では水不足、細長い日本の地形とはいえ天の配分は勝手で気ままだ。中旬になり今年もセミが鳴き出した。今では東京以西の暖地に生息していたというクマゼミが北上し東京でも繁殖しているという。温暖化が確実に進んでいる証なのだろうが、この先日本犬達にもどんな影響を及ぼしていくのだろうか、気になるところではある。植物も平均気温が一～二度上昇すると生育に大きな変化をもたらすというが、我が家の外植の南国の花木ブーゲンビリアも昨冬は半分位緑の葉を残して越冬した。今までになかったことである。五月初旬繁茂した枝先に、赤紫の美しい苞葉に包まれたたくさんの小花を付けて、二カ月程開花の色を変化させながら楽しませてくれた。

6月の第2土、日曜日、審査部夏季研究会が開かれた。今年は審査部も部長、委員が改選され新部長、副部長が選出された。

７月10日選挙権年齢が18歳以上に引き下げられて初の国政選挙、第24回参議院選挙の投開票が行なわれた。約２４０万人が新たに投票権を得たこの選挙、自民、公明の与党が過半数を占めた。イギリスでは国民投票で欧州連合（ＥＵ）から離脱することを決めた。

もうすぐ秋季展が始まるが、熊本支部からも「開催する」という嬉しい知らせが届いたが北九州支部が中止するという、全日程が発表された。９月11日を皮切りに11月13日まで八連合展を含み46支部が、全国展は11月19、20日の二日間、千葉県富津市で開催される。今秋はどんな名犬に会えるだろうかと思うと、とても楽しみである。

（平成28年8月25日　発行）

221　平成28年（２０１６）５号

４年に一度のスポーツ界最大のイベント、オリンピックが八月五日ブラジル、リオデジャネイロで開催された。南米初のこの大会、史上最多の２０５カ国と地域に加え新たに創設された難民選手団や個人の参加で、選手数は一万人を越えたという。日本との時差は12時間、南半球の現地の季節は冬だが気温は日本の初夏の陽気だという。世界の一流アスリートの映像は、毎晩の夜更かしを価値あるものに感じさせた。メダルは史上最多で41個を獲得した。４年後の東京開催は真夏の暑い盛り、競技者も参観者も高温多湿の対策で大変なことだろう。

九月七日からは同地でパラリンピックが開催された。どちらの選手も競技日にあわせて、その特性と能力を最大限に発揮するため気力、体力をピークにする努力、調整の苦心は相当なものがあっただろう。日本犬の展覧会に置き換えても相通ずるものがある。出陳に向けての調整方法については昔からいろいろと言われているが、人様々で確立された手法はないというのが現実である。結果的に経験の差をうんぬんとしたところで、その要素は複雑に作用しているのが実情だろう。

今年の夏も暑かった。台風が変則的に北海道や東北地方へ重ねて上陸する中、９月11日から秋季展が始まった。11月19日・20日の全国展までの11週間、熱の入った競い合いが繰り広げられている。早春に生まれた子犬は支部・連合展では幼犬クラスであっても、全国展には若犬一組に入るものもいる。新しい生命がどんな風に育っているのだろうか。楽しみなことである。

９月末の土曜日、朝のテレビで三重県の犬の登録数は日本一という放送がされていた。県民に肥満が少ないのは、犬の散歩が効率的なのだろうという話に結論付けていた。翌日の埼玉展の開会式で支部長が、今日参加された皆さんは健康的な生活をされておられるという主旨の挨拶をされていた。確かにそうだと思う。犬を飼うということは文字通り日々の運動をするということで、体調管理に良いだろうことは頷ける。この埼玉展と前週の千葉展を参観した。どちらも中型犬が３分の１ほどずつ出陳されていて、見ていても楽しかった。中型犬の登録数が減少している中で先行き希望の持てる両日であった。９月末、登録数は昨年同期より一寸多い。今年もあと３カ月になったが、この分だと三万頭を越えることだろう。期待したい。

（平成28年10月25日　発行）

222　平成28年（２０１６）６号

千葉県で開催された全国展は日本犬全六犬種が出陳された。初日は亀井静香会長を迎えたが大雨、翌日の小型犬は打って変っての晴天で暑い位だった。小・中大型犬の出陳比率は75％と25％ほど。今秋の支部、連合展の出陳比率は小型犬が７％ほど高く82％。中型犬は18％であった。昨年の登録数は小型犬が97％強で中型犬は３％弱、大型犬は０・１％ほどだから中型犬の全国展の出陳比率は高いといえる。全国展翌日の月曜日、中国名将犬業クラブの柴犬部会、陳会長が中国での展覧会でいつも通訳をされている女性を伴って訪れた。初めて見る全国展が整然としてルールに沿った運営、ごみのない奇麗な会場、管理の行き届いた素晴らしい犬達等中国も早く近付きたいと将来に向け、抱負を語られていた。二週間前には中国名将犬業クラブの王会長が見えて急速に進展している中国の柴犬が正しく発展するために努力したいと熱い気持を吐露されていた。これらの意を受けて十一月末の理事会で中国名将犬業クラブを予備登録のできる団体として認めた。全国展に見える外国の方が年年珍しくなくなっているが日本を訪れる外国人客が10月末初めて二千万人を超えたと国土交通省が発表した。年末には二千四百万人前後になるという。すごい数である。各種の交通の便がよくなり外国へ行ったり来たりが普通のことのような時代になってきた。今年は外国の展覧会へ延べ12名の審査員が担当し渡航された。今後更に数を増やしていくだろう。便利な時代となり国内の展覧会も今はほとんどが車を利用する。日常の生活に欠かせない必需となっているが高齢のドライバーによる交通事故が全国各地で多発している。我も含めて安全運転を心掛けねばと強く思う。

11月、アメリカの次の大統領を選ぶ選挙でトランプ候補が選出された。大統領が民主党から共和党に代わるので職員や中央省庁の幹部らが大きく入れ替わるという。日本にも世界にも大きな影響が出ると報じられている。インターネット社会になり自由市場が拡大しグローバル化が進んでいるが自由貿易協定や開かれた国境が過去のものとなるのだろうか。先のことはわからないが、来年もよい年になりますように。

（平成28年12月25日　発行）

223　平成29年(2017)1号

平成29年度の一号誌をお届けする。会誌は偶数月に発行して年間6冊。この一号誌は昨年の秋季展覧会の特集号である。平成28年度秋の支部・連合展は9月11日に始まり11月13日までの約二カ月間、八カ所の連合展を併催して47会場で開催された。支部・連合展をあわせて出陳総数は六二八一頭。昨年同季に比べて78頭の減ではあったが、一支部が非開催であった。内訳は参考犬二三頭、小型犬五一三七頭、中型犬一一五頭、大型犬六頭。棄権は小型犬一〇三六頭、中型犬七三頭。欠席は小型犬九九七頭、中型犬二一四頭。最終評価を得た犬は三九三八頭であった。日保本部賞は小型犬一七九個、中型犬五五個、計二三四個が授与された。本部派遣の審査員は113名であった。

全国展は11月19・20日の二日間、千葉県富津市で開催された。出陳犬七四三頭で土曜日は参考犬六頭、紀州犬九四頭、四国犬七五頭、甲斐犬一一頭、北海道犬二頭、秋田犬四頭。日曜日は柴犬五五一頭、日本犬全六犬種が出陳した。最終評価を得た犬は四七〇頭、各型犬賞は九五頭、審査員はのべ32名であった。

新しい酉の年が始まった。1月1日の朝年賀状を手にし、新旧の知己の消息を数行の文面の中のそれぞれへ想いを馳せる。古いものと新しいものが混在して一年最初の楽しい時である。この年賀状年々その流通量の減少が止まらず、ピーク時から４割も減っているというが年初めのこの文化もＩＴ関連の普及という流れには逆らえないのだろうか。人口が減り始め出生率も下がり、昨年は百万人を割った。当会の会員数は前年比１１９名の減で近年では最少であった。登録数は１３８頭の増となり、20年間にわたり三万頭台を維持している。

相撲界で久方に日本人力士が横綱に推挙された。19年振りという。その関心度は高く明治神宮の初の土俵入りには、史上二番目になるという大変な人出を記録した。東京でタクシーの初乗り運賃が全国最安値となった。現行の二キロ７３０円から気軽に一寸乗ろうかと思える金額に大きく変え初乗りを約一キロと短くし割安感を強調して４１０円と改定した。アメリカでは米国第一主義を唱えるトランプ大統領が就任した。今年もいろいろなことが起こるだろうことを思わせる一年の始まりである。

春季展の日程が発表された。47支部が２月26日を皮切りに、５月14日まで３カ月弱にわたって開催する。所属支部や近くの会場へ足を運んで、今年も日本犬を楽しんでほしい。催しに参加することが、日本犬の保存と発展に繋がっていくのです。

（平成29年２月25日　発行）

224　平成29年（２０１７）２号

冬の間の退勤の時、外は真っ暗だったが季節は変わりなく巡り、日は延びて2月末には明るくなった。朝から一日雨だった3月21日、全国で最も早く東京の桜が開花宣言した。

春季展覧会は2月26日、関東と九州の二会場で先行して開始された。早速出掛けた。会場は梅の花が咲き出していた。展覧会へ行く朝は、どんな犬に出会えるだろうかといつも気分が高揚する。50年以上の昔、郷里の群馬で展覧会へ行くようになったが、会場は今と違い校庭が多かった。その頃にご指導をいただいた方々はもういない。思い出の人となってしまっている。当時の犬は耳立ちの遅いものや、明らかな欠点を見せるもの等もいて犬質は入り交じり、現今のようなハイレベルの集まりではなかっただけに、素人目でもよいものは際立って見えた。そんな中で先輩や仲間と連れ立って、あの犬はこの犬はと見て廻って楽しかった。何もわからないまでのよき時代ではあった。

時を重ねてたくさんの犬達を見てきた。今は総体的によく管理されて見映えはよくなっているが、個性的というか味わいのあるものや抜きん出ているといえるものが少なくなったかなと思う。よいものを見極める基本は日本犬標準にあることは疑いをはさむ余地はない。が、その文言は極めて簡潔である。行間を深く掘り下げて読み込むことで自ずと見えてくるものはあるだろうが、究極の日本犬とはどんなものだろうか。いつも考えるが禅問答のようなところがあって、容易に答えが出るとは思われない計り知れない領域がある。この道に入り込んだ者の永遠の課題なのかも知れない。皆それぞれの尺度で感じる日本犬観を持っている。公的な目と個人的な好みが混在し百人が百様で、踏み込む程に個々の評価の難しさを感じさせられる。

展覧会の帰りの電車、流れる風景の中にある道の辺の交差点の信号機。全国に１２６万基ほど設置されているというが、ＬＥＤライトを使い、明るさはそのままで49年ぶりに小型化するという。稼動後の消費電力は従来の電球型に比べ六分の一程度に軽減され、警察庁は今春から順次切り替えるというから、犬の運動の途中で交換にでくわすかも知れない。そんな信号機を目で追いながら、心地好く揺れる電車の振動に、今日見た犬達が頭の中を駆け巡っていた。

（平成29年4月25日　発行）

225　平成29年（２０１７）３号

五月末の日曜日、中国地方奥出雲の山々が連なる深緑の一郭で35回目の猟能研究会が開催された。参加犬種はその地域によって増減されるが今回は昨年の全国展で成犬賞を受賞した四国犬や本部賞受賞犬等が出犬した。姿芸両全を理想とする人達にとってはこれらの参加犬が見せた猟欲のある動きの良さは見応えがあり眼福を得たものと思う。この催しは日本犬の本質の高い作出を考える上でも貴重な行事として捉えられている。時折ウグイスの鳴く山あいの会場で猪に対峙する犬達の真剣な表情は見て余るものがあった。ＮＨＫの動物番組「ダーウィンが来た。」のチーフプロデューサーも来場しその始終を撮影し取材をされていた。日本犬の保存に関する作品を作る計画があるらしい。

50年後の推計人口は現在より30％程減って８８００万人位になると国立社会保障・人口問題研究所が発表した。年間の出生数も半減して55万人位になるといい65歳以上の人が40％近くになる程の高齢化社会を迎えるという。こんな人口形態に移行して行く中で情報技術（ＩＴ）や人工知能（ＡＩ）の分野は確実に発展するだろうが、そんな世相の中で日本犬達の社会的価値観はどう変化して行くのだろう。その昔犬を飼う大きな目的のひとつに番犬があったが当世それを言う人は殆どいない。今では日本犬に限らずすべての犬種において小型犬が全盛で室内飼いが40％程を占めるという。時代は移り行くがこの流れは大きく変わることはないだろう。先達から引き継がれてきた日本犬達をしっかりと将来へ繋いで行かなければといつも思う。

六月から葉書が10円値上げされて62円になった。年賀状は52円に据え置くというが、ＩＴの進展で日常的にメールが増え手紙が減ったというのが要因という。今後もこの傾向は加速して行くのだろう。

将棋界で14歳でプロ入りした少年が驚異的に連勝記録を伸ばし希有の人材と称えられている。攻めも守りも備えているのだろうがこの少年の気負いのない真摯な受け答えは大人びてはいるが好ましい。大きなお世話だがこの先の人生どうなるのか気になるところではある。時として各界で天才的な若者が現われるが日本犬界にもこんな若犬が出て来れば展覧会も一段と盛り上がることだろう。この号が届く頃は梅雨入りしているだろうが今年の夏の長期予報では平年より気温は高いという。人も犬も暑さは苦手だが体力をつけて乗り越えて欲しい。

（平成29年6月25日　発行）

226　平成29年（２０１７）４号

平成29年度春季展覧会特集号をお届けする。2月26日に始まり5月14日までの12週間47会場で開催された。昨年の春季に比べ開催会場は一ヵ所多かったが一支部が開催しなかった。出陳総数は六五六四頭で昨年同季より一五七頭少なかった。内訳は参考犬二〇頭、小型犬五四〇六頭、中型犬一一五七頭、大型犬一頭、欠席犬は小型犬一〇五一頭、中型犬二三四頭、棄権は小型犬一一一三頭、中型犬六四頭、最終評価を得た犬は、四一六六頭であった。本部から贈られた日保本部賞は二四二個で、小型犬へ一九一個、中型犬へ五一個が授与された。本部派遣の審査員はのべ一一五名であった。外国展は中華民国台湾へ3回、中国へ２回、アメリカ、イタリア、韓国へ各1回で10名の審査員が渡航した。

5月末兵庫県尼崎市のコンテナから毒を持つ南米原産のヒアリというアリの集団が見つかった。海外のどこからでも考えられないようなものが流入するグローバル化の時代。その後各地の港などで発見され騒ぎになっている。３年程前のこと蚊が媒介するデング熱で一時大騒ぎになったがその後あまり聞かなくなった。ヒアリも一過性であって欲しいと思うが一部では繁殖もされているようで心配なことである。犬は毒虫などに対して強いとはいうが咬まれたらどうなるのだろう。夏の運動で草むらを歩いたときマダニが吸血して犬の耳の付根辺りにプックリと膨らんで張り付いているのを駆虫したのを随分と経験したことがある。厚労省などがこのマダニが媒介する感染症、重症熱性血小板減少症候群（ＳＦＴＳ）を発症しているとみられる野良猫に咬まれて感染した50代の女性が亡くなったと報じた。このウィルスを保有するマダニは高くて数%とはいうが注意するようにしたい。

7月19日中国、四国、関東甲信の広い地域で梅雨が明けた。首都圏では雨は少なかったが九州北部は豪雨に襲われ秋季展を中止する支部が出る等、大きな被害が発生した。こんな中で上野動物園のジャイアントパンダが雌の赤ちゃんを生んだ。体重１５０グラム余りというから成獣の体重を柴犬のそれと比べると相当に小さいがすくすくと育っているようで明るいニュースである。

秋季展の日程が決まり和歌山開催の全国展の詳細も発表された。来年の全国展の開催地も決まった。以前は全国展の開催を希望する支部が複数にあったが今は少ない。支部展においても主催支部のご苦労は多大でありましてや全国展となると尚更である。感謝の気持で参加したい。

（平成29年8月25日　発行）

227　平成29年（2017）5号

予報では今年の夏も全国的に暑くなるということだった。西日本はその通りだったようだが関東以北は8月に入って雨模様の日が多く東京都心では1日から21日まで毎日降雨が観測された。西と東では随分と気温差もあったようである。夏特有の入道雲を今年私は見なかった。

8月末島根支部のK夫妻が本部を訪れた。山陰系の柴犬を飼われたことが発端でそのルーツに興味を持たれ地元産の祖犬で昭和5年生まれの当時の呼称「石州犬」石号に辿り着きホームページ石州犬研究室を立ち上げた。益田市美都町の石号の生家をさがし出し繁殖者のお孫さんにも会われたという。当時のままに残されて実在する石号が生まれ育ったという家、前に広がるたんぼの写真を見せていただき80有余年前のこの里山で石号が遊んだことであろう往事の姿を暫く追想し熱いものを感じた。石号はその後東京に出て種犬としても活躍し誰でもが知る中号の父系母系ともに曾祖父犬となった。戦前長春号を始め貴重な写真を残した平島動物写真研究所の平島藤寿氏のサイン入り石号の写真を見ても当時の代表的な犬であったことは多くの人が認めるところであろう。９月末石号のお宅で収穫したという新米が届いた。職員皆でいただいた。何か懐かしく格別においしいお米であった。

９月17日、宮崎展が台風18号のため中止になった。日本犬は使役犬という位置付けからも悪天候でも開催されるが台風は別である。主催支部の関係者の心労もさる事ながら出陳を予定されていた皆さんも落ち着かない数日であったと思う。

秋季展も中盤に差しかかっている。この所中型犬の出陳が減少している。街なかを歩く犬達を見ても多くは小型犬である。犬の善し悪しではなく大きな犬が人気薄なのである。登録数からみても中型犬は少なくこんな状況が続くと絶滅危惧種になる懸念がある。日本では子供が減り出産人口も年々減少している中で国も対策を講じてはいるが増加の兆しはみえない。人と犬を同一には論じられないが中型犬の振興策を皆で真剣に考えなければいけないときを向かえていると思う。９月28日臨時国会の冒頭で衆議院が解散された。与党に対し野党が再編に向けて大きく動き報道は連日かまびすしい。総選挙は10月10日公示22日に投開票となる。この号が届く頃は和歌山開催の全国展の出陳数も確定しているだろう。久方振りに全国から集まる皆さんや名犬にあえるのが待ち遠しく楽しみなことである。

（平成29年10月25日　発行）

228　平成29年（２０１７）６号

今年もあと僅か。来年は戌年。本部へは犬に関する情報収集の取材が増え街中には犬グッズが溢れている。当会は創立90年を迎える。累積の登録数は２４０万頭を超えた。展覧会は一時のような過熱から脱している。台風21号が四国沖辺りを通過中の10月22日の東京展。朝から大雨、風も段々と強くなる様子で昼休みも取らずに審査は続行。大荒れの天候の中使役犬としての位置付けで保存されてきた日本犬達は力強い姿を見せてくれた。出陳者も審査員も運営に携わった方々もそして犬達にとっても大変な一日であっただろう。この日は突然の解散による衆議院選挙の投開票日であった。与党が圧勝して11月1日第四次安倍内閣が発足した。11月５日アメリカ、トランプ大統領が来日。初日安倍首相は埼玉県でゴルフ外交で迎えた。その日関東連合（群馬支部）展が開催されていた。関越自動車道は大渋滞で帰京は大変だった。

今年の秋は寒暖が入れ替わる温度差が大きかった。平成６年以来23年振りの和歌山の全国展の頃から急に寒くなった。初日の午前中はかなりの雨だった。昼過ぎになってようやく上がった。その後風に変わり夜半からの強風はテント数張りを薙ぎ倒しその修復は朝までかかったという。開催地は思わぬことでご苦労は多い。いつも思うがその時々の情景は参加された皆さんが何かにつけて語っていくことだろう。紀州犬、四国犬の原産地を控えた土地柄は東地区開催よりも中型犬の出陳は増える。今回も僅かだが昨年に比べて多かった。最高賞犬に授与される内閣総理大臣賞、文部科学大臣賞（二本）は10月中に下付されていたが新内閣で大臣が変わるのではないかと気がかりであったが全ての閣僚は再任され杞憂に過ぎなかった。和歌山支部オリジナルの日保ロゴマーク入りの藤紫色の揃いのウインドブレーカーはやさしい色合いで印象的であった。亀井静香会長が衆議院議員選挙に出馬せず議員を辞した。11月末に在任中の感謝の集いを催された。千人に近い人達が集まり盛会だった。

様々な思いを残して今年も暮れる。来年もよい年になりますように。

（平成29年12月25日　発行）

229　平成30年（２０１８）１号

戌年の平成30年の一号誌。会誌は年間6冊、偶数月に発行する。この一号誌と8月の四号誌は展覧会の特集号である。平成29年秋の支部・連合展は9月10日に始まり11月5日までの約2カ月間八カ所の連合展を併催して46会場で開催が予定されたが、台風や支部の事情で2会場が中止44会場となった。出陣総数は五七七三頭、昨年同季に比べ五〇八頭の減であった。内訳は参考犬二一頭、小型犬四六八二頭、中型犬一〇六九頭、大型犬一頭、棄権は小型犬九七二頭、中型犬七三頭。欠席は小型犬九九〇頭、中型犬二五三頭、最終評価を得た犬は三四六四頭であった。日保本部賞は小型犬一六五個、中型犬五七個、計二二二個が授与された。

本部派遣の審査員はのべ一〇九名であった。全国展は11月18・19日の土・日の二日間和歌山県和歌山市で開催。出陣犬七四五頭で土曜日は参考犬二頭、紀州犬九四頭、四国犬九一頭、甲斐犬六頭、北海道犬二頭、日曜日には柴犬五五〇頭、最終評価を得た犬は四三七頭各型犬賞は九七個、審査員はのべ二九名であった。

正月に入り寒い日が続いていたが、1月22日関東地方に雪が舞い4年ぶり東京23区等に大雪警報が出た。23センチの積雪は普段とは異なる景色を見せ子供達は大喜びだったが、首都圏の交通網は終日混乱した。その後、48年ぶりにマイナス4度という最低気温を記録。毎朝氷点下となる等の寒さが一週間以上にわたって続いた。路面の凍結や雪解けのぬかるみ等、雪の多い地域に住む方々が当たり前にしている犬の管理の大変さを思わずにはいられない貴重な経験だった。

翌日の1月23日群馬県の草津白根山が噴火した。前兆が無かったというが火山国である日本列島ではいつどこの火山が噴火するかの予知は難しいという。自然の営みは計り知れないほどに大きく恐ろしい。

今年のＮＨＫの大河ドラマは西郷隆盛が主人公。無類の犬好きであったらしい。鹿児島に軍服姿の西郷像が建っているが作者は同県出身の彫塑家安藤照である。氏は日保の創設者斎藤弘吉と東京美術学校の同窓生であった。そんな好誼で渋谷の初代ハチ公像を作ったようである。帝展の審査員を務めるほどの人であった。現代のハチ公像は二代目で長男士(たけし)氏の作である。上野にある着物姿の西郷さんは犬を引いている。ツンという名の鹿児島の地犬だという。このドラマに千葉のＫさんの四国犬が出演している。物語とともに楽しみたい。春季展は２月25日から始まる。全国47会場日本犬を堪能して欲しい。

（平成30年２月25日　発行）

230　平成30年（２０１８）２号

今年は支部、本部ともに役員改選の年。以前と違い役員活動をしていただける会員の方々が少なくなっている支部が増えているようである。日本犬のためこれからも会員の皆さんのお力添えが必要です。

韓国平昌（ピョンチャン）で第23回の冬季オリンピックが２月に開かれた。史上最多の92カ国、地域から約２９００人が、日本からは１２４人の選手が参加した。７競技１０２種目、冬季では最も多い13個のメダルを獲得した。パラリンピックは日本から38名の選手が参加し３月に開幕、10個のメダルを獲得した。

一九八七年（昭和62年）７月。私は日本犬保存会の事務局長として事務局入りした。入会して25年、審査員であった。同年の７号誌（９月刊）からあとがきを書いてきたが今回が最終回。一九九八年（平成10年）まで会誌は年10回だったが翌年から偶数月の６回となりこのあとがきで２３０回目となった。最初のあとがきは全国展が中止されていた時で、「……昨秋の全国展の不祥事件により、目下の処全国展開催の予定はない。……」と書いている。翌年下稲葉耕吉会長を迎え正常化へ取り組み機構改革を進め、平成元年全国展を再開した。それから30年が経つ。思い起こすと様々な情景が駆け巡るが、一番に浮かぶのは公益法人改革による公益社団法人化である。平成17年頃から準備に入り文化庁の指導を受けながら内閣府の公益認定等委員会と何度も折衝を重ねた二年余り。そして平成23年９月犬種団体として初の認定であった。社団法人として活動していた10犬種団体で公益認定をされたのは４団体であった。

日保は今年90周年を迎えた。登録の累計数は２４０万頭を越えている。特にここ数年外国の日本犬への関心は高まり昨年の登録数の一割は外国からである。この傾向は更に高くなるだろう。井上事務局長を含めて７名の職員でこれらの登録業務や諸外国の対応処理に当たっているが、ホームページの作成等もあり忙しい毎日を過ごしている。在勤した30年という歳月、その時代毎の風が吹いたが、過去の記録を見ても何もかもが順風だったということは少ない。紆余曲折する中で合議し平成の年月を乗り越え安定を図ってきたが、過去、現在、そして未来を考えた時、若い人の力が必要と強く思う。移り変わる次代を担うのは若者であり、日本犬の将来を真剣に考えて欲しい。次の世代を背負えるのは高齢者ではなく若い人達である。時代の要求を正確に捉え若い発想で活動して欲しい。犬好きが集まったこの会は何があっても犬を大切にしなければならない。90年の歴史を積み重ねて犬質は向上しているが、よい形で後世へ引き継ぐことは現代に生きる者の使命でもある。戦後のハングリーの世代が昭和、平成と日本の姿を形作ってきたが来年は新しい元号になる。東京銀座の公立小学校が外国の有名ブランドの標準服を誂える現今、ＩＴ（情報技術）社会により会員や血統登録等の業務処理はコンピュータの導入で効率は向上したが今はＡＩ（人工知能）の時代へと社会は急激に変遷し日保の運営もより高い判断力を必要とされるでしょう。生き方、働き方も含めて誰もが影響を受けざるを得ない大きな流れの中で、人口は減少し運動不要の猫が増えているが今後日本犬の位置付けをどのようにしていくのか、課題は山積し新しい感覚と意識が組織に求められている。

今まで会員の皆さんに磨かれ励まされてここまで来ることができたが先の総会で退任することになった。良い日があり冴えない日もあったが精一杯の30年間であった。思い出に残るご指導をいただいたたくさんの先達と友人、現役で活躍する元気な方々、外国で日本犬を愛好する皆さんそれぞれのお顔が浮かぶ。90年に及ぶ日保の歴史の三分の一になる30年間の２３０回のあとがきは大変ではあったが楽しい時間でもあった。

その度毎に時々の世相を折り込み考え〳〵て書いてきたので思い入れは深い。そのうち一冊にまとめたいと思う。これからは入会した50有余年前の初心に戻り別の角度から自由な目で日本犬を楽しみたい。この後は〝今日はいい一日だった〟と思えるような単純素朴に生きたいと思う。あとがきに（T）と表記していたのは卯木照邦です。長い間の駄文にお付き合いいただいた皆さんに心から感謝申し上げます。ありがとうございました。

（平成30年4月25日　発行）

創立七十周年　想事抄　平成10年（１９９８）８号

昭和十二年（一九三七年）三月十日、日本犬保存会は社団法人の認可をうけた。その年の会誌「日本犬」第六巻三号に入会案内のパンフレットがとじ込まれている。冒頭に創立は昭和三年五月五日とある。事業と目的、会員の特典、入会の手続き等が記載され、入会金は二圓、会費は年額六圓と記されている。この金額が当時の物価水準と比べてどれほどのものであったのかは、今の私には見当がつかない。

日本犬保存会が生ぶ声をあげた七十年前の頃、世情は困窮として人が人並みに生活をするのが大変な時代であったと聞く。今でこそ自然環境や保護に対する関心の高まりは世界中に広がりをみせて盛んであるが、当時の日本人の間にはどれほどの意識があったのかは想像がつかない。特別というか特殊というのか、ある種の人達を除いては殆んど無かったといってもよいだろう。そんな世相の中で、一般的には海の物とも山の物ともわからない〝地の犬の価値〟を見い出して、何等かの形で保護し保存しなければならないという、奇特な人が表われたのである。

日本犬保存会設立の中心的役割を果たした人、その名を斎藤弘吉（さいとうひろきち）という。ペンネームは斎藤弘（ひろし）といい同一人物である。弘吉は山形県鶴岡町一日市の指折りの旧家である呉服商「斎弘」の長男として、明治三二年（一八九九年）八月十三日に生まれた。代々が趣味人の家系であったらしいが、動物との関わりについてはそれを示す記録はなく、少年時代に家に迷い込んだヤマガラ一羽を飼ったことがあったと本人が後日述懐している程度である。荘内中学校（現、鶴岡南高校）を卒業後上京し、三田英語学校、専修大学法科経済、川端画学校洋画部を遍歴し、東京美術学校（現、東京芸術大学）西洋画科を卒業する。その後青森県弘前市の野砲第八連隊に志願兵として入隊するが、身体をこわして除隊。東京へ戻りぶらぶらしている時に犬を飼ったのが、弘吉と犬との関わりが始まった最初で、昭和二年春頃のことであったという。世はまさに西洋犬垂涎の時代であったが、犬をそばに置いてみると、どうせ飼うなら日本の美術絵の中に見られるような犬が飼いたいと思う様になった。そこで東京中をさがしまわるのだが、そんな犬はどこにもいなかったという。思い余って秋田県大館町へ犬捜しの旅へ出るのである。ここでも目に入るのは、闘犬用の耳の垂れた犬ばかりで、弘吉自身が追い求めているものとは大きな違いがあってどうにもならない。

滅びゆく日本の犬の姿に落胆し、同時に持前の利かん気が頭を持たげるのである。弘吉は自らを民族主義、国粋主義的な傾向があったと認めているが、そんな考えの中で、我々の先祖がその歴史の始めから運命を共にしてきた日本犬を、この世代に至って絶やすということは何たることかと憤慨し、日本犬を保護し残さなければならないという使命感に燃えて保存の運動に取り組み、昭和三年五月、日本犬保存会を創立するのである。

全国から同好の士を募り、集いて、昭和七年（一九三二年）になり日本犬保存会を組織化し、会誌「日本犬」を創刊した。同年十一月には全国各地から八十一頭もの日本犬が参加して、第一回日本犬全国展覧会が開催される等、保存運動は徐々にではあるが、全国的な広がりをみせて軌道にのったのである。

そして昭和十八年春に至り、弘吉は保存事業の一応の成功を見極めて日本犬保存会の一線から身を引いた。戦後になり、昭和二十三年（一九四八年）アメリカ・マッカーサー元帥夫人、イギリス・ガスコイン大使夫人達が中心となり、日本動物愛護協会が設立されるが、その理事長に弘吉は就任するのである（これに至る経緯はここでは省略する）。直接的には当会とは関係はない話になるが、昭和三十三年（一九五八年）一月、南極観測隊の越冬断念によりカラフト犬十五頭が昭和基地へ置き去りにされた事件があった。現代において同じことがおきたら、その対応はかなり違った結果になったと思うが、この時代においてもカラフト犬を救えという世論はたかまり、緊急の会議が東京で開かれ、当会からも常任理事であった渡辺肇が出席した。そして各国へ救出の要請がされたのだが、救い出すことはできなかったのである。翌年になりタローとジローの二頭が生きていたという報道はあまりにも劇的なものであった。

これらの置き去りにされたカラフト犬をモチーフにした銅像が、弘吉を中心とした日本動物愛護協会の手によって東京タワーの下に建立されている。このことは弘吉が日本犬の保存に尽くしたというだけではない、日本有数の愛犬家でもあったということを証左するものである。加えて、犬科動物の研究に関しても日本を代表する権威者であった。病をおして執筆した「日本の犬と狼」という本を刊行した後、昭和三十九年九月十九日永眠した。六十五歳であった。

「私の一生は予期もせず、又好みもしなかった動物との縁、特に切っても切れぬ犬縁との運命となった次第である」

とは晩年の弘吉の言である。

日本犬保存会の創設はこの人によるものが大きく、この人抜きでは語れない。運命論的に人間は何等かの目的を持ってこの世に生まれてくるということがあるとすれば、まさに弘吉は日本犬を保存する先駆者になるために、ということになるだろう。弘吉の没後、氏が収集し初期の頃の会誌「日本犬」へその多くが転載された原本であるところの文献、書籍、絵画等、日本犬の昔を知る術ともなる貴重な品々は、散逸することなくご遺族から当会へ寄贈され、今も大切に保管されている。趣味の品々の個人の収蔵には限りがあり、いつの間にか処分されたということを随分とみたり聞いたりしているが、これから先、この遺品とともに弘吉の遺徳はいつまでも語り継がれることだろう。

弘吉が自身の生い立ちについて、「予期もせず……切っても切れぬ犬縁との運命云々……」と晩年に語った言葉は、人生の進路は自分の意志とはうらはらに、予測がつかないということを言い表わしたのだろうが、ゆえに人生は面白いのかも知れない。会員の皆さんも日本犬の飼育を始めたきっかけは、百人が百通りに異なると思う。

私は郷里の群馬県高崎市で日保に入会した。後年、まさか日保の事務局で仕事をする等ということは、この時には夢にも思わなかった。日本犬との最初の関わりは紀州犬である。今、当時を振り返っても、とりたてて裕福な家で育ったとは思えないが、私の両親は子供達に好きなことをさせてくれる人であった。ねだって買ってもらったのが日本犬を飼った始まりである。上京して数年がたち、東京に生活の基盤をおろして東京支部へ住所を変更した。都心のせまい所で次から次へとよくも飼ったものだと今更に思う。昭和五十五年（一九八〇年）審査員に登用され、昭和六十一年の全国展では審査を担当した。以来審査はしていないが、この神奈川での全国展の審査は今でも鮮明に覚えている。この時の全国展で問題が発生し、以降の全国展は中止となるのである。そんな中で昭和六十二年七月、私は本部事務局へ入った。次ぐ年の昭和六十三年は創立六十周年の年であったが、この頃の日本犬保存会は混迷の最中であった。そしてこの年、下稲葉耕吉会長を迎え、組織、機構の立て直しをはかるのである。

元号が改まり平成元年（一九八九年）秋、会員の自助努力もあって東京に於て全国展が再開された。そしてこの七十周年までの十年間は、信用と秩序の回復の時代でもあったと思う。この間、毎年々新しい風が吹き、その時々の新しい風によって改革がされていった。新しい風はそれに先立つ時代の要求があって生まれるものであり、必然ともいえることだろう。二十一世紀が目前に迫っている。この先、日本犬は保存という概念をどのようにとらえていくのだろうか、とても気になることである。人も犬も個々に与えられた生命の長さには限りがあるが、種にはその限りはない。その存在の必要があるかぎり連綿と続くはずである。その姿をいつまでも自分の目で確かめたいと願うが、将来を見据えられる時間の範囲は神のみぞ知る、でわからない。唯思うことは、伝統ある日本犬保存会の運営と、営々と築いてきた歴史の重みを受け止めながら、これからの日本犬の健全な発展を望むばかりである。事務局長を受けて十一年が過ぎた。日々の流れの中で、着実に確実に歩まなければならないと常に自戒する毎日である。

斎藤弘吉著『愛犬ものがたり』
（一九六三年・文芸春秋社）

事務局長
平成10年10月25日発行

米国柴犬事情

―海外編その一―　平成2年（1990）3号

米国柴犬愛好会（略称ＢＳＡ）主催の第五回展へ樋口審査部長と共に渡米した。恒例になった展覧会の審査は樋口審査部長が担当され、小生はアメリカ西海岸ロサンゼルス周辺における柴犬の現状と今後の発展等に関する調査が主な目的である。

新東京国際空港成田で大阪空港からの樋口審査部長と落ち合い、夕闇迫る日本を後にした。

十時間余の空の旅は途中二度ほど揺れたもののあとは鏡の上を滑っているような安定した飛行であった。現地時間午前十時到着。日本時間午前三時である。昨日九日の夕刻日本を出発しロサンゼルスへは九日朝の到着である。地球は一日一回自転し、日付変更線が太平洋の真中にあるので当り前のことではあるが一日得をしたような不思議な気持ちである。ロサンゼルスは曇り空で肌寒かったが、ＢＳＡ勝本价爾会長の熱い出迎えを受け、現地の様子を聞きながらフリーウェイを走ってホテルに向かう。もちろん車は右側通行である。

途中街の中の人影はまばらでありまったくの車社会を印象づけられる。ひと休みの後歓迎の懇親会が開かれた。出席者は三十数名。内三分の一程がアメリカの方らしくあとは在米の日本人の方々である。中にはアリゾナ州から車で十時間余もかけて今回の催しに参加されたアメリカ人女性もいた。柴犬にかける情熱は洋の東西を問わないようだ。ついついこちらの話にも力が入る。犬のことや展覧会に関することは樋口審査部長が担当し、小生は登録や入会、他犬種団体からの移籍等、血統書に関する事柄や会の運営方法等についての質問を担当した。中でも他の犬種団体からの移籍に関する質問はＢＳＡの展覧会が日本犬保存会（日保）の登録犬を出陳資格としている事もあって特に熱心であった。柴犬の原産国である日本から遠く離れたアメリカで日保の登録犬のみで展覧会を開催されていること、それ自体が大変なことであって、その運営を思うと日保自身何らかの後援体制をとる必要があることを感じざるを得ない。それぞれの疑問点については言葉は違っても日本国内とまったく変らない。昼と夜、気候風土の異なる国に起居していても人の思いや心情にはそれ程大きな違いは生じ得ないものを感じる。

アメリカへ日本犬が渡った主なものは戦後の秋田犬である。当時日本犬のすべてが復興熱盛んであったがとりわけて秋田犬に人気が集まっていた。日本国内はもとより外国人、特にアメリカ人に好まれ、彼等が本国に持ち帰り基礎犬として繁殖したのである。アメリカケネルクラブ（ＡＫＣ）がこれらの秋田犬を公認犬種として以来、アメリカンアキタとして定着し、遠くはヨーロッパにまでその影響を与えるほどとなり、現在の日本の秋田犬とその趣を大きく異にしたのである。

その出発の基礎となった犬は日本から移出した秋田犬であることは周知のことであって何か釈然としない感がしないでもない。書画骨董のように一度色や形を整えた後はその姿を不変とし、変化をしないものならば何等問題は起きえない。しかし犬は世代の交代も早く人が保護し、繁殖する動物であるがゆえにその姿、形は繁殖者の考えをストレートに反映し、変化させ得ることを否応なく知らされたのである。古い型であるから悪いというのではない。新しいから良いというのでもない。日本犬としての根幹が大切なのである。日本犬は日本の生きた文化財であってこの基本が変わってしまったら日本犬でなくなる。日本犬が正しい姿で外国に紹介され普及させられないのでは外国の人達にその良さを知ってもらう意味がないし、その価値もない。時世を越えて良いものは良いのである。

柴犬がアメリカに限らず、諸外国においても人気犬種となりつつある今、こんな意味あいからも外国での正しい柴犬の発展と普及のために、日保自身何らかの対策を考える必要があろう。これはひとえに日保のためというより広く日本の文化の一端を世界へ伝播するためのものでもある。交通機関の発達によって世界中のどこの国へ行くにもそれ程の時間はかからなくなったが言葉の壁、文化の違いは相当なものがある。異文化に対する順応はそれぞれの国、又個々の人によって、その感受の仕方に違いはあるだろう。だがこれらの諸々の問題を含めて克服し日本犬が持つある種の神秘性等を理解させ、かつ健全に発展させるとなるとその道のりは容易なことではない。今後はこれらを踏まえての具体的な活動が必要になろう。

一週間程の短い滞在ではあったがＢＳＡが勝本会長を中心に日保の理念のもと奉仕の精神でその運営に当たられていることに深い敬意を表わすと共に、アメリカの柴犬が健全な姿で発展しつつある現状をつぶさに拝見できたことは、将来に向けての明るい収穫であった。

展覧会の様子は樋口審査部長から報告されているので省略するが、まったく和やかでありレディファーストの国らしく出陳風景も展覧会後の懇親会も奥様同伴が多く国内のそれとは雰囲気を異にしている。

地元テレビ局も展覧会の様子を写し、ＵＴＶテレビは樋口審査部長と小生をスタジオに招いて柴犬の話を収録し、放映する等その人気は相当なものである。が、反面さらにアメリカにおける柴犬の質的向上と底辺の拡大をはかることが最重要課題であろう。アメリカにはすでに独自に活動している柴犬のグループがあるやに聞く。ＢＳＡがその歩みを着実に確たるものとしてアメリカの柴犬発展の基となって国内のそれと肩を並べる日の遠からんことを祈念し帰朝報告とする。

（事務局長）

（平成2年5月25日発行）

アメリカ（東部）柴犬事情

柴クラブ・オブ・アメリカ見聞報告―海外編その二―　平成4年（1992）7号

定款の第二章、目的及び事業の第五条に（7）日本犬の諸外国への紹介と普及という項がある。この普及の字句は平成三年の本部総会で承認され、文部大臣の認可を受けて同年七月に施行された。以前は紹介までだったのである。だからという訳ではないのだろうが、近来諸外国から柴犬に関する問い合わせは数多く、本部事務局へも直接訪れる外国の方が増えている。経済の繁栄による日常生活の安定にともなって、我が国の育犬思想は飛躍的に進歩向上して世界中のたくさんの犬達が飼育されるようにはなったが、日本犬に寄せる関心は依然として高いものがあり、中でも柴犬は最もポピュラーな犬種となって、外国の人達にも人気を博して、その発展ぶりは目覚ましいものがある。

今回の柴クラブ・オブ・アメリカ（ＳＣＡ）からの要請の経緯については、そんな時代の背景をみて昭和六十三年（一九八八年）の春にさかのぼる。ニューヨーク州の北方に位置し、ニューイングランドとも言われている、緑の美しいアメリカ東部の建国十三州のひとつコネチカット州に在住する裕子・サルバドーリ御夫妻が来日し、関東連合（神奈川）展を見学した折、当会の存在を知って翌日の月曜日、早速に本部事務局を訪問され、柴犬に寄せる熱意を吐露し、今後の交流を約してアメリカへ帰国されたのが発端となって以来、アメリカ東部における柴犬に関する諸々の相談ごとのお手伝いをして来たのが今日につながったのである。

その頃、すでにアメリカ西部のロサンゼルスには当会の友好団体である米国柴犬愛好会（ＢＳＡ）が存在し、日本犬標準を規範として毎年春一回、当会の審査員による展覧会を開催し、アメリカにおける柴犬の発展の本拠地として、その地位を築いて活動していた。

当会が初めて外国の犬種団体から審査員派遣の要請をうけたのは昭和六〇年（一九八五年）のことである。以降アメリカと中華民国台湾省へ審査員を派遣しているが、混乱を避ける意味あいからも、一国に一団体の友好関係を認めて交流をはかるという基本方針を採って今日に至っている。このたびのＳＣＡからの要請についてはこのこと、つまりアメリカにはすでに友好団体が存在しているということが問題になったが、アメリカの広さは日本の二十数倍、ＢＳＡが存在する西部のロサンゼルスから東部のニューヨークまでの距離は実に五〇〇〇キロメートル余という広大な国であり、理事会においてもこれらの事情を十分に勘案して東部ということに限定し、ＢＳＡとも協議の上、ＳＣＡの要請に応じたのである。

アメリカで主に柴犬を扱い活動している団体は前記した当会の友好団体であるBSA、そして、このたびの要請に応じたSCA、他にナショナル柴クラブ・オブ・アメリカ（NSCA）という三つの団体がある。今回、このSCAの要請に応えることになったが、外国の犬種団体の求めに応ずるということは言語習慣の違いはもちろんのこと、団体間の事務上の問題もあり、慎重に対応していかなければならないということを考慮し、事前の調査も十分に済ませ、更に検討して、単に柴犬に関する指導だけでなく、SCAとの友好関係樹立のための事務的折衝をも含めるという意味あいから小生の派遣が決まった。このことについては、SCAの主なる招請の内容である、柴犬に関するシンポジュームの開催、翌日は東部の柴犬を集めて直接の指導をして欲しい、という要望をも勘考し、現在は事務局長としての公的な見地から審査員の職を休止してはいるが、特別な処置ということで小生の派遣が決まり大任を果たすことになったのである。

五月十三日夕刻、いよいよ成田を出発する。往路十二時間半、復路十三時間半のノンストップ飛行である。アメリカは国内でも時差が三時間、東部と日本との時差は十四時間というから、ほとんど昼と夜とが逆になる。安定した飛行ではあったが、機中では会長を始め日保の皆さんのお顔が次から次へと浮かび、今回の重要な任務にある種の昂奮も手伝って眠れないままにニューヨークJFケネデイ空港へ降り立った。空港へは裕子・サルバドーリ御夫妻の出迎えをうけ、SCAメンバーのアデーレ女史の運転する車に同乗し、マンハッタンの高い建造物を左に見て開催地であるコネチカット州へ向かう。目的地のエーボンという所まで一一〇マイルというから、その距離は一八〇キロメートルほどになろうか。フリーウェイを三時間余り走って、今晩というよりは在コネチカットにおける主な滞在ホテルになるエーボン・オールド・ファームスホテルへ到着する。ニューヨーク郊外の緑の多い落ち着いた中の三階建のしょうしゃなレンガ造りはヨーロッパ風なのだろう、上へ上へと伸びる日本の建物と比べ、人間が居住する本来のものを感じる。時間は夜八時を過ぎたというのに、緯度の高さ故かまだ明るい。とても長く感じた一日目はこんな調子で終った。まどろむうちというより寝付かれなかったというのが本音であるが、二日目の朝九時、行動開始である。シンポジュームのために用意したスライドの点検、具体的な質問を想定しての回答の組立、アメリカにおける柴犬の分布や、アメリカ最大の犬種団体であるアメリカケネルクラブ（ＡＫＣ）や、最も古い伝統を有するユナイテッドケネルクラブ（ＵＫＣ）等と、日本の犬種団体との関係と内容について実質的な情報の交換をする。

翌十五日の夕刻エーボンから北西一五〇キロメートル程離れたプレインフィールドという所のモーターホテルで四十名余の人達を集めて柴犬に関するシンポジュームが開かれた。このモーターホテルは各部屋へ犬の出入が自由に出来るということで決めたという。参加者の中にはＡＫＣの審査員の方二名の顔もあった。日本人は裕子・サルバドーリさんと、ミヤコ・ネイラーさんの御二人で、他はすべてアメリカ人である。このミヤコ・ネイラーさんはオハイオ州から柴犬好きの御主人と車で一〇〇〇キロメートル余りを走行しての参加という。この他、カリフォルニア州やオレゴン州等五〇〇〇キロメートルの遠くから飛行機で参加された方、そして自から日保の会員としても昨秋の全国展を参観され、柴ジャーナルという雑誌を月刊で出版し、英語圏の国々へ柴犬を啓発されているグレチェン・ハスケットさん。彼女は六月末には赤ちゃんが生まれるという大きなお腹でイリノイ州から車で片道二日間の道のりを心配された御両親とともに参加された。皆さん熱の入れ方は相当である。前日からの打ち合わせで日本犬標準については日保で作成した英文のものがすでに配布され読まれているということから、このシンポジュームでは実際に柴犬のスライドを写して具体的な疑問点に答えるという方法を採った。というのは、ここではこのスライドを見ながら説明する方法が最も効果的で、実質的であるだろうと思考したからである。重ねて言葉の壁もあり、審査部の決議事項を平面的に解説するよりは、この方がより現実的であると判断したからでもある。もちろん、怪しげな英語を使って誤解を招くようなことはせず、きちっと通訳を通しての質疑である。イエスかノーの白・黒をはっきりさせる国民性を持つ国の人達であるから、その質問は実にはっきりしている。白色犬と欠歯の問題については議論白熱して退席者も出るさまであった。この国ではあいまいという語句は通用しないようで、自分との見解が異なった場合は、その席を立つことがあるらしい。が、日本犬標準を解説する上で譲れることと譲れないことがあって、その時は仕方のないことではあった。スライドによる説明は自分なりに判断して大成功で、夜半の二十四時近くまで時間の延長をした程で、閉会後のことである。先程中途退席した婦人が部屋の外で握手を求めてきたのには驚いた。議論は議論、結果は結果ということらしいが、日本人の私には理解出来ないひとこまであった。

五月十七日朝、雲は低く垂れこめて雨である。日本でも展覧会へ出かける朝はどんな犬が出陳しているだろうかと楽しみであるが、今日ここに来ている柴犬達はすべてが日本から海を渡ったものか、その子孫であり、気候風土、環境、言語等のまったく違った土地で飼育されたものであると思うと、尚更に興味が湧き感慨無量のものがある。出陳目録にエントリーした犬は五十三頭で、うち欠席が九頭、実際に出陳した犬は四十四頭であった。出生地についてはアメリカと日本は当然のこととして、カナダやヨーロッパから輸入されたものもいた。クラス分けは日保のそれと大差はないが、チャンピオンクラスというのがあって、これはアメリカの各犬種団体の制度によってチャンピオンとして認定された犬で、今日の一般出陳犬の一席とこのチャンピオン犬達とを比較してトップを決めるのだという。アメリカの柴犬を扱う団体の展覧会でチャンピオン資格を得た雄犬五頭、雌犬五頭はその名にふさわしいと思われるものと、中には首を傾げたくなるものもいた。結果的に、全犬のトップに選んだのはフクリュウ号ベイコクセキリュウソウ。雄で、これは今春のＢ

ＳＡ展のトップ犬だという。雌部のトップ犬は本日の一般出陳犬の代表犬でチャンピオン犬達と比較してもなお優っていたが最終的にはフクリュウ号に勝を譲った。すべての犬を観て感じたことは、

1、欠歯の多いことである。（欠歯を重要視していないようで出陣犬の約半数を数えた。）

2、柴犬を秋田犬（アメリカンアキタ）の小型と解釈しているきらいがあり、太目のものが多く、口吻の詰まったものを散見した。

3、胡麻毛を好む傾向があり、毛色に鮮え味のないものが多い。

以上であった。この他に白と斑を認めている団体があるというが、ＢＳＡ、ＳＣＡはともに認めていない。アメリカでは犬の譲渡に股関節のレントゲン写真を添付すると聞いてはいたが、出陳された犬達の歩様はさすがによいものが多く改めて感心した。出陳犬に関しては具体的な質問を抱えた参加者が多く、希望に応じてショーの閉会後にそれぞれの個評と説明をしたが、すべてを終了するのに数時間を要した程で、皆さん真剣そのものであった。各犬の評価については事前に協議をして、日保の展覧会で優良に相当するであろうと思われるものだけにエキセレントと席次を与えることとし、それに及ばないものについてはあいまいを嫌うアメリカ的事情を斟酌して無評価無席とした。チャンピオン犬を除く若犬以上二十七頭中、優良評価に相当するもの十二頭、チャンピオン犬クラス十頭のうち優良評価を得られない欠歯点数を持つもの一頭、特良評

価を得られない欠歯点数を持つもの三頭、幼稚・幼犬の出陳は併わせて七頭、出陳犬の毛色は赤三十三頭、黒七頭、胡麻四頭であった。現地の展覧会で何度かトップを取り、今日はどうなるだろうかと心配していた女性が「二席の評価となり誠に嬉しい。今まで柴犬として本当に良いのか悪いのかわからなかった。」という言葉に、今後日保が果たしていかなければならない責任を強く感じた次第である。それ程に彼の地での日保へ寄せる期待は高く、その信頼度は絶大なものがあるといえるだろう。ショーのすべての日程を終えて部屋へ戻ったのは十七時を回っていた。夜、懇親の夕食会が開かれ、五十名余の人達が集まった。食事の後、ＳＣＡの年次総会が開かれて参加した。男性は数えるほどで、女性が圧倒的に多い。内容は役員改選に始まり、日本から輸入した犬の血統書のアメリカの団体への移籍登録のこと等、いろいろがスムーズに消化されて行く。会議は英語だから殆んどわからず通訳を通して説明を聞いた。特に今回の日保の対応には深く感謝する言葉と来年以降の継続を希望する決定がされて、前向きに検討する旨を答えたところ、全員による拍手が起こり、実に喜ばしく晴れがましい一瞬であった。会議は二十二時過ぎまで続き、新旧役員の交替も恙なく進行して、後任に推薦された新会長も女性で、その名はヴィヴィアン・ミラーさんという。来年のショー会場のこと等、会議中は多くの人が発言して議論されるが、決定後はあっさりしたもので、会の運営はすこぶる順調であることが感じられた。

メーンの行事を終えた翌日、ＳＣＡの新会長ヴィヴィアン・ミラーさん宅を表敬訪問する。秋田犬、柴犬併せて十数頭、緑が多くまわりを見なければ日本の愛犬家のお宅を訪問したかのような錯覚すらを覚えるほどである。同好の士というのは面白いもので、故旧の知己であるかのように話がはずんだ。

帰国の前日、ニューヨークへ向けて出発する。どの辺りからだったのかはわからないが、アメリカでは珍しいといわれる電車に乗って約一時間ニューヨークの中心地五番街へ着く。タクシーに乗り換えてホテルへと向かう途中の信号待ちで止まったその時、偶然の目撃とはこんなことを言うのだろうか、マンハッタンの雑踏の中に初老のアメリカ人男性が赤毛の柴犬を引いて歩いているではないか。我が目を疑ったがまぎれもなく柴犬である。その広がりの事実を目の当りに見せつけられた格好となったが、彼の男性はタクシーの中の驚きを知る由もなく、目の前を何ごともなかったように悠々と、柴犬は軽決に歩いていった。

空港近くのホテルへ送っていただいた裕子・サルバドーリ御夫妻から「アメリカ東部での催しが期待していた以上に大成功であった。来年も又お願いしたい」と。心地よい別れの言葉であった。

翌早朝、日本へ帰る嬉しさも手伝って予定より早く空港へ行きチェックを済ませ機乗の人となる。心はすでに日本へ飛んでいたがエンジン部分のコンピューターの不調とかで出発は延びに延びて六時間余の缶詰状態となってしまった。いよいよ離陸してから成田までが十三時間余り、飛行機の中、二〇時間は長かった。

報告書というよりは紀行的雑文のようなものになってしまったが、アメリカ東部のこんな環境の中で柴犬達が育まれているということを併せて知ってもらいたかったからでもある。このたびのＳＣＡからの派遣の要請については初めてのことで、期待と昂奮が入り交って不安の要素がないとはいえなかったが、アメリカの柴犬愛好家の人達の日保に寄せる期待は予想していた以上のものがあり、今回の催しが柴犬発展の記念すべき礎となって、原種の姿をそのままに、現在に至った日本犬、柴犬の持つ本来の特性を変異させることなく、正しく理解して普及させていただきたいと思う気持で一杯である。これを機会に年に一回程度は軌道の修正の意味をも含めて指導のための渡米が必要と思われるし、ＳＣＡの皆さんも強くそれを望んでいる。

この頃はこんな風に日本犬までが国際的になって海外へ進出し、その境界意識の薄れは計り知れないが、反対に外国からも日本へ進入してくる文物は引きも切らずして、日本の文化そのものが変貌を余儀なくされているふうなボーダーレスの時代を迎えている。が、異なった文化を持つ外国の人達が日本犬のすべてを会得するとなるとまったく逆の論法がなって極めて難しいことと相成が、日本的感覚を持ってすれば日本犬だけが持つ、その匂いを看取するということが日本犬を知る上で最も大切なこととなり、展覧会の勝ち負けだけを論ずることが日本犬を知る根本的な要因ではないということをアメリカの地で強く思惟したのである。

何故ならば展覧会の成績、順位というものは心理的、外面的のすべての状態を総合して決定したものにせよ、その日、その時の出陳犬の優劣を表わしたもので、日本犬が具備すべき本質の絶対的保証をするものではないからである。このことは日本の日本犬についても共通していえることだろう。

事務局長

（平成４年９月25日発行）

アメリカ柴犬事情（その三）

柴クラシック展一九九七とシンポジュームの報告　平成９年（１９９７）７号

緒論

アメリカの柴犬を拝見する機会に恵まれたのは今回で三度目である。最初は平成二年（一九九〇年）三月で、ロサンゼルスにある米国柴犬愛好会（略称ＢＳＡ）の第五回展へ。当時の審査部長樋口多喜男先生に随行した。二度目は今回の主催団体コロニアル柴クラブの第一回柴犬展とシンポジュームである。これは日本犬保存会が東海岸において行動を開始した初めてのものであった。そしてこの度の三度目の訪米である。

東海岸で開催されたこの第一回の柴犬展とシンポジュームはニューヨーク市から北の方角へ約二〇〇キロメートルのコネチカット州において平成四年（一九九二年）五月に開催された。以来毎年の五月に同様の催しが開かれて日保から審査員が派遣され、第三回展からはその名称を柴クラシック展と改めて現在に至っている。

昨年の五回展までは主催するコロニアル柴クラブの所在地であるコネチカット州で開催されていたが、六回目を迎える今回はアメリカの首都ワシントンＤＣに隣接するメリーランド州ロックヴィル市での開催となった。昨年までの会場からは南へ約七〇〇キロメートル下がった所である。会場を移した大きな理由のひとつは、コネチカット州に比べて柴犬の愛好者が多く、交通の利便さからも多数の参加者が見込まれる等、アメリカ東部の柴犬界に与える影響が大きいということである。そしてこれらの日本の柴犬の情報を知りたい人達、それも多くは初めて参加する方々に、日保の存在と日本国内及び諸外国との交流等に関する話や、日本犬標準による柴犬本来のあり方、日本の柴犬の現状を説明し、より深く理解してもらおうという新しい発想のもとで企画がなされたのだという。アメリカの日本犬柴犬愛好家の中には、柴犬もアメリカンアキタのようにアメリカ化すればよいという向きがまだまだ多いということを聞く。が、コロニアル柴クラブが日本犬標準の堅守を趣旨に活動し、第一回展からこの五年間にわたる実績を踏まえて、東海岸の中央部へ会場を移し規模を拡大して更なる飛躍を試みたのである。このことはアメリカにおける柴犬の将来を考えたとき、大きく評価されることであり、意義のある決断であったと思う。

今回の審査員の派遣については、これらの特殊な事情が勘案され理事会及び審査部においても検討がなされて現在は事務局長ゆえに、審査員としての活動は休止中ではあるが、この催しの期間中について特に復帰をすることが公認され、下稲葉会長からの委嘱を頂いて、五月七日アメリカワシントンダレス空港へ向けて一路出発したのである。

シンポジューム

メリーランド州ロックヴィル市ウードフィンスーツホテルにおいて五月九日十九時に開会された。出席者は八十名余で女性がやや多く、年齢的には若年層から熟年層まで幅の広いものであった。部屋には記録用の大型のビデオカメラ二台が設置されていて、この二台のカメラは展覧会当日もその様子を記録するために使用された。隣室では数軒の店がそれぞれにコーナーを設け、柴犬を始めとした犬の絵画、写真、置物、衣類等を展示販売するなど犬を友としている社会の構造を浮き彫りにして見せてくれた。出席者の中にはアメリカを代表する犬種団体アメリカケネルクラブ（ＡＫＣ）の柴犬の代表クラブであるナショナル柴クラブ・オブ・アメリカ（ＮＳＣＡ）の有力なメンバーの方々を始め、五年前のコネチカット州での初めての催しの際に交歓したなつかしいお顔も見える。日本人の参加者はとても少なくて四名であった。

シンポジュームは一時間半のスタンダードの解説と一時間程度の質疑ということで約三時間、二十二時頃までという手順だったが終了したのは予定の時間をはるかに超過して二十三時を大分過ぎていた。殆んどの出席者はこの催しのために日程を組んでこのホテルに宿泊している方々だから時間等は気にしていない。少しでも柴犬のこと、原産国日本の情報を得ようと真剣である。開会にあたっては日本犬保存会の歴史、組織や展覧会の様子、外国の犬種団体との交流、日本国内における他団体との関係、現在までの登録数等をあいさつに交えて説明した。出席者の方々は日保の長い伝統や日本における位置付け等を確認され、柴犬の登録数が今年中に一五〇万頭を越えようとしていることに驚嘆する風であった。

質問の内容については、言葉の違いこそはあれ、日本のそれと大差はなくここで改めて記述をするほどのことはない。スライドを使っての解説は微妙な動きや性格等までは読み取れないまでも、基本的なことの説明についてはとても効果的であった。出席者の皆さんの多くは、すでに柴犬を飼ってショーにチャレンジして、それなりに知識と見識を備えている人達であるから、こちらの説明に納得されるのも早い。柴犬の本や今までのショー等で知り得た情報が正しいかどうか、という確認をするための質問が多かったように思う。それほどに実質的な質疑が交わされたが、柴犬に関する理論の理解と意識の向上は相当なレベルを思わせるに十分なものであった。

展覧会

展覧会の会場はシンポジュームを開催したホテルの中庭の美しい緑の芝生におおわれた一面のリングで実施された。出陣申込数は八十七頭、当日の欠席は十二頭で、審査犬は七十五頭であった。開会は午前九時を少しまわっていた。クラス分けは日保と同じで、その呼び方も若犬一組（ワカイヌイチクミ）、若犬二組（ワカイヌニクミ）、壮犬（ソウケン）、成犬（セイケン）等と日本読みで表示し発声している。この日本語をそのままにアメリカの人が発声しクラス毎に呼び出す様は、アメリカの中の日本を感じさせるユーモラスなもので、審査の緊張をほぐすほどに終日愉快であった。

審査の方法は日保と同様に幼稚・幼犬は一審制、若犬以上は二審制を採っている。アメリカ及び多くの犬種団体の審査は一審制が多く、午前の個体審査と午後の比較審査をする二審制は、念入りな審査としてとらえられて出陣者の間ではすこぶる好評である。評価や賞制については日保のように出陣犬すべてに評価と席次を授与する方法とは異なり、世界の多くの犬種団体が採用している上位数頭を選出する方法で、この柴クラシック展では出陣頭数に関係なく上位四席までを入賞としている。各クラス毎にこの四席までを決めるのだが、上席に見合う犬がいないときは一席あるいは二席までをも空席にするという方法が採られている。現実に雌の壮犬クラスは、一・二席に該当する犬はなく、三席から並べたほどである。四席までに入らなかった犬には席次は与えられず、順次退場して審査は終了となるので途中で棄権をするということは見られない。

最終的には雄・雌毎の各クラスの一席犬の中から雄部の一席、雌部の一席を決め、更に雄・雌部の一席を比較してベストインショーとベストオブオポジットを決める。日保風に言い変えれば、最高賞・準最高賞ということになる。この度の雄・雌の一席犬はどちらも日本から移入されたものであった。とは後で聞いたが、この二頭に関しては日保の展覧会においても、相当に評価される犬質のものであると確信する。

柴クラシックショー風景

出陳犬内訳

	雄部		雌部		合計	
	申込数	審査数	申込数	審査数	申込数	審査数
幼稚犬組	7	6	5	4	12	10
幼犬組	5	4	7	4	12	8
若犬1組	8	6	11	11	19	17
若犬2組	3	2	1	1	4	3
壮犬組	9	8	5	5	14	13
成犬組	11	10	15	14	26	24
合計	43	36	44	39	87	75

出陳犬の総合的なレベルについては、五年前にコネチカット州での第一回展に比べて底辺の底上げがされた様に思うが、具体的には欠歯が認められるもの九頭、咬合せに問題があるもの五頭、舌斑があるもの一頭、オーバーサイズ二頭、アンダーサイズ四頭等の他、総体的な傾向として短吻のもの、オスの体高が標準サイズより低く下限に近いもの、軟調気味の被毛、胡麻毛ではあるが部分的に黒毛が強くあらわれたもの、尾巻が堅いもの等が各クラスで散見された。

ハンドリングに関しては、アメリカスタイルでない日保様式の背線に対して45度位に引く指導がされていて、出陳者の皆さんもそれぞれに努力している様子が伺われて気持のよいものであった。

考察的所感

アメリカでは犬体のレントゲン撮影の普及度が高く、繁殖や展覧会の参考にされているというが、このためか基本的に骨格のよいものが多く、必然に体躯の構成は整っていて歩様は安定している。展覧会への出陳に際しては日本のように運動や管理で作り上げていく、いわゆる仕上げるというよりは日常の自然な飼育管理のもとで、生まれついての骨格や体質をそのままに出陳をするものが多いと聞く。が、柴犬に関する日本の情報が頻繁なものとなりつつある現況の中で、これからは日本風の管理方法を取り入れて変わっていくのかも知れない。その上に日本からの輸入犬は、今後更に増えていくだろうしそのことを考えると、柴犬本来の顔貌のあり方をアメリカの愛好家がどの程度習熟することができるか。ということがこの地での発展と質の向上につながっていくものと思われる。

現在柴犬は日本だけでなく世界の多くの国々で飼育されるようになった。それにともなって日本犬保存会の存在も、世界の畜犬界に広く知られてその活動は注目されている。特に日本犬標準と審査に関する決め事についてはその関心度は高く、柴犬を公認犬種とする国々に大きな影響を与えていくことは間違いのないことだろう。原産国の責任のある団体として、尚更に世界の畜犬界と柴犬愛好家を視野に入れ、これらのことを慎重に考えて処理していかなければならない遠大な時代を迎えていると思う。

個評

雌　Hanako Go – Hokuso Takayamasow
父　Seiryu no Shoun
母　Hanamitsuhime
Owner, Kathleen Kanzler

素朴さにあふれた雌らしい顔貌は、見れば見るほどに深い味わいが感取され、柴犬らしい骨格・体躯と相

メス　Hanako Go

オス　Sho Go

まって成犬の充実感大なるものがある。落ち着いた赤の被毛は質よく開立して、総合的にみて完成度の高い犬である。

雄　Sho Go - Gold Typhoon
父　Kipposhi
母　Riko
Owner, Leslie Ann Engen & Frank Sakayeda

気迫にあふれた軽快な体躯は、筋腱発達して赤の被毛は質よく冴えて美しい。年齢を加うるに柴犬本来の素朴さがどの程度表現されるかが、これからの課題であろう。立ち込みにおける後肢の引き過ぎは注意されたい。

余　話

展覧会の後、参加者からそれぞれの出陳犬についての質問を受けた。その内容はそれは様々なもので、柴犬に寄せる知識欲の大きいのに、改めて日保の責任の大きさを再認識させられた次第である。夕刻には懇親会が開かれ、同好の集まりとて夜遅くまで続けられた。アメリカ式というのだろうか、ここに集まった皆さんのとてつもない明るさは、今日の評価のことより、これからのことがオープンに、とっても前向きな発言となってポンポンと出る。この懇親会で参加者の一人が、柴犬はアメリカンアキタのようにはしたくないし、ならないだろう。と力強く言う。

昭和60年（一九八五年）のこと、柴犬の普及と発展のためにと、日保が初めて海外へ審査員を派遣して以来十三年の年月を刻むが、この時ほどに〝継続は力なり〟という言葉の持つ意義の大きさを感じたことはない。この先21世紀には海外の柴犬はその数を増やしていくことは確実なものと思われるが、帰国してこの懇親会の一言をかみしめて日々の励みにしている。

事務局長

（平成9年9月25日発行）

スウェーデン柴犬事情

―海外編その四―　平成15年（２００３）5号

緒　論

スウェーデンの首都、ストックホルム。昨年の秋二人の日本人科学者がノーベル賞を受賞した地である。この国で初めて日本犬保存会の審査員が招へいされて柴犬の展覧会が開催された。ヨーロッパの北部、スカンジナビア半島に位置し、バルト海に面してノルウェー、フィンランド、デンマークに隣接するこの地は古くから狩猟が盛んであるといい、高福祉の国としても有名である。日本の1.2倍ほどの国土に人口は八八〇万ほどを数える。首都のストックホルムは中世の面影を色濃く残した建造物が美しく、人口は一三〇万という。日本と比べると人口密度は低く、広々とした森と湖と海の国である。

この地に設立して今年で二十周年を迎える「柴の会」という名称の団体がある。主にアメリカやオーストラリアから柴犬を輸入してきたといい、近頃は日本から直接のものも増え、隣国のノルウェーとは相互に輸出入をしているという。スウェーデンケネルクラブの過去三年間の柴犬の登録数は、五〇頭、五十五頭、五十九頭で思ったより少ないものの、少しずつではあるが増えている。展覧会は毎年一回開催して、いつも五〇頭から六〇頭が出陳するといい、会員数は現在二五〇名ほどであるという。この「柴の会」が創立二十周年を迎えるのを機に「柴犬のことをもっと知りたい。この地の柴犬を見て欲しい」という声がわきあがり、昨年二〇〇二年一月最初の便りが日保に届いたのである。

このことについて下稲葉会長は、前向きに検討しヨーロッパでの柴犬の正しい発展の手助けをせよ、との指示をされた。一年余りにおける協議はインターネットのメールや書簡の交換をして内容を詰め、本年一月の理事会で阿部賢二審査部長の派遣を決定したのである。併せて日保が初めてヨーロッパで審査を実施するこの催しは、彼の地の日本犬愛好者にとっても初めてのことであり、日本犬と日本犬保存会の詳しい情報を伝えるとともに、スウェーデンや近隣の国から集まる日本犬愛好者の方々の要望や様子を日本に知らせるということをあわせ、私の同行も決定した。

展覧会

五月三十一日、十一時開始。開会の特別なセレモニーはなく会長のヘレナ・エカバーさんがリング中央に出て阿部審査部長と私を紹介し、審査の方法と進行の順序を説明して開始した。審査は阿部審査部長が担当されたので個々の出陳犬については差し控えて展覧会の様子を、見て感じたままを記してみたい。

審査申し込み数は八十二頭、欠席を除く実数は七十七頭であった。リングは一面である。北海道より緯度が高く白かば林に囲まれたこの会場はストックホルムの南方三十キロメートルに位置し、一九二七年に設立されたスウェーデン最古の訓練クラブの施設で緑の芝生が美しい。目録には日保のこと、阿部審査部長、卯木事務局長が紹介され、審査は日保形式で実施される旨が記されている。クラス分けの表示はアルファベットでＹＯＫＥＮ、ＳＥＩＫＥＮ等とローマ字ではあるが日本式に表記され、年齢区分も日保に準じている。この目録、事前に審査員へ渡すことはないという。実際に見てもスウェーデン語でわからないのだが、審査員には犬名も出陳者も事前には知らせないという主旨で通常のことであるのだという。

審査は日保と同じようにリングの中央部分に歩様の為のトライアングルの線が引かれている。評価については、今まで当会が外国で行った審査では相対評価の席次を付けるだけだったが、柴の会の要請もあって優良、特良、良等の絶対評価を付けた。優良はエキセレント、特良はベリーグッド、良はグッドという。阿部審査部長の報告によると、エキセレントは三割強、ベリーグッドとグッドは同数位とあるが、日本犬の情報が少ないこの地のことを思うとまずまずの成績といえるのではないかと思う。

出陳犬はいろいろなタイプのものがいた。太いもの、細いものと様々で、ハンドラーは女性が圧倒的に多かった。終了は午後六時をまわっていた。が、日没は十時過ぎなので日はまだ高かった。

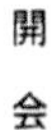
開会

全景

考察的所感

ヨーロッパの柴犬を拝見するのは二度目になる。大分前になるが一九九三年イギリス最大のドッグショウ、クラフト展を個人的に訪れたことがある。四日間で二万頭余の犬が集まる世界で最大の展覧会である。このクラフト展に七〇頭余の柴犬が出陳していた。秋田犬も多数出陳している。いわゆるアメリカンアキタである。これらの犬達は隣あわせで鼻を付きあわせても友好的というかフレンドリーである。よくもここまで飼い馴らせるものだと思った。日本犬としての気迫が感じられない。これが日本犬か、と目を凝らすものの、実際の有様であった。姿、形は日本犬なのに中味が違う。日本犬の本質を失ったら日本犬でなくなると常に思うが、以来外国における日本犬の普及で最も気になるのはこのことである。犬の気質を作るのは人間であり飼い主である。日本犬の気質は日本人の手で作られてきた。それがそれぞれ異なる国へ出ていき飼育され、その国民性によって変えられていくということである。ある程度は仕方がないとしても、原産国の団体の一員としてこの点については常に啓発していかなければならない問題であると思っている。そして今回訪れたスウェーデンの柴犬達の気質がどのようなものであるのかが一番の気掛りであった。が、この展覧会に出陳した犬達の多くの気質は日本のそれと大差なく、不安を払しょくするに充分であった。

出陳犬は展覧会へ出す為に飼育している人達の犬いわゆる展覧会用の犬だけでなく、一般的に家庭で飼育されているものも含めてのものだという。この実態を考えれば、先に記した優良評価が三割強の犬に与えられたということは良しとすべきことと思う。そして今回、日保の話をじかに聞き肌で感じた皆さんがその気になれば、本来の柴犬のよさを感じ取っていくのもそれ程難しいことではないのではないかと思う。狩猟の盛んなこの国では、スピッツ種、といっても日本のスピッツではなく北欧原産の立耳、巻尾の犬を使う伝統があり、姿形の似た柴犬を狩猟犬としてブリーディングをしている人もいるという国柄である。外国へ出た日本犬の性格がそれぞれの国で変貌する姿を時として見てきたが、その飼育理念次第では日本の気質をそのままに残し得られるということを見ることができた。この日本犬の生命線ともいえる本質の表現は、外国の愛犬家にも是非に守っていただきたいと思う大切なことである。

一寸褒めすぎの感がないではないが本来の日本犬の気質を感じさせてくれたことは、今回の展覧会で何にもまさって一番の収穫であった。

FCI事務所　展示絵画

セミナー

セミナー

展覧会翌日の六月一日、十時からセミナーが開かれた。会場はオーバーヘッドプロジェクターが使えるというので、事前に現代の柴犬で赤毛、黒毛、胡麻毛の犬達と、中号、石号、アカ二号等の祖先犬、日本犬各部名称図、中型犬の紀州犬、四国犬等のフィルムを作成して持参した。外国で犬の説明をするには言葉だけで理解してもらうのはとても難しいことで、実際の写真を見ながら長所、短所等の問題点を指摘していく方法がわかりやすいと思う。この方法は何も外国に限ったことではなく、写真の発達した現代においては材料は豊富にあって日本でも同じことがいえることである。

ノルウェーから参加された国際畜犬連盟（ＦＣＩ）の審査員Ｋ・Ｒ氏は自ずから柴犬を飼育され、ブリードもしているといい、柴犬のことをよく研究されていて、中号の写真を見て血統をすらすらと言うほどだった。多くの人達の関心はどうしたらよい柴犬が作れるかということに集中し、本質論から始まり顔貌のこと、骨格のこと、毛質、毛色のこと等次々と質問があった。解説は阿部部長が多くを話されたが私も少しばかり追随した。セミナーの時間は昼までの二時間余だった。その後参加者の皆さんと昼食会になったが、柴犬大好き人間の集まりは洋の東西を問わない。言葉は違うものの、話の内容は日本と変わらない。時間の経過があっという間のようだった。

余　話

理事会で派遣決定が決まった後、阿部審査部長と私の渡欧を先方へ伝えた。早速日保がスウェーデンの柴犬のことを真剣に考えてくれることに感謝する。との回答が届いた。展覧会、セミナー等の日程を調整し、いよいよ出発の日を迎える。日本からスウェーデンへの直行便はなく、オランダ経由である。飛行時間はあわせて十四時間余り、乗降地での待ち時間をあわせると十七時間にもなった。ユーロ圏内の国々の往来はかなり自由なようで、入出国はパスポートを見るだけでスタンプの押印はなかった。

帰国前日、スウェーデンケネルクラブを訪問した。一八八九年に創立して昨年は二八三犬種五三〇〇〇頭を登録し会員は二五万人という。一日に二五〇件余の問いあわせがあるといい、職員は現在六十二名で犬を連れての勤務OKという。ほとんどの人の傍らには犬が寝そべっていた。一寸うらやましい光景である。中には獣医部もあり犬に関するグッズの販売や、犬の売買やトラブルの相談事まで広い範囲で事業をしているようである。国が変われば組織の運営方法も随分と違うものだと思う。その他日本の畜犬界でみられないのは、股関節形成不全症（HD）に対するレントゲンチェックである。欧米ではこれを実施している国が多くスウェーデンも例外ではない。犬種の繁殖に関する健康チェックは厳しく、これを受けていない犬の子は登録ができないという。登録犬の中で柴犬は他の犬種に比べても健康な部類に属しているということである。

今後ヨーロッパでも確実に柴犬の人気は高まっていくと思う。が、日保のようなより深く犬種の特徴・特質を探求してそれぞれの犬種の〝らしさ〟を大切にしている単犬種の団体は少なく、世界の多くの犬種団体は全犬種を対象として個々の犬種の〝らしさ〟まで追求するということは少ない。この辺りが難しいのだが、

〝スウェーデン柴の会〟の人達は、私達は日保のスタンダードを尊重しその中で精神性を大切にしながら柴犬を作っていきたい。と頼もしく言う。迷ったら原点に戻れ。という格言があるが、この度のスウェーデン行は日本犬を再考するに充分なものであった。

最後になったが、柴の会への訪欧については、スペイン在住三十有余年になるという日保会員、杉山千恵子さんに大変なご協力をいただいた。東京日本橋のご出身で、マドリードで柴犬と他に一頭の犬を飼育されている。数年前から柴犬のことをスペインの愛犬雑誌に度々紹介され、昨年の宮城の全国展にもおい出になった。今年はヨーロッパの方々と大阪へもお見えになる予定という。そしてもうお一人。展覧会とセミナーで通訳をしていただいた藤田リカ子さん。横浜のご出身で日本の愛犬雑誌に毎月筆をとられている。昨年、二〇〇二年、その一号誌で私は藤田さんと柴犬に関する対談をしたことがある。思いがけない再会でもあった。お二人のお力添えには心から感謝を申し上げたい。

理事・事務局長

（平成15年10月25日発行）

ドイツ柴犬事情
――海外編その五――　平成16年（２００４）５号

序

平成十六年、七月半ばの土曜日、ドイツ第二の都市ハンブルグへと向かった。旅行の主たる目的は彼の地に住む友人との再会の旅である。この訪独の計画をしている中でドイツの柴犬愛好家から勉強会の時間を作ってくれないかという知らせが届いた。気ままなリフレッシュを意図したスケジュールだったので、ドイツの柴犬を見たり柴犬愛好家の皆さんと話してみたいという気持ちが膨らんできた。昨年の五月、スウェーデンで開催された柴犬展の際お手伝いいただいたスペイン在住の杉山さんからも、ドイツの人達と交流の場を作ってやって欲しい、というメールも届いてその気になった。このことを下稲葉会長に報告し外国への普及のため任意に勉強会を開くことの許しをいただき、ドイツの柴犬愛好家の皆さんとひとときの時間を持つことになったのである。

街中の犬

東西ドイツが統一して十五年、国土は日本に比べてやや狭く人口は八千万人余りの国である。旅行中主に過ごしたハンブルグはドイツ北部に位置する都市で水の都ともいわれ、街の中にはアルスター湖という大きな湖がある。木々の緑は古いレンガ造りの建物に映えて美しく、ゆったりと落ち着いたたたずまいの街である。この街の表情だけでドイツは、と断定的な物言いはできないが、現地の人達に聞いた話ではその生活振りは質実でどこも雰囲気は同じ様なものだろうという。街中で犬連れの人達を見かけるのは日本と変わらず朝夕が多い。犬同士が擦れ違いざまに敵意をあらわに示す風はなく、飼い主の横に着いて歩いている。純粋種も見るが雑種もかなりの頻度で目にはいる。方々に公園があって、飼い主の傍らでノーリードで遊んでいる犬も多い。よく教育されているのが見てとれる。在独中犬が問題行動を起こしているような光景を見ることはなかった。電車やバスにもそのまま飼い主と一緒に乗り降りしている。びっくりしたのは電車に乗るのに改札口がなくオープンである。駅員も見えない。駅には自動券売機が備えられていて人も犬も切符が要るのは当然のことなのだが、無賃乗車を決め込んだ不心得者に対しては不意の検札で相当額の違反金を課すのだという。自転車の乗り込みも自由で、犬連れも何回となく見た。国が変わればシステムもいろいろである。

私が行った範囲ではレストランや公共的な建造物等への立入も犬連れオーケーであった。

日本でも有名なドイツのビールは国内にたくさんのビール工場があるといい、いろんなビールを飲んだ。日本のビールは総じてさっぱり系と思うが、ここのビールはそれぞれがこくがあるというのだろうか、インパクトが強く感じられて味が濃いように思う。名産のソーセージやチーズも塩味が強いと感じたがこれにあうのかも知れない。日本ではビールは一気にグイーと飲むのが美味い飲み方だと思っていたが、こちらの人は話しの合い間にチビリチビリと飲む人が多いように思う。何故なのかは分からず仕舞いであった。そんなビールを飲みながらわいわいと話す者達のひざ元で友人の犬はおとなしく時々もらうチーズやソーセージを美味そうに食べていた。

勉強会（ミーティング）

七月二十四日土曜日、ハンブルグからフランクフルトへ向かう特急列車に乗って二時間、ドイツのほぼ中央に位置するゲッティンゲンという駅に降りたった。学問の府として有名で学生の多い街という。駅にはこの度の勉強会の計画を推進されたドリスさんのご主人フランクさんが出迎えてくれた。ご夫妻は平成十年（一九九八）茨城で開催された第九十五回の全国展に来日されている大の柴犬愛好家である。勉強会の会場への途次ご夫妻の家へ立ち寄った。三組の柴犬のペアーと六十日余りの子犬が三頭、広大な芝生の庭を仕切ったそれぞれの中に一組毎に放たれて遊んでいた。その内の一頭の雄犬はたたき尾風の差し尾が印象的で体質は堅く赤の被毛も冴えてかなりのレベルを感じさせる魅力的な犬だった。

小休止の後、勉強会の会場へ着く。夏とはいえ緯度が高いこの地としては珍しく暑い日だったというが、皆さんそれぞれにご自分の柴犬を連れて迎えてくれた。オーストリアやオランダ等外国からの参加やミュンヘンからはドイツ柴犬部門の代表者ヘレさんも見えていた。柴犬が世界的な犬種となっていることを感じさせるごとく、日保の全国展でお目にかかったお顔も見える。勉強会は事前に質問事項が十三項目ほどにまとめてプリントされていた。その内容は日本とか海外とかの区別を感じさせるものでなく、柴犬を飼育する人達の共通する疑問点で大きな違いはない。ここに参加されている方々は日保が海外に柴犬の普及活動を始めた昭和五十年（一九七五）代の後半の頃とは異なり当会の存在とその活動をよく理解されている。

全部で四時間ほどの勉強会は解説に三時間、実際の犬の鑑賞に一時間ほどを割りあてた。部室にはリードを付けた犬達が参加者のひざ元でおとなしくしている。複数の犬を連れている人もいて時折隣の犬といさかいを起こすが飼い主の制止の声で収まる。犬の扱いは上手なお国柄でよく訓育されているものと感心する。モデルの犬を台の上へ上げて犬体各部の見方、頭部や顔貌のあり方等質問の順に説明していく。子犬の選び方等は何よりも知りたい所なのだろう特に熱心だった。被毛のことも大きな関心事で良い赤毛の条件、黒毛や胡麻毛のあり方、被毛色の遺伝の傾向等々が話の中心であった。集まった皆さんは一般的な畜犬に関する知識はかなりのものと推測できたがそれ以上に柴犬の見方や日保の審査規準が知りたいのである。具体的には参加者の皆さんの柴犬の繁殖の方法や育て方を聞き、日本のそれと対比しながら討論会風に話を進めて集約した。

勉強会に集まった皆さんは四十名余りで柴犬も同数ほど、ドリスさんの御宅で見たものを含めると五十頭を越す柴犬を見たことになる。この中には日本から直接輸入されたものは居なかったが、親が輸入犬というのが数頭いた。少しずつではあるが血液の更新を計っているようである。勉強会に集まった柴犬達の骨格構成や体質はよいものが多いが、顔貌は様々である。味わい、らしさという観点から見ると物足りないものもいる。顔貌の造りに対する理解度はここドイツに限らず海外の柴犬愛好家全般が研さんしなければならない課題である。遠隔の地ゆえの難しさもあるだろう。が、このあたりが日本犬を知るというとても大切なところなのである。赤の被毛はよいもの淡いものと様々だったが変に濃いものは見なかった。黒毛は少なかったが、よいものとそうでないものとがはっきりしていた。胡麻毛は数的にも少なく今一歩という感じである。被毛は一部長毛気味のものがいたが総体的には平均的な長さで問題ないと思う。体高はオーバーサイズのものもいたが多くは標準内のものである。

今回集まった犬だけを見てドイツの柴犬は、と総論はできないがドイツ各地から集まったことから考えれば犬を作ることの上手なお国柄だけにインターネット等で日本のよい犬を見ること、特に顔貌のあり方について研究されれば先行きは楽しみである。ドイツではまだ柴犬の単独クラブはなくて、立耳、巻尾のスピッツ系を扱う北方犬クラブに属していて、先に記したヘレさんが柴犬部門の代表者である。過去五年間の登録総数は四二〇頭で、昨年初めて一〇四頭と三桁を数えている。輸入犬は五年間で二十一頭である。

ドイツの繁殖指導（規則と制限）

欧米の犬種団体は繁殖に関して一定の制約を設けて指導している国が多い。ドイツにおける柴犬繁殖の規

子犬の見方

勉強会に集まった犬達

犬体各部の説明

制の主なものをあげると、繁殖に使用する個体は生後一年五ヶ月齢に達していること。繁殖計画に基づいて登録団体に事前に許可を得ること。歯、目、尾、歩様、体高等の審査及び股関節、肘、ひざ関節のレントゲン撮影。遺伝的眼病検査。欠歯のある犬はその程度により完全歯との交配の義務付け等々である。このような明確な作出指導をしているから体型等の基本的なものは総じてよいものが多い。その上で出産子は八週齢を迎えた時点で犬体の異常の有無を確認し、正常なものだけが登録される。という仲々に厳しい制限である。唯顔貌の造りに関しては制約があるのかどうか聞きもらしてしまった。

余　話

ハンブルグの骨董店で日本製の和犬の水滴（硯に差す水を入れておく小さな容器）を見付けた。日本犬に関する古物類には資料的な意味を含めて興味があるが、まさかドイツでお目にかかるとは思わなかった。今風に使われている言葉を借りればペットショップならぬ骨董屋の店先で目があった途端、日本へ連れて帰って、と訴えられてしまったというところである。店の名は禅・美術（ゼン・アート）といい同行した友人の知己であるご主人はドイツ人で、日本の古美術の研究者として学位もとられているという日本マニアである。渡辺肇先生の著書日本犬百科の中に黄瀬戸釉と志野釉の陶器の犬の水滴が紹介されているが、この水滴は

ドイツ柴犬事情
——海外編その五——　平成16年（２００４）５号

赤銅（しゃくどう）製である。赤銅は銅に金と銀を加えた合金で刀装具等によく使われている。この水滴がドイツへ渡った来歴を知る術はないが江戸末期か明治始めの頃のものらしい。帰国する飛行機の中、この小さな犬の水滴を矯めつ眇めつあきもせず手の平の中で転がしながら、ドイツで見た柴犬の姿をあれやこれやと思い浮かべて旅の余韻にひたっていた。

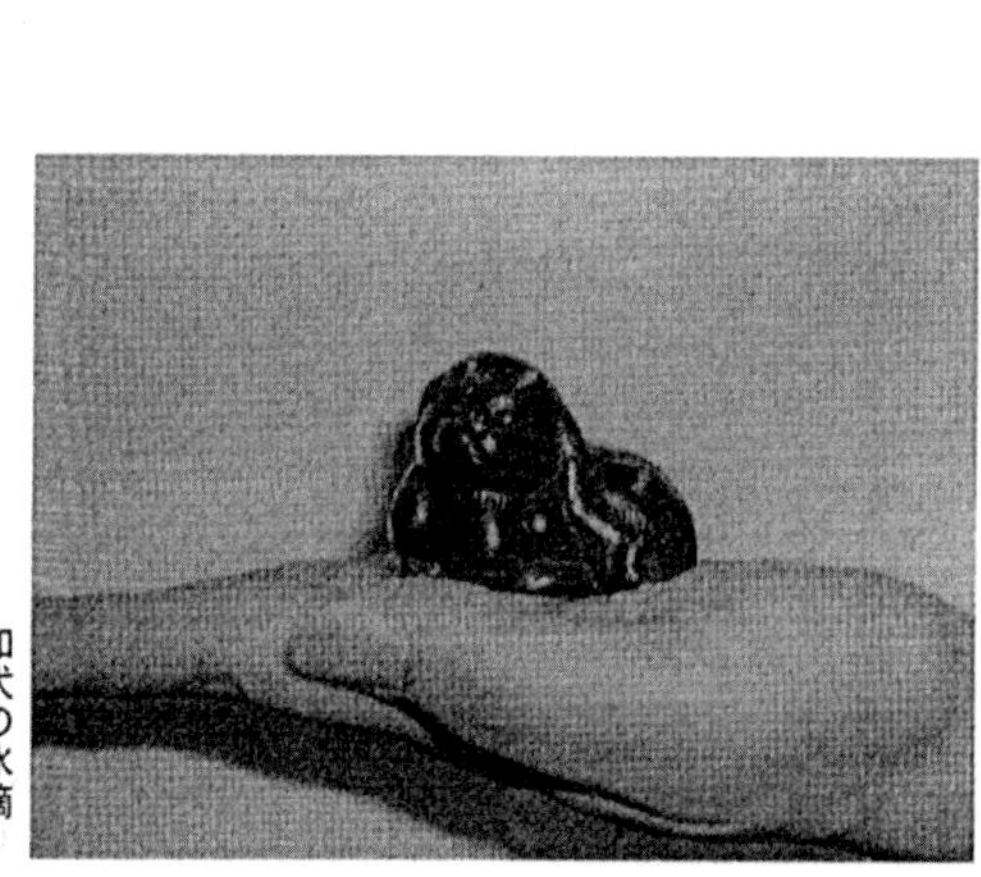
和犬の水滴

追稿

九月の末、スペインの杉山さんからこの度の勉強会に参加されたドイツの柴犬部門の代表者ヘレさんがご家族と静岡の全国展に来日する。というメールが届いた。柴犬熱ますます昂じて全国展で日本犬を見たいということになったというのである。勉強会が役に立ったと思うと、本当に嬉しいことである。

常任理事・事務局長

(平成16年10月25日発行)

台湾柴犬事情
——海外編その六——　平成19年（２００７）２号

序

永い歴史の中で日本犬保存会が初めて外国の展覧会へ審査員を派遣したのは、中華民国（台湾）である。昭和六十年（一九八五）十二月のことで、中華民国育犬協会（以下ＣＫＡ）の前身である台湾省育犬協会（ＴＫＡ）が主催する、全犬種の展覧会であった。二日間の日程で、一二〇〇頭の出陳犬を集めて行なわれた。このとき柴犬三十三頭、秋田犬七十一頭の審査を担当したのがときの審査部長、故石川雅宥氏である。会場の都合で持ち時間は二時間余りであったという。「柴犬は質的にも低調でレベル低く、日保のそれと比べて十年以上の隔たりを感じる」と昭和六十一年度の会誌『日本犬』４号で講評している。一審制とはいえ初の外国展、慣れぬ土地での審査にベテランとはいえ心も身体も緊張されたことだろうと思う。そして二十一年の歳月が経過し、友好を重ねて、のべ八十名の審査員が海を渡り台湾の展覧会で審査にあたっている。この度

ＣＫＡから事務折衝等の事で渡台要請があり両会の友好関係の強化、継続発展のため第三十二回の柴犬単独展にあわせて平成十八年十二月十六日、原田眞太郎審査員とともに台湾へ向けて機上の人となった。所要四時間余で台北中正国際空港に到着、小雨の中目的地の台中市まで高速道路で三時間余りの行程であった。

展覧会の様子と交流の経過

台湾には複数の犬種団体が存在している。日保は外国の犬種団体との交流の方針として、一国一団体との友好関係を基準としているが、台湾では全犬種の団体であるＣＫＡと交流を深めて今日に至っている。台湾の育犬熱は高く、戦後のシェパード犬に始まり秋田犬やロットワイラー等の大型犬、一時はシベリアンハスキーも大流行したが、現在は中・大型犬は減少傾向にあって小型犬が増加しているという、日本と同様の経過をたどっている。そんな飼育犬事情の中で柴犬は高い人気を得ているようで、今回の柴犬展の主催クラブはＣＫＡの有力なメンバーのひとつである。ＣＫＡの林昭吾会長は「この柴犬クラブの運営は他の犬種クラブの範になるほどに真摯で、整然としている」と評価されている。そのことは、これまでに三十二回の柴犬展を継続して開催してきた実績に加え、今回の展覧会の出陳エントリー数が一三五頭、うち欠席犬はわずか三頭ということ等の数字から見ても充分である。審査は九時三十分に始まり、十五時三十分に終了した。日保の展覧会のような開会式等はなく、係員の進行マイクですぐに審査が開始された。実質一三二頭の出陳犬をそれぞれの部署のスタッフが審査の進行状況にあわせて、手際よいテンポで処理して行く。観覧者は家族連れが多い。審査中の真剣なまなざしは内外どこも変わらずで同じだが、結果が出ると一様に安堵の表情に変わる。展覧会の目的である柴犬の質的向上に対する意気込みに加え、柴犬を介して展覧会に集まった人達との交流を楽しむ様子が伝わってくる。柴犬クラブの五代目になる現会長の莊育萱氏は平成二年十一月、岡山で開催された第八十七回の全国展で小型雌部成犬組Ｂ班で優良一席成犬賞を受賞された柴犬マニアであり、外国で活躍する日保会員としてもその熱情は有数なものがある。展覧会後に催された懇親会には、柴犬クラブの代々の会長さんが奥様ご同伴で出席された。総勢六十有余名の人達が集まった親善の夕べは、柴犬の話で持ち切り、にぎやかで楽しいひとときであった。

街中の犬

台湾は九州をやや小さくした位の面積で、人口は二一〇〇万人強である。足掛け四日間の滞在だったが、台中市周辺で朝夕犬の引き運動の風景にはついぞお目にかかることはなかった。車での移動中に、放されている犬を随分と見た。自動車による事故は相当にあるだろう。昨年の秋、東南アジアの国で犬に咬まれた人が日本に帰国後、狂犬病を発し二名の方が死亡するということがあったが、台湾はアジアの中では日本と並んで狂犬病の発生はないという。が、中国大陸やその近隣の国々では狂犬病が発生しているので、輸入犬が心配されるということであった。台湾在来の台湾犬らしい犬を街の中で何頭か見たが、保存活動は順調ではないような話をされていた。

これからの広がり

審査部長であった故石川雅宥氏が渡台して二十一年、当時のＴＫＡの会長はシェパード犬の大家、蘇錫賢氏でドイツＳＶとの交流が深く、日本の犬界でも知名度の高い方であった。今回私達の案内をしてくれた余松柏氏もシェパード犬を出発点にした愛犬家で、戦後の間もない頃日本で日本企業に勤務したことがあると話されていた。日本語は堪能で、日本犬界にもたくさんの知己を持たれ、当初から日保の審査員が通訳等言葉のお世話になっている方である。二十一年前、石川雅宥氏がその報告の中で「ハンドリングはプロが大半」と書かれているが、今回見た限りではほとんどがオーナーハンドラーである。最初の審査報告に比べると、台湾の柴犬界も随分と変わったように思う。リングサイドはより家族的な雰囲気であった。犬質等個々の犬については原田審査員の報告によるが、私が見る範囲では総体的に体質は堅く、毛質も良好である。今回の出陳犬は日保の展覧会でも三分の二位、厳しく見ても半数以上は優良評価を得ることができるだろうと思う。

インターネットの普及等により、映像の発達は急速である。台湾だけでなく世界中で日保の全国展の上位入賞犬の写真が見られるようになり、ビデオもある。これらを基に研究を重ねることは容易になった。その気があればどこの国に住んでいても、日本犬の質の向上を図ることができるという時代に入ったのである。

蔡　清年　ＣＫＡ理事・審査員
余　松柏　ＣＫＣ名誉審査長
林　昭吉　ＣＫＡ理事長
卯木照邦　日保専務理事
原田眞太郎　日保審査員
傅　祖禹　ＣＫＡ常務理事・審査員
莊　育萱　ＣＫＡ柴犬クラブ会長

渡台所感

二期十年を務められたＣＫＡの林昭吉理事長、日保の審査員が通訳でお世話になっている常務理事で審査員の傅祖禹氏、柴犬クラブの莊育萱会長等の皆さんとの会談の中で、台湾の日本犬特に柴犬の質の向上のため今後も日保の協力のもとで交流を深め、充実を図っていきたいとの話が進捗した。二〇〇七年から会名の『中華民国育犬協会』は『台湾育犬協進会』と改称し、理事長は任期満了により林昭吉氏から許正雲氏に引き継がれるとのことである。

渡台中の話は日保と柴犬のことばかりであった。柴犬クラブの指導者の方々や会員の皆さん達との会話の中で感じたことは、この台湾の方々や米国・欧州等外国の日本犬愛好家の人達は研究熱心で、犬を良く知っている人が多いと思えることである。犬を知るということは、犬種の違いを超越して犬種全般に共通した普遍的な稟性と姿を把握しているということにつながる。加えて日本犬と他犬種を比較対照する見識の広さのようなものを、根元的な能力の中で感覚的に併せて持っているように思う。このことは外国の文物を理解しようとする人達の中により多く見られる資性であり、広い心情と視野を兼ねて備えているということでもある。日本でも日本犬を知るには他の文化財的文物に触れることを勧める向きがあるが、日本犬の構成要素の追究は日本的な美を知るということに連なり続くということがいえるだろう。物の役に立つための使役犬として飼育されてきた日本犬が、近代社会の波風の巷で生活するようになって久しい。その能力の保存は勿論のこと、日本的な自然美、素朴さを確固として探求すべき時機にきているように思う。このことは内外を問わずに言われ、求められる事象でもある。外国の人達が日本犬の生い立ちを勉強し、それを理解しようと努力し実践することは、日本犬の根源をつかむための上達の近道であり秘訣でもある。今回拝見した台湾の柴犬達は、一部を除いて本質的なよさを看取させるが、更なる嵩上げを期待したい。よい指導者、よいメンバーがあってこそだが、台湾の柴犬のこれから先が楽しみである。期待洋々。

余話

今回、台湾を90分で縦断するという台湾新幹線（現地では台湾高速鉄道という）で、台北から台中までこれに乗ってみたいという気持ちがあった。残念ながら開業日程が、安全を期してということで二度三度と変更されて、結局のところ線路だけしか見られなかった。三月には台北・高雄間が全線開通するというから、今度は自由な旅の中でこれに乗り、台湾の展覧会に行ってみたいと思う。

専務理事・事務局長

（平成19年4月25日発行）

公益法人制度改革による公益社団法人認定までの経緯と向後　平成23年（２０１１）５号

序詞

日本の公益法人制度は明治二十九年（一八九六）の民法制定によって始まり、一世紀余りにわたりその役割を果たしてきました。

日本犬保存会は昭和十二年（一九三七）三月十日、日本犬を保存し育種する団体として我が国で初の公益法人として、時の内務大臣から社団法人の認可を受けました。これに遡（さかのぼ）ること九年前の昭和三年（一九二八）五月五日に日本犬保存会は発足しました。四年間の草創期を経て昭和七年（一九三二）、会を組織化し会誌「日本犬」を発刊、犬籍登録を開始するとともに第一回の日本犬展覧会を東京市銀座、松屋屋上で開催しました。そして昭和九年（一九三四）九月、日本犬を保存するための本格的な基準である日本犬標準を定めました。その間、時の文部省は昭和六年（一九三一）から十二年（一九三七）にかけて日本特有の畜養動物として七犬種を国の天然記念物に指定しました。が、その後一犬種（越ノ犬）が絶滅したことは誠に残念なことでありました。経年する中で当会の主務官庁は文部科学省であり、直接的には文化庁でした。従来、各法人の管理や統治については、それぞれの主務官庁のもとで管理されてきましたが、全国で約二万五千弱を数える公益法人の運営は時代の変遷とともに多岐亡羊として、従前の民法の法律では省庁毎の監督体制が不充分であるという社会的な評価がされるようになりました。主務官庁毎の監督指導の不均衡もあり、これを是正するという趣旨も含めて国が統一した公益法人制度改革法を定め、複数の都道府県にまたがる団体の申請先は内閣府、一つの都道府県内にとどまる団体は都道府県毎にと、運営条項が一定の方式になるよう公益法人組織の改革を図ったのです。

府益担第５０５０号
平成２３年8月２６日

社団法人日本犬保存会
　下稲葉　耕吉　殿

内閣総理大臣
菅　直人

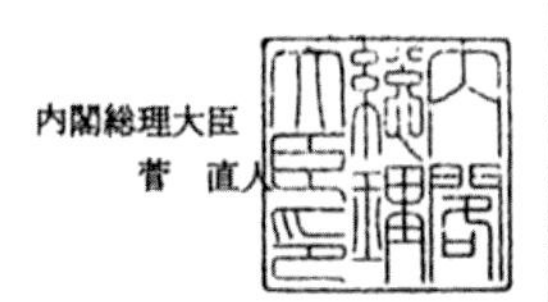

認定書

平成２３年3月２３日付け申請に対し、一般社団法人及び一般財団法人に関する法律及び公益社団法人及び公益財団法人の認定等に関する法律の施行に伴う関係法律の整備等に関する法律（平成１８年法律第５０号）第４４条の規定に基づき、別紙のとおりの公益社団法人として認定する。

認　定　書

新しい法律の制定

新制度ではこの主務官庁の監督制度を廃止して準則主義、すなわち規則によって各法人各々が責任を持って自主的、自律的に運営ができるよう法律で管理、統治に関する事項が定められました。この新しい法律は平成十八年六月に制定され、平成二十年十二月に施行されました。三つの法律で構成され、最初は一般社団法人及び一般財団法人に関する法律で法人法といい一条から三四四条まで、二つめは公益社団法人及び公益財団法人に関する法律で認定法といい一条から六六条まで、三つめは一般社団法人及び一般財団法人に関する法律及び公益社団法人及び公益財団法人の認定等に関する法律の施行に伴う関係法律の整備に関する法律で整備法といい一条から四五八条まで、これをあわせて三法案といい全部で八六八条を数え、この度の公益法人制度改革の法律の柱になっています。

公益法人の現状

我が国の公益法人は先に記しましたが、社団法人と財団法人をあわせて全国で約二万五千弱の団体が存在していました。その中で国所管の団体が約六千六百、そのうちで日本犬保存会のような社団法人は約三千六百、財団法人は約三千を数えます。その他、都道府県所管の団体が約一万八千強です。これら全ての団体が新法律のもとで平成二十年十二月から二十五年十一月までの五年の間に公益法人か一般法人、あるいは解散の選択を義務付けられました。この五年間、既存の公益法人は特例民法法人という位置付けで従来の名称を使い活動していますが、これらの団体が公益法人として認定を受けるには、新しい定款の内容が公益法人制度改革に関する三法案の条項に適合するものでなければなりません。その他会計関連の書類等の様々な改革要項があり、その内容は中々に厳しいものがありました。

移行認定準備と意識の変革

公益法人制度改革に関する伏線の調査のためだったのでしょうか、文化庁は平成十三年から三年に一度定例的に公益法人実地検査を行うようになりました。組織の運営状況について、その内容を総合的に評価するというものでした。その検査の中で公益法人制度改革に係わる教示がありました。公益法人への移行認定を目指すには、その法律に適合するための内部改革を進めるよう度々の指導もされました。私が記憶する最初の公益法人制度改革に関する公の説明会は、文化庁の指導で平成十七年一月、渋谷区の国立オリンピック記念青少年総合センターで行なわれました。全国からたくさんの団体、人達が集まっていました。その時初めて具体的内容の説明を聞き、これは大変な制度改革になると感じました。その後内閣府や民間の監査法人等の講習会に幾度となく足を運びました。そしてこの改革に際して、当会は公益社団法人としての移行認定をするべきだという思いを強くして準備を進めてまいりました。

平成十七年の大幅な定款改正も、これにさきがけてのものでありました。新制度の公益法人認定への申請先は従来の主務官庁である文部科学省、文化庁ではなく国所管の団体はすべてが内閣府公益認定等委員会です。具体的に認定申請の作業に入ったのは昨年の三月でした。最初に着手したのは移行認定のための定款の作成でした。この辺りで申請書類の膨大な量と難しさに直面してしまいました。そこで行政書士で税理士のSさんにお手伝いをお願いすることにしました。定款の作成については内閣府のモデル書式もありましたが、当会は会員の皆さんによりわかりやすく理解していただけるように、従来の慣れ親しんだ定款に新しい法律を加除減筆して作成する方法を選びました。新定款の作成につきましては内閣府公益認定等委員会と何度も意見を交わし、折衝を重ね修正をしていきました。定款が三法案に合致することが認定される大事な要素ではありますが、整備法の中に旧主務官庁（当会は文部科学省・文化庁）から意見を聴取するという条項があり、現在までの平素の活動が公益法人としての規範の中でふさわしい運営がされていたかどうかということが必要条件にありました。これまでの組織活動が主務官庁の監督上の命令に違反していた場合、整備法にある欠格事由として公益認定は受けられないという高いハードルが存在しました。長い歴史の中では問題がなかった訳ではありませんが、その都度適正に対処し公益認定の妨げにまでなるというような大事はなかったと思います。新しい定款案については、平成二十三年二月の定時総会へ出席された代議員の方々へ事前にお送りし、内容の検討をお願いして総会での承認決議をいただきました。が、この定款の内容について公益認定等委員会から一部修正の承認決議が必要との指摘を受け、七月末の暑い中臨時総会を開催いたしました。

この度の公益法人制度改革の中で公益社団法人の認定を受けるためには、従来にない新しい制度の規定を受け入れなければならない部分もありました。種々のご意見やご批判があるやも知れませんが、新しい公益法人としての一歩を踏み出すにはそれ相応の意識の変革をしなければならないこともあることを、あわせてご理解いただきたいと思います。

向後

昭和三年（一九二八）日本犬保存会が創設され同十二年（一九三七）三月十日内務大臣から社団法人の認可を受けて以来、原種的犬種である在来の日本犬種の保存事業のため、八十有余年にわたり日本犬保存会は活動してまいりました。畜養動物として国の天然記念物に指定された日本犬六犬種、小型犬（柴犬）、中型犬（紀州犬・四国犬・甲斐犬・北海道犬）、大型犬（秋田犬）を保護育成する我が国最古の日本犬種の団体として紆余曲折はありましたが戦前、戦後を通して学問的にも貴重とされる日本犬の血脈を絶やすことなく保存してきたのです。犬は動物の中で最も変化しやすい家畜といわれています。その姿、性格を変貌させることなく累代にわたり維持し存続させていくことは難しい動物でもありますが、これらの日本犬種の稟性を基本的に保ちながら質的向上を考え後世に伝えていくということが、これからの日本犬愛好家に課せられた務めでもあります。日本犬種の良さは、国内はもとより世界的にも認識されて広がりを見せています。日本犬の特質、特徴を基に性格や体型を定めた日本犬標準による展覧会の開催は、より理想に近い日本犬を守り作り出す方策として、これからも欠かすことのできない催しです。

自然保護の大切さが一般の生活の中に浸透した現代社会ならいざ知らず、昭和初頭の頃にその先取感覚の人達が存在し日本犬を残してくれたのです。そして今、国による新たな法律のもとで内閣総理大臣が認定した公益社団法人として、新生日本犬保存会が発足いたしました。先人が残した日本犬への熱い思いを教えとして受け止め、日本犬種の更なる発展のため現代の会員の皆さんひとりひとりが後世への継続の担い手として、活躍されることをお願いするばかりです。公益社団法人の認定は、日本犬保存会が引き続いて公共の利益を目的として活動できる団体として公に認定されたのです。全国組織で活動する約三六〇〇の各種の社団法人で、公益社団法人に移行が認定されたのは未だ二〇〇団体余りとのこと、現段階で既成の犬種団体が公益法人として新たに認定されたということは聞いていません。当会の認定は犬種団体として初めてのことでしょう。国が定めた申請期間はあと二年余りですが、公益法人として認定される団体は大幅に減少する模様です。これから先、公益社団法人に認定されたことで社会一般の目も況してや厳しくなると思いますが、不特定多数の方々を対象に開かれた公益法人の会員として自信と誇り、自覚と責任を併せ持って日本犬種の充実、会風の向上のために歩みを進められることを願ってやみません。

平成二十三年（二〇一一）九月一日は、公益社団法人日本犬保存会の新たな出発の記念日となりました。

公益社団法人認定までの経過

国が定めた申請期間
平成20年12月1日から
平成25年11月30日まで　　5年間

1平成21年12月6日　理事会
公益法人制度改革施行に関する移行認定への概況や申請方法等の説明

2平成22年7月9日　理事会

公益法人認定までの申請日程の説明

3平成22年12月5日　理事会

定款変更案について内閣府公益認定等委員会との折衝内容の説明

4平成23年1月25日　理事会

定款変更案、規定等を停止条件付で承認の決議

5平成23年2月13日　定時社員総会定款変更案、規定等を停止条件付で承認の決議

6平成23年3月23日

行政庁、内閣府公益認定等委員会へ移行認定申請書を電子申請。申請後、日保の諸事業についてその公益性の有無に関して種々、度々の問いがあり折衝を重ねる

7平成23年7月25日　理事会及び臨時社員総会

定款一部修正案承認決議

8平成23年8月26日

内閣総理大臣から公益社団法人へ移行認定の通知

9平成23年9月1日

社団法人日本犬保存会の解散及び公益社団法人日本犬保存会設立の登記

10 平成23年9月8日

解散及び設立の登記を行政庁の内閣府公益認定等委員会及び旧主務官庁の文部科学省、文化庁へ届出

以上で一連の事務処理完了

専務理事

(平成23年10月25日発行)

著者略歴

卯木照邦

うき・てるくに／昭和18年、群馬県高崎市生まれ。法政大学卒業。15歳で紀州犬を飼い18歳で日本犬保存会に入会。37歳で審査員、44歳で家業をなげうって本部事務局長に就任。専務理事として75歳で退任するまで日本犬と共に歩んだ60有余年。平成28年には藍綬褒章を受章する等、日本犬を知る著者がこれからの日本犬を考えるよすがとして送り出す一冊。

その他、剣道では一剣会羽賀道場を主宰し武道としての剣道を実践している。

平成の日本犬

2023年8月31日発行

著　者　卯木照邦
発行者　向田翔一

発行所　株式会社22世紀アート
〒103-0007
東京都中央区日本橋浜町 3-23-1-5F
電話　03-5941-9774
Email: info@22art.net　ホームページ：www.22art.net

発売元　株式会社日興企画
〒104-0032
東京都中央区八丁堀 4-11-10 第2SSビル 6F
電話　03-6262-8127
Email: support@nikko-kikaku.com
ホームページ：https://nikko-kikaku.com/

印刷
製本　株式会社 PUBFUN

ISBN：978-4-88877-245-7